Karl Heinz Fasol

Binäre Steuerungstechnik

Eine Einführung

Mit 207 Abbildungen

Springer-Verlag Berlin Heidelberg New York
London Paris Tokyo 1988

Professor Dr. techn. Karl Heinz Fasol
Ruhr-Universität Bochum
Institut für Automatisierungstechnik
Lehrstuhl für Regelungssysteme und Steuerungstechnik
Universitätsstraße 150
4630 Bochum 1

ISBN-13:978-3-540-50026-1   e-ISBN-13:978-3-642-83547-6
DOI: 10.1007/978-3-642-83547-6

CIP-Kurztitelaufnahme der Deutschen Bibliothek
Fasol, Karl Heinz: Binäre Steuerungstechnik : e. Einf. / Karl Heinz Fasol.
Berlin ; Heidelberg ; NewYork ; London ; Paris ; Tokyo : Springer, 1988
  ISBN-13:978-3-540-50026-1 (Berlin ...)

2160/3020-543210

Vorwort

Hochintegrierte elektronische Bauelemente und das immer stärker zunehmende Angebot an komfortablen und benutzerfreundlichen speicherprogrammierbaren Steuerungen ermöglichen größte Flexibilität bei der Automatisierung von Prozessen in allen industriellen Bereichen. Speicherprogrammierbare Automatisierungsgeräte haben daher heute in der Automatisierungstechnik eine zentrale Bedeutung. Immer mehr Ingenieure müssen sich deshalb mit der Steuerungstechnik auseinandersetzen, was ihnen jedoch nicht immer leicht gemacht wird. Die von den Herstellern verfaßten Handbücher zu deren Automatisierungsgeräten geben nämlich kaum Auskunft darüber, wie die zu implementierenden Steuerungsprogramme von der Aufgabenstellung ausgehend entstehen. Die Fachliteratur hingegen stellt entweder viel zu hohe oder auch zu geringe Anforderungen und an den Hochschulen werden Vorlesungen über die Grundlagen der Steuerungstechnik verhältnismäßig selten angeboten; warum eigentlich?

Digitaltechnik bzw. digitale Steuerungstechnik kann ohne Beherrschen der binären Steuerungstechnik nicht verstanden werden; deren Grundlage ist die Schaltalgebra, die höchstens erst seit 50 Jahren einen eigenen Wissenszweig darstellt. Dieser spaltete sich sehr rasch in einen theoretischen und in einen ingenieurmäßigen Zweig auf. Der erstere ist die Automatentheorie als Betätigungsfeld vorwiegend der Mathematiker und Informatiker und stellt sich dem Ingenieur ziemlich abstrakt dar; im obigen Sinne also zu hohe Anforderungen an den Praktiker. Die zahlreichen Werke, die dem industriell tätigen Ingenieur den für ihn relevanten Zweig der Schaltalgebra vermitteln, stellen meiner Ansicht nach oft wiederum zu geringe Anforderungen. Ich meine nämlich, daß für den Anwender speicherprogrammierbarer Steuerungen eine solide Kenntnis auch der "klassischen" Grundlagen und Methoden der binären Steuerungstechnik nach wie vor unverzichtbar ist. Die sprichwörtliche Lücke zwischen zu hohem und manchmal vielleicht etwas zu niedrigem Niveau soll daher mit diesem Buch zumindest etwas verkleinert werden. Es ist demnach dessen Anliegen, eine auch theoretisch gut fundierte Einführung in die binäre Steuerungstechnik zu bieten; so lautet ja auch der Titel.

An der Fakultät für Maschinenbau der Ruhr-Universität Bochum wird nun schon seit etwa 13 Jahren eine Vertiefungsrichtung "Maschinenbau-Automatisierungstechnik" angeboten, die besonders in den letzten Jahren von den Studierenden zunehmend frequentiert wird. Eine der obligaten Grundlagenvorlesungen dieser Ausbildungsrichtung ist seit deren Bestehen die Vorlesung "Steuerungstechnik" und darauf beruht dieses Buch. Es stellt eine gründlich überarbeitete und z.T. erweiterte Fassung des aktuellen Vorlesungsinhaltes dar und kann deshalb meinen Studenten als Hilfe dienen. Natürlich sind auch alle Studierenden anderer Hochschulen im Leserkreis willkommen und vor allem die schon mehrfach angesprochenen praktisch tätigen Ingenieure sind zur Lektüre eingeladen. Ich hoffe, daß mir eine verständliche Darstellung gelungen ist; für Kritik bin ich dankbar.

Bei der Herstellung des Manuskriptes erfuhr ich unverzichtbare Hilfe: Frau Edith Striebeck machte die umfangreiche und zeitraubende Schreibarbeit und Frau Gisela Fischer fertigte mit vorbildlicher Präzision die rund 200 Zeichnungen an. Ohne ihre Hilfe wäre das Buch nicht zustande gekommen und deshalb gilt meinen treuen Mitarbeiterinnen mein herzlichster Dank. Beide Damen halfen mir auch bei der Korrektur und wir haben hoffentlich nicht zu viele Schreibfehler übersehen. Mein besonderer Dank gilt auch dem Hause Springer für die angenehme und problemlose Zusammenarbeit sowie für konstruktive redaktionelle Kritik, ohne die eine gefällige Gestaltung des Manuskripts nicht möglich gewesen wäre.

Bochum, im Mai 1988   K.H.Fasol

Inhaltsverzeichnis

1 Einführung

Unter "Steuern" versteht man im allgemeinen die planmäßige Beeinflussung von Abläufen in automatisierten Fertigungseinrichtungen oder Prozessen. Man könnte daher den Begriff Steuern, ebenso wie das englische "control", als einen übergeordneten Begriff verstehen. Im deutschen Sprachraum wird allerdings zwischen Regeln und Steuern strikt unterschieden. Als wesentliches Merkmal einer Regelung gilt hier der durch die Rückkopplung entstehende geschlossene Wirkungskreis: Die Regelgrößen (Aufgabengrößen), oder auch andere Größen, werden meßtechnisch erfaßt und das Ergebnis der gezielten Beeinflussung des Prozesses wird fortlaufend überprüft. Aufgrund des Ergebnisses dieser Überprüfung wird, wenn nötig, wieder in den Prozeß eingegriffen. In DIN 19226 wird der Begriff Regeln bzw. Regelung wie folgt definiert: "Das Regeln - die Regelung - ist ein Vorgang, bei dem eine Größe, die zu regelnde Größe (Regelgröße), fortlaufend erfaßt, mit einer anderen Größe, der Führungsgröße, verglichen und abhängig vom Ergebnis dieses Vergleichs im Sinne einer Angleichung an die Führungsgröße beeinflußt wird. Der sich dabei ergebende Wirkungsablauf findet in einem geschlossenen Kreis, dem Regelkreis, statt". In der zitierten Norm wird der so definierten Regelung der Begriff des Steuerns als zweite Möglichkeit der gezielten Beeinflussung von Abläufen bzw. Prozessen gegenübergestellt und wie folgt definiert: "Das Steuern -die Steuerung- ist der Vorgang in einem System, bei dem eine oder mehrere Größen als Eingangsgrößen andere Größen als Ausgangsgrößen aufgrund der dem System eigentümlichen Gesetzmäßigkeit beeinflussen. Kennzeichen für das Steuern ist der offene Wirkungsablauf über das einzelne Übertragungsglied oder die Steuerkette". Im Gegensatz zur Regelung erfolgt demnach keine Überprüfung des Ergebnisses des in den Prozeß erfolgten Eingriffs; die Rückkopplung fehlt.

Der in DIN 19226 für eine Steuerung als charakteristisch definierte offene Wirkungsablauf ist jedoch bei vielen Einrichtungen, die man wegen ihrer spezifischen Arbeitsweise als Steuerung und nicht als Regelung bezeichnet, doch wieder nicht

vorhanden. Vom Prozeß werden nämlich an die Steuerungseinrichtung meist Rückmeldesignale abgegeben, wodurch wiederum geschlossene Wirkungsabläufe entstehen. Auch können Steuerungen
intern einzelne Regelkreise enthalten. Die globale Unterscheidung lediglich nach offenem oder geschlossenen Wirkungsablauf
genügt also nicht, denn in der Tat verstehen wir unter Steuern
mittlerweile doch etwas völlig anderes als unter Regeln. Dem
kommt eine Reihe von Normen und Richtlinien, z.B. DIN 19235,
DIN 19237, DIN 40700 u.s.w. nach.

Eine Steuerung besteht aus Steuerstrecke und Steuerungseinrichtung, die durch Stellglieder miteinander verbunden sind.
Diese Stellglieder beeinflussen den Energie- und Massenstrom
oder sonstige Vorgänge in der Steuerstrecke. Die dazu nötigen
Befehle werden in der Steuerungseinrichtung aufgrund von Signalen generiert, die als aktuelle Informationen über den
gesteuerten Prozeß in Meßgliedern (Sensoren) gebildet werden.
Jede Steuerung besteht demnach aus Elementen zur Informationsbildung, Informationsverarbeitung und Informationsnutzung.
Wesentlich ist die Informationsverarbeitung und diese erfordert spezielle Entwurfsverfahren.

Die bisherigen Ausführungen sagten noch nicht aus, auf welche
Weise die Informationsverarbeitung (Signalverarbeitung) in
einer Steuerungseinrichtung erfolgt. Bei einer analogen Steuerung erfolgt die Signalverarbeitung mit stetig wirkenden
Funktionsgliedern; diese Steuerungsart unterscheidet sich kaum
bzw. nur durch den u.U. offenen Wirkungsablauf von einer
analogen Regelung. Im Gegensatz dazu steht die digitale Steuerung, bei der die Signalverarbeitung mit digitalen Funktionseinheiten wie Zähler, Register, Speicher, Rechenwerken (Mikrorechner) erfolgt. Die Informationen sind in Binärcodes dargestellt. Innerhalb der digitalen Steuerungen nimmt die binäre
Steuerung eine besondere Stellung ein. In DIN 19237 wird eine
binäre Steuerung wie folgt definiert: "Eine innerhalb der
Signalverarbeitung vorwiegend mit Binärsignalen (zweiwertigen
Signalen) arbeitende Steuerung, deren Binärsignale nicht Bestandteil zahlenmäßig dargestellter Informationen (Binärcodes)
sind. Eine binäre Steuerung verarbeitet binäre Eingangssignale
vorwiegend mit Verknüpfungsgliedern und Speichergliedern zu
binären Ausgangssignalen". Im allgemeinen Sprachgebrauch versteht man heute unter Steuerungstechnik vorwiegend den Entwurf
und die Anwendung von solchen binären Steuerungen; und dies
ist der wesentliche Inhalt dieses Buches.

Binäre Steuerungen lassen sich grundsätzlich nach kombinatorischen Schaltungen und sequentiellen Steuerungen unterscheiden.

Kombinatorische Schaltungen sind Steuerungen (Schaltungen), deren Funktion nur von der jeweils augenblicklichen Kombination von Eingangssignalen und nicht von deren zeitlichem Ablauf abhängt. Nach DIN 19237 und VDI/VDE 3683 wird definiert: "Steuerungen, die den Signalzuständen der Eingangssignale bestimmte Signalzustände der Ausgangssignale im Sinne boolescher Verknüpfungen zuordnen". Die Normen bezeichnen kombinatorische Steuerungen als **Verknüpfungssteuerungen**. Manchmal wird auch die Bezeichnung **Schaltnetz** verwendet.

Sequentielle Steuerungen sind im Gegensatz dazu Steuerungen, bei denen es auf die zeitliche Aufeinanderfolge (die Sequenz) der Eingangssignale ankommt, d.h. deren richtige Funktion davon abhängt, in welcher Reihenfolge die Eingangssignale auftreten. Sequentielle Steuerungen sind im Gegensatz zu kombinatorischen Steuerungen zeitabhängig. Für sie wird in den Normen der Begriff **Ablaufsteuerung** und manchmal auch die Bezeichnung **Schaltwerk** verwendet.

Der wesentliche Unterschied zwischen beiden Steuerungsarten besteht darin, daß kombinatorische Schaltungen im Gegensatz zu sequentiellen Steuerungen keine Speicherfähigkeit benötigen. Die Bezeichnungen kombinatorische Schaltungen und sequentielle Steuerungen sind sehr zweckmäßig, weil sie die grundsätzlich unterschiedlichen Funktionen und Aufgaben der beiden Steuerungsarten genau charakterisieren. Sie entsprechen auch in der Übersetzung den im Englischen üblichen Ausdrücken. Die genannten Bezeichnungen werden jedoch in den einschlägigen deutschen Normen bzw. Richtlinien nicht verwendet. Die (nicht sehr glücklich gewählten) Bezeichnungen Schaltnetz und Schaltwerk bringen die bestehenden gravierenden Unterschiede nur unzureichend zum Ausdruck.

Innerhalb der sequentiellen Steuerungen ist wiederum zwischen zwei wesentlichen Funktionsweisen, nämlich zwischen Zwangsfolgesteuerungen und Freifolgesteuerungen, zu unterscheiden:

Bei einer **Zwangsfolgesteuerung** ist der Ablauf der Eingangssignale bzw. der Ablauf der Eingangssignalkombinationen und der aus dem Prozeß kommenden Rückmeldesignale zwangsläufig festgelegt. In den oben genannten Normen wird eine solche Zwangsfol-

gesteuerung als **Ablaufsteuerung** bezeichnet und etwa wie folgt
definiert: "Eine Steuerung mit zwangsläufig schrittweisem
Ablauf, bei der das Weiterschalten von einem Schritt auf den
programmgemäß folgenden abhängig von (sog.) Weiterschaltbedingungen erfolgt". Dabei wird noch zwischen zeitgeführten und
prozeßgeführten Ablaufsteuerungen unterschieden. Bei ersteren
sind die Weiterschaltbedingungen nur von der Zeit und bei
letzteren nur von Signalen aus der gesteuerten Anlage abhängig.

Unter einer **Freifolgesteuerung** versteht man im Gegensatz dazu
eine Schaltung, deren Eingangssignale sich in beliebiger
(freier) Folge ändern können; die Schaltung hat die Aufgabe,
eine oder mehrere Sequenzen von Eingangssignalen bzw. Eingangssignalkombinationen innerhalb aller möglichen Sequenzen
zu "erkennen" und darauf entsprechend zu reagieren (im englischen Sprachgebrauch: Sequential circuit with random inputs).
Diese Steuerungen erfordern verhältnismäßig anspruchsvolle
Entwurfsverfahren.

Die Bezeichnungen Zwangsfolge- und Freifolgesteuerungen wurden
am Lehrstuhl für Regelungssysteme und Steuerungstechnik der
Ruhr-Universität Bochum geprägt und dort seit langem verwendet; sie sind nicht genormt. Das wichtige Prinzip der Freifolgesteuerung kommt in keiner der Normen und Richtlinien vor.

Sehr wesentlich ist die Unterscheidung der Steuerungsarten
nach ihrer hardwaremäßigen Realisierung bzw. nach ihrer Programmverwirklichung. "Unter dem Programm einer Steuerung wird
die Gesamtheit aller Anweisungen und Vereinbarungen für die
Signalverarbeitung verstanden, durch die' ein zu steuernder
Prozeß aufgabenmäßig beeinflußt wird" (VDI/VDE 3683). Das
Programm kann durch feste Verbindung (Verschaltung) von
Schaltelementen (durch Hardware) oder durch Programmieren
eines Mikrorechners (durch Software) festgelegt werden. Demnach ist zwischen verbindungsprogrammierten und speicherprogrammierbaren Steuerungen zu unterscheiden.

Die Realisierung von **verbindungsprogrammierten Steuerungen
("VPS")** erfolgt nach dem Baukastenprinzip aus Baugruppen mit
untereinander verbindbaren Schaltelementen, Versorgungseinhei-
ten und peripheren Geräten (Ein- und Ausgabeglieder). Die
Grundbausteine jeder VPS sind die **logischen Schaltelemente**
oder **Logikelemente** (Gatter). Früher waren diese pneumatisch

oder elektromechanisch (Relais). Heute wird der Markt von ausgereiften elektronischen Systemen mit integrierten Schaltkreisen (IC) beherrscht. Es wird aber immer noch eine größere Zahl von pneumatischen Steuerungssystemen angeboten. Die verbindungsprogrammierte Art der Steuerung hat ihren Namen daher, daß das Steuerungsprogramm durch entsprechende Verbindung der einzelnen Schaltelemente festgelegt wird, was durch Verdrahtung bzw. durch Schlauchverbindungen oder Leiterplatten-ähnlichen Kanalplatten geschieht.

Verbindungsprogrammierte Steuerungen sind natürlich wenig flexibel. Sie hatten bzw. haben immer dann noch ihre Berechtigung, wenn
- eine "kleine" Steuerungsaufgabe mit relativ einfachen Verknüpfungsoperationen im signalverarbeitenden Teil vorliegt,
- die Anzahl der Ein- und Ausgänge klein ist,
- die Steuerung nicht mehr verändert zu werden braucht,
- eine größere Stückzahl geplant ist.

Derzeit wird noch ein verhältnismäßig großer Teil der industriellen Steuerungen als VPS ausgeführt. Schätzungen der Marktanteile sind jedoch nicht leicht und vor allem nicht lange gültig, denn die rasche Verschiebung zugunsten speicherprogrammierbarer Steuerungen wird immer deutlicher.

Wird an eine Steuerung die Forderung nach rascher Veränderbarkeit gestellt, z.B. Änderung des Ablaufzyklus bei einer Zwangsfolgesteuerung oder Änderung der Aufgabenstellung bei einer Freifolgesteuerung, dann wird eine flexible Programmierbarkeit notwendig. Wie es die Bezeichnung ausdrückt, wird in **speicherprogrammierbaren Steuerungen ("SPS")** das Programm durch eine in einem Programmspeicher abgelegte Reihe von Anweisungen bestimmt. Eine speicherprogrammierbare Steuerung ist dann zu verwenden
- wenn eine "größere" Steuerungsaufgabe mit komplexeren Verknüpfungen vorliegt,
- wenn die Anzahl der Ein- und Ausgänge groß ist,
- wenn bei Zwangsfolgesteuerungen eine große Anzahl einzelner Schritte notwendig ist,
- wenn im Programm Verzweigungen, Sprünge, usw. vorgesehen werden müssen,
- wenn die Forderung nach hoher Flexibilität gestellt werden muß, d.h. wenn Änderungen des Programms und z.B. Änderungen der Anzahl von Ein- und Ausgängen zu erwarten sind

- und schließlich, wenn die Aufgabenstellung der Steuerung bei
  deren Ankauf noch nicht endgültig fixiert werden kann.

Steuerungen werden auch noch nach Art der Arbeitsweise der
Signalverarbeitung unterschieden: **Taktsynchrone** oder **synchrone
Steuerungen** sind solche, bei denen die Signale synchron zu
einem Taktsignal verarbeitet werden. Wie bei einem Rechner
erfordern daher diese Steuerungen interne Taktgeber. Im Gegensatz dazu lösen bei **asynchronen Steuerungen** Änderungen der
Eingangssignale unmittelbar (sofort) deren Verarbeitung aus.

Die Entwurfsmethoden für Steuerungseinrichtungen sind im wesentlichen unabhängig davon ob die Realisierung der Steuerung
letztlich durch eine VPS oder SPS erfolgt. Die Entwurfsmethoden für sequentielle Steuerungen bauen im wesentlichen auf
jene für kombinatorische Schaltungen auf. Diese wiederum basieren auf der aus Aussagenlogik und boolescher Algebra her-
vorgegangenen Schaltalgebra. Die Kenntnis dieser Algebra ist
daher für den Entwurf von Steuerungen unabdingbar.

A Kombinatorische Schaltungen

2 Grundzüge der Schaltalgebra

Die in DIN 19237 festgelegte Definition einer binären Steuerung wurde bereits im einführenden Abschnitt wiedergegeben; hier soll nun etwas weiter ins Detail gegangen werden. Die in einer Steuerung notwendige Informationsübertragung von und zum Prozeß (Steuerstrecke) erfolgt durch Signale, die von physikalischen Größen, z.B. elektrischen Spannungen, als Signalträger übertragen werden. Die diskreten Werte, die der Signalträger annehmen kann, bilden seinen Wertevorrat. Bei binären Steuerungen besteht der Wertevorrat nur aus zwei Werten und die Signale repräsentieren demnach zweiwertige Variable, die vorwiegend als binäre Variable oder auch als boolesche Variable bezeichnet werden. Dem Paar von binären Zuständen des Signalträgers werden die Symbole " $\sigma = 0$" und " $\sigma = 1$" zugewiesen. Dies ist willkürlich und steht grundsätzlich in keinem Zusammenhang mit dem absoluten Wert der betreffenden Variablen. Meist soll aber $\sigma = 0$ ein geringeres Energiepotential andeuten als $\sigma = 1$. In der Pneumatik etwa bedeutet $\sigma = 0$ immer drucklos und $\sigma = 1$ bedeutet Druck vorhanden. Der Index $\sigma = \{0,1\}$ wird Belegungsindex, Wert oder Belegung der betreffenden binären Variablen genannt. Unabhängige Variable (Eingangsvariable, Eingänge) werden mit x_1, x_2, x_3,..., abhängige Variable (Ausgänge) mit z_1, z_2,... oder y_1, y_2,... bezeichnet. Ist z.B. eine Variable x_1 mit $\sigma_1 = 0$ und eine Variable x_2 mit $\sigma_2 = 1$ "belegt", dann wird dies vereinfacht durch $x_1 = 0$, $x_2 = 1$ oder meist noch weiter vereinfacht durch die Binärzahl 01 ausgedrückt (siehe Abschnitt 2.2.3).

Für n binäre Eingangssignale sind 2^n verschiedene Wertekombinationen möglich. Zum Beispiel: Zwei Eingängen (x_1, x_2) entsprechen $2^2 = 4$ mögliche Eingangswerte-Kombinationen: 00, 01, 10, 11. Verknüpft man n binäre Eingangsgrößen $x_1, x_2, ..., x_n$ mit Hilfe entsprechender Funktionen, dann ergibt sich eine binäre Ausgangsgröße z. Jeder Wertekombination der Eingangsgrößen entspricht je nach Art der Verknüpfung eine bestimmte Belegung $z = \{0,1\}$ der Ausgangsgröße als Verknüpfungsergebnis.

Damit kann nun eine kombinatorische Schaltung präziser als in der Einführung wie folgt definiert werden: Unter einer kombinatorischen Schaltung mit n Eingängen $(x_1,\ldots,x_n)$ und einem Ausgang z versteht man eine Schaltung, die infolge ihrer inneren Struktur jeder möglichen Eingangs-Wertekombination eine bestimmte Belegung z = {0,1} des Ausgangs zuordnet. Der Ausgang einer kombinatorischen Schaltung ist also eine eindeutige Funktion $z = F(x_1,x_2,\ldots,x_n)$ der jeweils anstehenden Eingangs-Wertekombination. Man spricht von einer n-stelligen Schaltfunktion F(n). Wenn keine Verwechslung möglich ist, kann dabei das Argument n weggelassen werden. Nun muß entsprechend der jeweiligen Aufgabenstellung eine solche kombinatorische Schaltung entworfen d.h. die betreffende Schaltfunktion muß berechnet werden. Dazu wird eine geeignete Algebra benötigt.

Zur Berechnung logischer Verknüpfungen in binären Steuerungssystemen könnte man zwar die mathematische Aussagenlogik in ihrer ursprünglichen Form heranziehen. Die Aussagenlogik, mit der sich u.a. Leibnitz sehr eingehend beschäftigte, wurde jedoch von dem englischen Mathematiker G.Boole (1815-1864) mathematisch exakt formuliert und wird daher in dieser Form als **boolesche Algebra** bezeichnet. Shannon (1938) hat als erster die boolesche Algebra auf Schaltsysteme angewandt. Diese für technische Anwendungen zugeschnittene Form der Aussagenlogik bzw. der booleschen Algebra wird Schaltlogik oder **Schaltalgebra** genannt. Aussagenlogik, boolesche Algebra und Schaltalgebra, aber auch Grundbegriffe der Mengenlehre sind miteinander eng verwandt und haben im wesentlichen die gleichen Strukturen.

2.1 Einige Grundbegriffe aus Aussagenlogik und Mengenlehre

2.1.1 Aussagenlogik

Wie schon eben festgestellt, hat die von uns benötigte Schaltalgebra ihren Ursprung in der Aussagenlogik. Diese bildet die Gesetze des Denkens und der logischen Schlußfolgerungen in mathematischer Form nach. Dem Signal in einem Steuerungssystem, das mit 0 oder 1 belegt sein kann, entspricht in der Aussagenlogik der Begriff der Aussage, die falsch oder wahr sein kann. Der booleschen Verknüpfung bzw. der Schaltfunktion entspricht die Verknüpfung verschiedener Aussagen; dadurch entsteht eine neue Aussage, die wiederum falsch oder wahr sein kann. Um mit Aussagen "rechnen" zu können, werden diese z.B. mit Großbuchstaben bezeichnet; die verschiedenen möglichen Verknüpfungen "nicht", "und", "oder", "wenn-dann", usw. werden durch Verknüpfungssymbole sog. Junktoren, ausgedrückt. Anschließend folgen dafür nur einige wenige Beispiele.

Negation (Verneinung): Dies ist die einfachste aussagenlogische Verknüpfung. Als Junktor dient ein Querstrich. Wenn die Aussage A falsch ist, dann ist ihre Negation $\overline{A}$ wahr und umgekehrt. $\overline{A}$ ist das Komplement zu A. Da sich der Junktor der Negation nur auf eine einzige Aussage A bezieht, spricht man von einem einstelligen Junktor; alle anderen Junktoren sind zweistellig, d.h. sie verknüpfen zwei Aussagen miteinander.

Konjunktion: Diese Verknüpfung entspricht der Bedeutung des Wortes "und"; als Junktor wird $\wedge$ verwendet. Somit ist die Aussage $A \wedge B$ dann und nur dann wahr, wenn sowohl A als auch B wahr sind. Wird abgekürzt "falsch" mit 0 und "wahr" mit 1 bezeichnet, dann kann man die Konjunktion mit der folgenden **"Wahrheitstabelle"** definieren:

Tabelle 2.1. Wahrheitstabelle der Konjunktion

A	B	$A \wedge B$	A	B	$A \wedge B$
falsch	falsch	falsch	0	0	0
falsch	falsch	falsch	0	1	0
wahr	falsch	falsch	1	0	0
wahr	wahr	wahr	1	1	0

Genau so können auch mehr als zwei Aussagen miteinander konjunktiv verknüpft werden (Mehrfachkonjunktion):

$$\bigwedge_{i=1}^{n} A_i := A_1 \wedge A_2 \wedge \ldots \wedge A_n. \tag{2.1}$$

Diese Schreibweise werden wir später auch verwenden.

Disjunktion: Diese in der Aussagenlogik manchmal auch als Adjunktion bezeichnete Verknüpfung entspricht der einschließenden Bedeutung des Wortes "oder"; der Junktor ist $\vee$. Die Aussage $A \vee B$ ist wahr, wenn eine der beiden Aussagen oder beide Aussagen gleichzeitig wahr sind. Die Wahrheitstabelle der Disjunktion zweier Aussagen ist in Tabelle 2.2 gezeigt.

Tabelle 2.2. Wahrheits-   Tabelle 2.3. Definition
tabelle der Disjunktion   der Implikation

A	B	$A \vee B$
0	0	0
0	1	1
1	0	1
1	1	1

A	B	$A \to B$
0	0	1
0	1	1
1	0	0
1	1	1

Wie bei der Konjunktion können auch bei der Disjunktion beliebig viele Aussagen miteinander verknüpft werden:

$$\bigvee_{i=1}^{n} A_i := A_1 \vee A_2 \vee \ldots \vee A_n. \tag{2.2}$$

Implikation: Die bisher eingeführten drei Junktoren erweisen sich schon als ausreichend, um damit alle möglichen aussagenlogischen Verknüpfungen auszudrücken. Dies wird am Beispiel der Implikation deutlich. Sie entspricht dem Schluß "wenn A dann B", d.h. aus Wahrheit oder Unwahrheit zweier Aussagen A und B wird auf die Wahrheit oder Unwahrheit der Folgerung "A impliziert B" geschlossen. Die Implikation wird durch den Junktor $\to$ gekennzeichnet und entspricht der Verknüpfung

$$A \to B = \bar{A} \vee B. \tag{2.3}$$

Die Wahrheitstabelle ist in der Tabelle 2.3 dargestellt.

Als **Beispiel** diene die Aussage A: "es regnet" und die Aussage B: "die Straße ist naß". "Wenn es nicht regnet (A=0), dann ist die Straße nicht naß (B=0)" ist ein richtiger Schluß ($A \to B = 1$). "Wenn es nicht regnet, dann ist die Straße naß" kann auch ein richtiger Schluß sein, denn die Nässe der Straße kann auch andere Ursachen als Regen haben. "Wenn es regnet, dann ist die Straße nicht naß" ist sicher ein falscher Schluß. Und schließlich "Wenn es regnet, dann ist die Straße naß" ist wieder richtig.

Faktische Äquivalenz: Diese entspricht der Formulierung "genau dann wenn" und sie ist wahr, wenn die beiden miteinander verknüpften Aussagen A und B den gleichen Wahrheitswert haben. Der Junktor der Verknüpfung ist ein Doppelpfeil $\leftrightarrow$ und er soll ausdrücken, daß die Implikationen $A \rightarrow B = \bar{A} \vee B$ und $A \leftarrow B = A \vee \bar{B}$ gleichzeitig gelten :

$$A \leftrightarrow B = (A \rightarrow B) \wedge (B \rightarrow A). \tag{2.4}$$

Tabelle 2.4. Definition der faktischen Äquivalenz

A B	$A \rightarrow B$	$B \rightarrow A$	$A \leftrightarrow B$
0 0	1	1	1
0 1	1	0	0
1 0	0	1	0
1 1	1	1	1

2.1.1.1 Rechengesetze

Alle Verknüpfungen der Aussagenlogik können auf die elementaren Verknüpfungen mit den drei für Negation, Konjunktion und Disjunktion eingeführten Junktoren zurückgeführt werden. Mit den Definitionen dieser Junktoren können die nachfolgend (ohne Beweise) angegebenen Gesetze bewiesen werden.

Kommutative Gesetze:

$$A \wedge B = B \wedge A,$$
$$A \vee B = B \vee A. \tag{2.5}$$

Assoziative Gesetze:

$$A \wedge (B \wedge C) = (A \wedge B) \wedge C,$$
$$A \vee (B \vee C) = (A \vee B) \vee C. \tag{2.6}$$

Absorptionsgesetze:

$$A \wedge (A \vee B) = A,$$
$$A \vee (A \wedge B) = A. \tag{2.7}$$

Distributive Gesetze:

$$A \wedge (B \vee C) = (A \wedge B) \vee (A \wedge C),$$
$$A \vee (B \wedge C) = (A \vee B) \wedge (A \vee C). \tag{2.8}$$

Gesetze für die Negation:

$$A \wedge \bar{A} = 0, \qquad A \vee \bar{A} = 1. \tag{2.9}$$

Abschließend sei angemerkt, daß die gesamte Aussagenlogik auch ausgehend von einem System von postulierten, nicht zu beweisenden Axiomen entwickelt werden kann. Als ein solches Axiomensystem hätten die Gleichungen (2.5) bis (2.9) dienen können. Bei Entwicklung der Schaltalgebra im Abschnitt 2.2 wird dann dieser Weg eingeschlagen und es wird von einem ähnlichen Axiomensystem ausgegangen.

2.1.2 Mengenlehre

Hier sollen nur ganz wenige Grundbegriffe eingeführt werden, soweit dann später auf diese zurückgegriffen wird.

Eine **Menge** ist die Zusammenfassung von bestimmten, wohlunterschiedenen Elementen zu einem Ganzen. Bezeichnet M eine solche Menge und x ein Element dieser Menge, so schreibt man: $x \in M$. Die Definition einer bestimmten Menge erfolgt durch Aufzählen ihrer Elemente:

$$M := \{x_1, x_2, \ldots, x_n\} \; . \tag{2.10}$$

Die Elemente einer Menge haben aber stets eine gemeinsame Eigenschaft, die symbolisch z.B. durch H(x) ausgedrückt werde. Damit wird die Menge M definiert durch die Schreibweise

$$M := \{x \mid H(x)\} \; , \tag{2.11}$$

was bedeutet: M ist die Menge aller Elemente x, denen die Eigenschaft H(x) gemeinsam ist.

Wenn x nicht Element der Menge M ist, dann wird dies durch die Schreibweise $x \notin M$ ausgedrückt.

Die Menge aller möglichen Mengen ist die sog. Grundmenge I und das Komplement dazu ist die leere Menge oder Nullmenge O, die kein Element enthält.

Untermenge: Dies ist ein wichtiger Begriff. Eine Menge A ist Untermenge von B, wenn jedes Element von A auch Element von B ist aber nicht unbedingt umgekehrt. Es wird geschrieben bzw. definiert:

$$A \subseteq B := (x \in A \rightarrow x \in B). \qquad (2.12)$$

Komplementäre Menge: Wurde eine Menge A als Untermenge der Grundmenge I definiert, dann stellen alle Elemente, die nicht der Menge A aber der Menge I angehören, die zu A komplementäre Menge $\bar{A}$ dar:

$$\bar{A} := \{x \mid x \notin A \wedge x \in I\} . \qquad (2.13)$$

Der auch hier verwendete Junktor der Negation bzw. des Komplements beschreibt eine einstellige Verknüpfung.

Durchschnitt, Vereinigung: Dies sind zweistellige Verknüpfungen von Mengen. Der Durchschnitt der beiden Mengen A und B wird erklärt durch

$$A \cap B := \{x \mid x \in A \wedge x \in B\} \qquad (2.14)$$

und stellt die Menge jener Elemente x dar, die sowohl der Menge A als auch der Menge B angehören. Die Vergleichbarkeit mit der Konjunktion ist offensichtlich. Die Vereinigung der beiden Mengen A und B wird durch

$$A \cup B := \{x \mid x \in A \vee x \in B\} \qquad (2.15)$$

erklärt. Der Bedeutung der Disjunktion entsprechend stellt diese Vereinigung die Menge aller Elemente x dar, die entweder der Menge A oder der Menge B oder beiden gemeinsam angehören. Bei der Definition der gemeinsamen Eigenschaft der Elemente x von Mengen handelt es sich um Aussagen. Man beachte, daß daher in den Gln.(2.12) bis (2.15) dafür die Junktoren der Aussagenlogik verwendet wurden.

2.1.2.1 Rechengesetze

Ebenso wie in der Aussagenlogik gelten auch hier Grundgesetze für die mengentheoretischen Verknüpfungen mittels der mit den Gln. (2.13), (2.14), (2.15) definierten Junktoren. Auf den nachfolgenden Gesetzen ist die Mengenlehre begründet (man vergleiche mit den Gln.(2.5) bis (2.9) und man beachte die

Ähnlichkeit der Junktoren):

$$A \cap B = B \cap A,$$
$$A \cup B = B \cup A; \qquad\qquad (2.16)$$
$$A \cap (B \cap C) = (A \cap B) \cap C,$$
$$A \cup (B \cup C) = (A \cup B) \cup C; \qquad\qquad (2.17)$$
$$A \cap (A \cup B) = A,$$
$$A \cup (A \cap B) = A; \qquad\qquad (2.18)$$
$$A \cap (B \cup C) = (A \cap B) \cup (A \cap C),$$
$$A \cup (B \cap C) = (A \cup B) \cap (A \cup C); \qquad\qquad (2.19)$$
$$A \cap \bar{A} = 0,$$
$$A \cup \bar{A} = I. \qquad\qquad (2.20)$$

Die im Abschnitt 2.1 ausgeführten Grundbegriffe der Aussagenlogik und Mengenlehre sind im wesentlichen dem Buch von Fasol
und Vingron (1975) entnommen. Sie sind dort etwas ausführlicher nachlesbar.

2.2 Boolesche Algebra und Schaltalgebra

2.2.1 Axiome und Elementarverknüpfungen

Das hier verwendete Axiomensystem wurde erstmals von Huntington (1904) und (1933) formuliert. Aus diesem Axiomensystem
wird die Schaltalgebra hergeleitet und darauf begründet.
Axiome müssen folgende Eigenschaften haben:
- Miteinander vereinbar; einander nicht widersprechend;
- einfache Aussagen; nicht in mehrere Teil-Aussagen zerlegbar;
- voneinander unabhängig; es soll nicht ein Axiom aus einem
  anderen abgeleitet werden können.

Die nachstehend formulierten Axiome sollen unter folgenden
Voraussetzungen gelten:
Es existiere eine Menge $M := \{x_1, x_2, \ldots; 0, 1\}$ sowie die beiden
Verknüpfungssymbole "$\wedge$" und "v". Diese Symbole sollen zunächst
nur derart erklärt sein, daß durch sie z.B. den beiden Elementen x_1 und x_2 ein Element x_3 eindeutig zugeordnet wird. Auch
die beiden Werte 0 und 1 der Wertevorrate von $x_1, x_2, \ldots$ sind
Elemente der Menge M. Daraus folgt schon ausdrücklich, daß es
sich bei den Elementen der Menge M sowohl um Variable, als
auch um Verknüpfungen mehrerer Variabler sowie schließlich um
deren Werte 0 und 1 handelt.

Die beiden Verknüpfungssymbole sind darüber hinausgehend
zunächst nicht näher erklärt. Wenn das nachstehend formulierte
Axiomensystem vollständig ist, wird sich ihre Bedeutung daraus
herleiten lassen. Es werde lediglich noch vereinbart, daß die
Bindungsstärke des Symbols "$\wedge$" stärker als jene des Symbols
"$\vee$" sei. Es sei hier schon angemerkt, daß das Verknüpfungssymbol $\wedge$ nur dann verwendet wird, wenn es aus Gründen der Deut-
lichkeit erforderlich ist. Ansonsten wird der Punkt bzw. gar
kein Symbol verwendet (wie bei der Multiplikation). Unter
diesen Voraussetzungen werden die einzelnen Axiome und zu
jedem Axiom ein sog. "duales" Axiom wie folgt postuliert:

Axiom 1:

$$x \wedge 1 = x \; ; \qquad\qquad x \vee 0 = x \; . \qquad\qquad (2.21)$$

Axiom 2 (kommutative Gesetze):

$$x_1 \wedge x_2 = x_2 \wedge x_1 \; ; \qquad x_1 \vee x_2 = x_2 \vee x_1 \; . \qquad (2.22)$$

Axiom 3 (distributive Gesetze):

$$x_1 \wedge (x_2 \vee x_3) = (x_1 \wedge x_2) \vee (x_1 \wedge x_3) \; ;$$
$$x_1 \vee (x_2 \wedge x_3) = (x_1 \vee x_2) \wedge (x_1 \vee x_3) \; . \qquad (2.23)$$

Axiom 4:

Zu jeder Variablen x gebe es deren Negation $\bar{x}$ wofür gilt:

$$x \wedge \bar{x} = 0 \; ; \qquad\qquad x \vee \bar{x} = 1 \; . \qquad\qquad (2.24)$$

Diese paarweise Anordnung der Axiome illustriert die Symmetrie
oder **Dualität** der booleschen Algebra im Hinblick auf die
Verknüpfungssymbole: Ersetzt man in den Axiomen jeweils 1
durch 0 bzw. umgekehrt und ersetzt man gleichzeitig $\vee$ durch $\wedge$
oder "." sowie $\wedge$ bzw. "." durch $\vee$, dann erhält man jeweils
das zum ursprünglichen Axiom duale Axiom.

Wird mit Hilfe dieser Axiome eine Verknüpfung hergeleitet,
dann gilt auch die zur erhaltenen Form duale Form als bewiesen. So wird z.B. aus den Axiomen hergeleitet, daß das folgende Theorem gilt (siehe Abschnitt 2.2.2):

$$x \wedge 0 = x.0 = 0 \; ; \qquad\qquad x \vee 1 = 1 \; . \qquad (2.25)$$

Es hat zunächst vielleicht den Anschein, daß es sich hier um
ein weiteres Axiom handelt, weil dieses Theorem "optisch" ganz
ähnlich   aussieht wie Axiom 1. Die Zurückführung auf die
Axiome bzw. der Beweis mittels der Axiome ist aber ohne weiteres möglich, was hier für x.0 = 0 gezeigt wird:

$$
\begin{array}{llll}
x.0 & = x.0 \vee 0 \,, & \text{lt.(2.21):} & x \vee 0 = x, \\
x.0 \vee 0 & = x.0 \vee x.\bar{x} \,, & \text{lt.(2.24):} & x.\bar{x} = 0, \\
x.0 \vee x.\bar{x} & = x\,(0 \vee \bar{x}) \,, & \text{lt.(2.23):} & \text{distrib.Ges.} \\
x\,(0 \vee \bar{x}) & = x.\bar{x} \,, & \text{lt.(2.21) und (2.22):} & \bar{x} \vee 0 = \bar{x}, \\
x.\bar{x} & = 0\,; \quad \text{q.e.d.} & \text{lt.(2.24):} & x.\bar{x} = 0.
\end{array}
$$

Damit gilt auch das zu x.0 = 0 duale Theorem x $\vee$ 1 = 1 als
bewiesen.

Mit Hilfe dieses somit aus dem Axiomensystem hergeleiteten
Theorems und mit dem Axiom 1 (Gl.(2.21)) kann nun auch die
Bedeutung der Verknüpfungssymbole $\wedge$ und $\vee$ hergeleitet werden.
Dazu wird in die für "$\wedge$" bewiesene Form der Gl.(2.25) sowie in
das für "$\wedge$" postulierte Axiom (Gl.(2.21)) der Wertevorrat für
x = {0,1} eingesetzt. Dadurch erhält man unter Anwendung des
kommutativen Gesetzes Axiom 2 (Gl.(2.22))

$$
\begin{array}{lllll}
\text{aus} & 0 \wedge x = 0: & 0 \wedge 0 & = 0\,, & \\
 & & 0 \wedge 1 & = 0\,; & \\
\text{und aus} & 1 \wedge x = x: & 1 \wedge 0 & = 0\,, & \\
 & & 1 \wedge 1 & = 1\,. & (2.26)
\end{array}
$$

Auf den linken Seiten steht jeweils eine der vier möglichen
Eingangswerte-Kombinationen (Eingangsbelegungen) von zwei Variablen x_1, x_2 und auf den rechten Seiten der Gleichheitszei-
chen steht das jeweilige Verknüpfungsergebnis. Die Bedeutung
der Verknüpfung "$\wedge$" für zwei Variable wird entsprechend der
früheren Wahrheitstabelle (Tabelle
2.1) durch Tabelle 2.5 dargestellt,
die jetzt **Funktionstabelle** genannt
wird.

Somit wurde die logische Elementar-
verknüpfung **UND** bzw. **KONJUNKTION**
hergeleitet. Die Konjunktion von n
Variablen ergibt dann und nur dann den
Funktionswert z = 1, wenn alle n
Variablen gleich 1 sind.

Tabelle 2.5. Funktionstabelle der Konjunktion

x_1	x_2	$z = x_1 x_2$
0	0	0
0	1	0
1	0	0
1	1	1

Ebenso erhält man

aus $0 \vee x = x$: $0 \vee 0 = 0$,
                          $0 \vee 1 = 1$;
und aus $1 \vee x = 1$: $1 \vee 0 = 1$,
                          $1 \vee 1 = 1$.   (2.27)

bzw. die Funktionstabelle 2.6. Dies ist die Elementarverknüpfung **ODER** bzw. **DISJUNKTION**. Die Disjunktion von n Variablen ergibt dann 1, wenn eine oder mehr als eine Variable
gleich 1 sind.

Tabelle 2.6. Funktions-   Tabelle 2.7. Funktionstabelle der Disjunktion   tabelle der Negation

x_1	x_2	$z = x_1 \vee x_2$
0	0	0
0	1	1
1	0	1
1	1	1

x	$z = \bar{x}$
0	1
1	0

Die in Axiom 4 (Gl.(2.24)) formulierte Elementarverknüpfung
NEGATION (NICHT) wird lt. Tabelle 2.7 als Funktion einer
einzigen Variablen geschrieben.

Die Elementarverknüpfungen werden nach Bild 2.1 durch genormte
Schaltzeichen symbolisiert. Für die Serienschaltung einer
Negation mit einer Konjunktion oder Disjunktion sind nach Bild
2.2 vereinfachte Schaltzeichen zu verwenden.

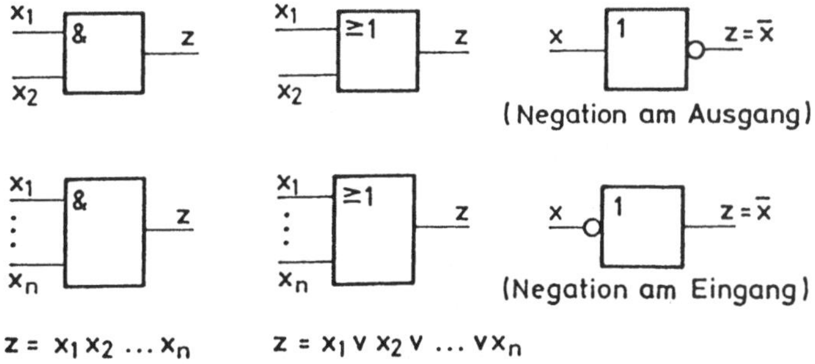

Bild 2.1. Schaltzeichen für die Elementarverknüpfungen nach DIN 40700 und IEC 117-15

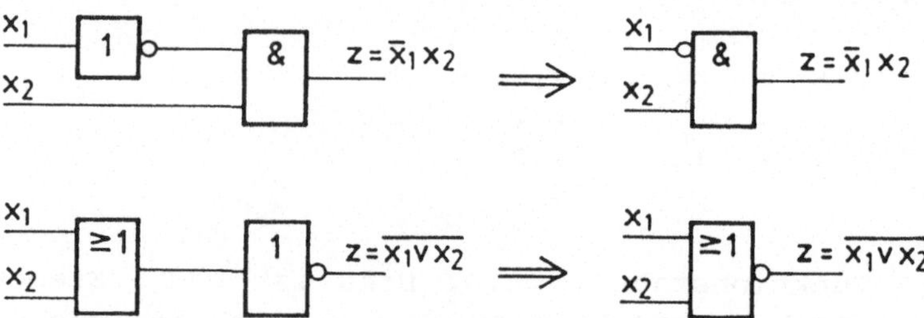

Bild 2.2. Vereinfachte Schaltzeichen
für negierte Ein- und Ausgänge

2.2.2 Theoreme und Rechenregeln

Die in diesem Abschnitt angegebenen Rechenregeln können sämtlich aus den Axiomen hergeleitet werden; bei einigen Regeln
wird dies vorgeführt. Zunächst sei jedoch an die bezüglich der
Bindungsstärken der Verknüpfungen getroffene Vereinbarung
erinnert. Es ist uns selbstverständlich, daß auch in der
"normalen" Algebra das Produkt stärker bindet als die Summe.

Zum Beispiel:

$$x_1 x_2 + x_3 x_4 = (x_1 x_2) + (x_3 x_4).$$

Die Klammern wären hier nicht notwendig; sie sind nur
dann nötig, wenn die Bindungsstärke umgekehrt werden soll;
also:

$$x_1 (x_2 + x_3) x_4 = x_1 x_2 x_4 + x_1 x_3 x_4 \; .$$

In der booleschen Algebra ist es ebenso: Die Konjunktion
(boolesches Produkt) bindet stärker als die Disjunktion
(boolesche Summe);   z.B.:

$$x_1 x_2 \vee x_3 = (x_1 x_2) \vee x_3.$$

Auch hier sind die Klammern nicht nötig; sie sind nur dann
notwendig, wenn die Bindungsstärke umgekehrt werden soll;
also:

$$x_1 (x_2 \vee x_3) = x_1 x_2 \vee x_1 x_3.$$

Nach dieser Erinnerung an das Klammersetzen werden nun die Theoreme bzw. Rechenregeln angegeben.

a) **Dualität**

Die Dualität ist zwar noch kein Theorem, denn sie wurde ja gemeinsam mit den Axiomen postuliert. Wegen ihrer großen Bedeutung soll sie jedoch nochmals hier eingeordnet und etwas ausführlicher besprochen werden.

Aus jeder booleschen Aussage (die aus den Axiomen abgeleitet ist) bzw. aus jeder algebraischen Verknüpfung läßt sich eine zu der ursprünglichen Aussage duale Aussage gewinnen. Diese duale Aussage ist dann ebenfalls gültig. Man erhält die duale Funktion F^*, indem man in der ursprünglichen Funktion F
- alle $\wedge$ durch $\vee$ ersetzt bzw. umgekehrt,
- alle 0 durch 1 ersetzt bzw. umgekehrt.

Beispiel

$$F = x_1 x_2 \vee x_3 \cdot 1 = x_1 x_2 \vee x_3 = (x_1 \vee x_3)(x_2 \vee x_3);$$

dazu dual:

$$F^* = (x_1 \vee x_2)(x_3 \vee 0) = (x_1 \vee x_2)x_3 = x_1 x_3 \vee x_2 x_3 \ .$$

$$
\begin{array}{lllllll}
\text{Allgemein:} & F & = & F(x_i; & 1, & 0; & \text{UND, ODER}) \\
& & & & \downarrow & \downarrow \quad \downarrow & \quad\;\; \downarrow \\
& F^* & = & F(x_i; & 0, & 1; & \text{ODER, UND}).
\end{array}
\qquad (2.28)
$$

Aus der Gleichheit zweier Schaltfunktionen folgt durch die Dualität die Gleichheit der dazu dualen Schaltfunktionen: Wenn gilt: $F_1 = F_2$ dann folgt daraus: $F_1^* = F_2^*$ und umgekehrt.

b) **Zusammenfassung der Variablen**

Die Ausdrücke auf beiden Seiten des Gleichheitszeichens machen ein und dieselbe Aussage.

$$x \cdot x = x \ ; \qquad\qquad x \vee x = x \ .$$

demnach gilt:

$$x \cdot x \cdot x \cdot x \cdot \ldots = x \ ; \qquad x \vee x \vee x \vee x \vee \ldots = x \ . \qquad (2.29)$$

c) **Theorem für 0 und 1** (nach Gl.(2.25))

$$x.0 = 0 \; ; \qquad x \vee 1 = 1 \; .$$

d) **Absorption**

$$x_1(x_1 \vee x_2) = x_1 \; ; \qquad x_1 \vee x_1 x_2 = x_1 \; . \qquad\qquad (2.30)$$

Diese Regeln erscheinen auf den ersten Blick vielleicht etwas verblüffend; man könnte die Frage stellen, wieso denn die Variable x_2 keinen Einfluß auf die Aussage haben sollte. Man kann natürlich dieses Theorem mit den Axiomen wie folgt beweisen:

$$
\begin{array}{lll}
x_1(x_1 \vee x_2) & = \; (x_1 \vee 0)(x_1 \vee x_2) \; , & \text{lt.}(2.21) \\
(x_1 \vee 0)(x_1 \vee x_2) & = \; x_1 \vee 0.x_2 \; , & \text{lt.}(2.23) \\
x_1 \vee 0.x_2 & = \; x_1 \vee 0 \; , & \text{lt.}(2.22)\ \text{u.}(2.25) \\
x_1 \vee 0 & = \; x_1 \; ; \qquad \text{q.e.d.} & \text{lt.}(2.21)
\end{array}
$$

e) **Assoziatives Gesetz**

$$x_1(x_2 x_3) = (x_1 x_2)x_3 \; ; \qquad x_1 \vee (x_2 \vee x_3) = (x_1 \vee x_2) \vee x_3 \; .$$
$$(2.31)$$

f) **Negation (Komplement)**

$$\bar{1} = 0 \; ; \quad \bar{0} = 1 \; . \qquad\qquad\qquad (2.32)$$

g) **Doppelte Negation (Doppeltes Komplement)**

$$\bar{\bar{x}} = x \; . \qquad\qquad\qquad (2.33)$$

h) **Theorem von De Morgan; Negationsregel**

$$(\overline{x_1 x_2 \ldots}) = \bar{x}_1 \vee \bar{x}_2 \vee \ldots; \quad (\overline{x_1 \vee x_2 \vee \ldots}) = \bar{x}_1 \bar{x}_2 \ldots \qquad (2.34)$$

Der Beweis dieses wichtigen Theorems kann wie folgt geführt werden: Wenn (wie behauptet) $\bar{x}_1 \vee \bar{x}_2$ die Negation von $x_1 x_2$ ist, dann gilt mit Gl.(2.24):

$$
\begin{array}{lll}
(x_1 x_2)(\overline{x_1 x_2}) & = \; (x_1 x_2)(\bar{x}_1 \vee \bar{x}_2) = 0 \; ; & \\
(x_1 x_2)(\bar{x}_1 \vee \bar{x}_2) & = \; x_1 x_2 \bar{x}_1 \vee x_1 x_2 \bar{x}_2 \; , & \text{lt.}(2.23) \\
x_1 x_2 \bar{x}_1 \vee x_1 x_2 \bar{x}_2 & = \; x_2.0 \vee x_1.0 \; , & \text{lt.}(2.24)\ \text{u.}(2.22) \\
x_2.0 \vee x_1.0 & = \; 0 \vee 0 = 0 \; ; & \text{q.e.d.}
\end{array}
$$

Lt.Gl.(2.29) ist $0 \vee 0 = 0$; lt.Gl.(2.25) ist $x.0 = 0$. Das Theorem c) Gl.(2.25) wurde oben bewiesen; Theorem b) Gl.(2.29) ließe sich ebenso einfach beweisen.

Beispiel für die Negation einer Schaltfunktion:

$$z = (x_1 \vee \bar{x}_2)(\bar{x}_1 x_3 \vee x_2 x_4) \quad ;$$

$$z = \overline{(x_1 \vee \bar{x}_2)(\bar{x}_1 x_3 \vee x_2 x_4)} = (\overline{x_1 \vee \bar{x}_2}) \vee (\overline{\bar{x}_1 x_3 \vee x_2 x_4})$$

$$= \bar{x}_1 x_2 \vee \overline{\bar{x}_1 x_3} \cdot \overline{x_2 x_4} = \bar{x}_1 x_2 \vee (x_1 \vee \bar{x}_3)(\bar{x}_2 \vee \bar{x}_4) \ .$$

Man vergleiche die erste mit der letzten Zeile: Die Negation wird manchmal auch als "vollständige Dualität" bezeichnet (Vertauschen von UND und ODER **sowie** Negation aller Variablen).

j) **Kürzungsregel**

$$x_1 x_2 \vee x_1 \bar{x}_2 = x_1 ; \qquad (x_1 \vee x_2)(x_1 \vee \bar{x}_2) = x_1 \ . \qquad (2.35)$$

Diese Regel ist für die Vereinfachung von Schaltungen (Minimieren: Einsparung von Schaltelementen) äußerst wichtig. Ihr Beweis ist sehr einfach:

$$x_1 x_2 \vee x_1 \bar{x}_2 = x_1(x_2 \vee \bar{x}_2) \ , \qquad\qquad \text{lt.(2.23)}$$
$$x_1(x_2 \vee \bar{x}_2) = x_1 . 1 = x_1 ; \quad \text{q.e.d.} \quad \text{lt.(2.24) u.(2.21)}$$

Alle Rechenregeln gelten nicht nur für Schaltvariable sondern im Sinne der am Beginn des Abschnitts 2.2.1 für die Axiome gemachten Voraussetzungen auch für die Verknüpfungen von Variablen. Das heißt: In allen obigen Rechenregeln bedeuten $x_1, x_2, \ldots$ sowohl einzelne Variable als auch Schaltfunktionen (Verknüpfungen von mehreren Schaltvariablen).

2.2.3 Eingangsbelegung, Minterm und Maxterm

Der Belegungsindex σ wurde schon am Beginn dieses Kapitels eingeführt. Mit ihm läßt sich die Eingangsbelegung und vor allem die Schreibweise der Variablen in Abhängigkeit von ihrer Belegung definieren bzw. vereinbaren. Als "Belegung" einer Variablen x_i bezeichnet man den Wert des Index σ_i, der entweder 0 oder 1 sein kann mit der folgenden Schreibweise:

$$\begin{bmatrix} \sigma_i \\ x_i \end{bmatrix} := \left\{ \begin{array}{l} x_i \;\ldots\; \text{für } \sigma_i = 1 \;, \\ \overline{x}_i \;\ldots\; \text{für } \sigma_i = 0 \;. \end{array} \right.$$

Eine Variable wird demnach unnegiert angeschrieben, wenn sie mit Eins belegt ist und negiert angeschrieben, wenn sie mit Null belegt ist; so wird die sog. positive Logik vereinbart.

Unter einer **Eingangsbelegung** versteht man die Aneinanderreihung der Belegungen aller Eingangsvariablen in einer festgelegten Reihenfolge (nach steigendem i). Bildet man mit allen σ_i (i = 1,...,n) eine Binärzahl, dann kann man jede Eingangsbelegung quantitativ auch durch das Dezimaläquivalent

$$j = \sum_{i=1}^{n} \sigma_i \, 2^{n-i}$$

dieser Binärzahl eindeutig angeben. Das Symbol j durchläuft demnach die Zahlen $0, 1, 2, \ldots, (2^n - 1)$.

Um den Begriff der Eingangsbelegung in der Schaltalgebra verwenden zu können, muß jeder Eingangsbelegung eine Funktion derart zugeordnet werden, daß diese genau dann Eins ist, wenn die zugeordnete Eingangsbelegung vorliegt. Eine solche Funktion der n Eingänge wird **Minterm** (bzw. **Elementarkonjunktion**) genannt und sie sei mit $k_j(n)$ bezeichnet. Gemäß der Definition des Minterms $k_j(n)$ ist dieser dann und nur dann Eins, wenn **alle** Eingangsvariablen in derselben Belegung vorkommen, wie dies bei der Beschreibung der zugehörigen Eingangsbelegung j der Fall war. Daher ist der Minterm als konjunktive Verknüpfung der entsprechend belegten Eingangsvariablen zu definieren, wobei die früher in Gl.(2.1) eingeführte Mehrfachkonjunktion verwendet wird:

$$k_j(n) := \bigwedge_{i=1}^{n} \begin{bmatrix} \sigma_i \\ x_i \end{bmatrix} . \tag{2.36}$$

Der **Maxterm** (bzw. **Elementardisjunktion**) $d_j(n)$ wird als Negation des Minterms $k_j(n)$ definiert:

$$d_j(n) := \overline{k_j(n)} \; .$$

Durch Einsetzen der Definitionsgleichung (2.36) für den Minterm in die obige Gleichung wird durch Negation nach De Morgan der Ausdruck für den Maxterm erhalten:

$$d_j(n) = \overline{\bigwedge_{i=1}^{n} \left[\begin{matrix} \sigma_i \\ x_i \end{matrix} \right]} = \bigvee_{i=1}^{n} \overline{\left[\begin{matrix} \sigma_i \\ x_i \end{matrix} \right]} \quad . \qquad\qquad (2.37)$$

Es ist wieder wesentlich, daß der Maxterm $d_j(n)$ genau dann den
Wert Eins annimmt, wenn die betreffende Eingangsbelegung j
nicht vorhanden ist, bzw. er nimmt für die ihn betreffende
Eingangsbelegung den Wert Null und für alle anderen Belegungen
den Wert Eins an.

Wahrheitstabellen bzw. Funktionstabellen wurden schon früher
verwendet. Es ist zweckmäßig und allgemein üblich, in diesen
Tabellen die Eingangsbelegungen nach steigendem Dezimaläquivalent j geordnet anzuschreiben. Dies wurde schon früher still-
schweigend so gehandhabt. Mittels einer solchen Funktionstabelle werden in Tabelle 2.8 für zwei Eingangsvariable die
Minterme und Maxterme veranschaulicht. Es ist noch wesentlich,
aus der   Tabelle 2.8 unter Anwendung der Kürzungsregel
Gl.(2.35) und des Axioms Gl.(2.24) aber auch sofort erkennbar, daß die Disjunktion aller Minterme stets 1 und die Konjunktion aller Maxterme stets 0 ergibt. Dies wurde von Fasol
und Vingron (1975) auch mittels vollständiger Induktion bewiesen.

Tabelle 2.8. Minterme und Maxterme von zwei Variablen

x_1 $\quad x_2$	j	Minterm	Maxterm
0 $\quad$ 0	0	$k_0 = \bar{x}_1 \bar{x}_2$	$d_0 = x_1 \vee x_2$
0 $\quad$ 1	1	$k_1 = \bar{x}_1 x_2$	$d_1 = x_1 \vee \bar{x}_2$
1 $\quad$ 0	2	$k_2 = x_1 \bar{x}_2$	$d_2 = \bar{x}_1 \vee x_2$
1 $\quad$ 1	3	$k_3 = x_1 x_2$	$d_3 = \bar{x}_1 \vee \bar{x}_2$

2.2.4 Der Fundamentalsatz kombinatorischer Schaltungen

Im vorhergehenden Abschnitt wurden die Begriffe Minterm und
Maxterm eingeführt. Diese algebraischen Funktionen, die jeweils eine Eingangsbelegung repräsentieren, sind für die Darstellung von Funktionen (mit einem Ausgang) von elementarer

Bedeutung. Eine Schaltfunktion $z = F(x_1,\ldots,x_n)$ kann nämlich dadurch dargestellt werden, daß bei n Eingangsvariablen jeder der 2^n Minterme $k_j(n)$ mit dem von ihm implizierten Funktionswert z_j konjunktiv verknüpft wird; diese einzelnen (2^n-1) Konjunktionen werden dann disjunktiv verknüpft:

$$z = F(x_1,\ldots,x_n) = k_0 z_0 \vee k_1 z_1 \vee k_2 z_2 \vee =\ldots= \bigvee_{j=0}^{2^n-1} k_j z_j \quad . \quad (2.38)$$

Die Umformung auf eine die Maxterme enthaltende Form geschieht wie folgt:

$$\bar{z} = k_0 \bar{z}_0 \vee k_1 \bar{z}_1 \vee k_2 \bar{z}_2 \vee \ldots = \bar{z} = \bigvee_{j=0}^{2^n-1} k_j \bar{z}_j \quad .$$

Die abermalige Negation dieser Form (nach Gl.(2.34)) ergibt wieder die nicht negierte Funktion

$$\bar{\bar{z}} = z = \overline{k_0 \bar{z}_0 \vee k_1 \bar{z}_1 \vee \ldots} = (\bar{k}_0 \vee z_0)(\bar{k}_1 \vee z_1) \ldots$$

$$= (d_0 \vee z_0)(d_1 \vee z_1) \ldots = z = \bigwedge_{j=0}^{2^n-1} (d_j \vee z_j) \quad . \quad (2.39)$$

Veranschaulichung durch ein **Beispiel:**

Funktion: $z = \bar{x}_1 x_2 \vee x_1 \bar{x}_2 x_3$ (i)

Funktionstabelle der Gl.(i) (mit Mintermen und Maxtermen):

j	x_1 x_2 x_3	Minterme	Maxterme	z_j
0	0 0 0	$\bar{x}_1 \bar{x}_2 \bar{x}_3$	$x_1 \vee x_2 \vee x_3$	0
1	0 0 1	$\bar{x}_1 \bar{x}_2 x_3$	$x_1 \vee x_2 \vee \bar{x}_3$	0
2	0 1 0	$\bar{x}_1 x_2 \bar{x}_3$	$x_1 \vee \bar{x}_2 \vee x_3$	1
3	0 1 1	$\bar{x}_1 x_2 x_3$	$x_1 \vee \bar{x}_2 \vee \bar{x}_3$	1
4	1 0 0	$x_1 \bar{x}_2 \bar{x}_3$	$\bar{x}_1 \vee x_2 \vee x_3$	0
5	1 0 1	$x_1 \bar{x}_2 x_3$	$\bar{x}_1 \vee x_2 \vee \bar{x}_3$	1
6	1 1 0	$x_1 x_2 \bar{x}_3$	$\bar{x}_1 \vee \bar{x}_2 \vee x_3$	0
7	1 1 1	$x_1 x_2 x_3$	$\bar{x}_1 \vee \bar{x}_2 \vee \bar{x}_3$	0

Schaltplan (Logikplan):

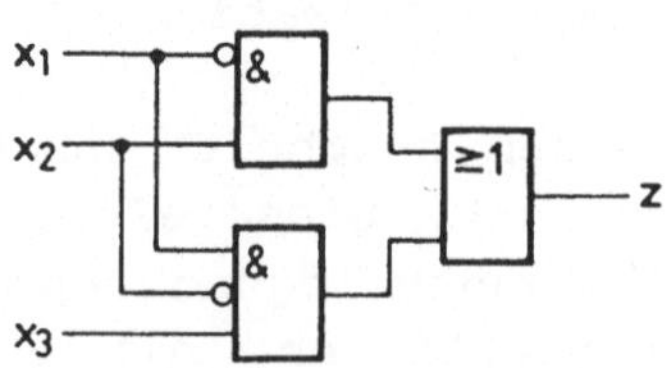

Wendet man nun Gl.(2.38) an, dann erkennt man, daß nach
Gl.(2.21) für jene Konjunktionen, in denen $z_j = 1$ ist,
$k_j z_j = k_j \cdot 1 = k_j$ gilt. Für die übrigen Konjunktionen gilt
dann nach Gl.(2.25) $k_j \cdot z_j = k_j \cdot 0 = 0$. Da ferner nach der
dualen Form des Axioms (2.21) $k_j \vee 0 = k_j$ gilt, vereinfacht sich Gl.(2.38) für dieses Beispiel zunächst zu

$$z = k_2 z_2 \quad \vee \quad k_3 z_3 \quad \vee \quad k_5 z_5 \; . \qquad\qquad\text{(ii)}$$

Es ist nun zweckmäßig, eine Menge M aller Eingangsbelegungen j
zu definieren und diese in zwei komplementäre Untermengen M_1
und M_0 wie folgt zu unterteilen:

$$M_1 := \{j \mid z_j = 1\} \; ; \qquad M_0 := \{j \mid z_j = 0\} \; .$$

M_1 ist definiert als die Menge aller Eingangsbelegungen bzw.
Minterme, die den Funktionswert $z = 1$ implizieren. Ebenso ist
M_0 die Menge aller Eingangsbelegungen die $z = 0$ implizieren.
Damit und mit obiger Überlegung kann nun Gl.(2.38) vereinfacht
geschrieben werden:

$$z = \bigvee_{j \in M_1} k_j(n) \; ; \qquad\qquad\qquad (2.40)$$

Das bedeutet einfachst formuliert: Die Funktion ist die Disjunktion aller Minterme für die $z = 1$ gilt.

Im obigen Beispiel ist $M_1 = \{j = 2,3,5\}$ bzw.
$M_1 = \{k_2, k_3, k_5\}$ und die Funktionsdarstellung lautet

$$z = \overline{x}_1 x_2 \overline{x}_3 \quad \vee \quad \overline{x}_1 x_2 x_3 \quad \vee \quad x_1 \overline{x}_2 x_3 \; . \qquad\text{(iii)}$$

Gleichung (2.40) wird als die **Mintermform des Fundamentalsatzes** bezeichnet. Eine Funktionsdarstellung in dieser Form wird
als **disjunktive Normalform** bezeichnet. Die im obigen Beispiel
angegebene Darstellung Gl.(iii) ist die disjunktive Normalform
der ursprünglich mit Gl.(i) gegebenen Funktion. Offenbar wird
durch diese Form die gegebene Funktion $z = \overline{x}_1 x_2 \vee x_1 \overline{x}_2 x_3$
ebenso repräsentiert. Die Reduzierung der Normalform (iii)
dieses Beispiels ist mit Hilfe der Kürzungsregel Gl.(2.35)
ohne weiteres möglich:

$$\begin{aligned}
z &= (\overline{x}_1 x_2)\,\overline{x}_3 \quad \vee \quad (\overline{x}_1 x_2)\,x_3 \quad \vee \quad x_1 \overline{x}_2 x_3 \\
  &= (\overline{x}_1 x_2)(\overline{x}_3 \vee x_3) \quad \vee \quad x_1 \overline{x}_2 x_3 \quad = \quad \overline{x}_1 x_2 \cdot 1 \quad \vee \quad x_1 \overline{x}_2 x_3 \\
  &= \overline{x}_1 x_2 \quad \vee \quad x_1 \overline{x}_2 x_3 \; .
\end{aligned}$$

Nach sinngemäß gleicher Überlegung wie vorher erhält man aus
Gl.(2.39) mit Gln.(2.21) und (2.25) die **Maxtermform des Fundamentalsatzes:**

$$z = \bigwedge_{j \in M_0} d_j(n) \ . \tag{2.41}$$

Die Funktion ist dann die Konjunktion aller Maxterme für die
$z = 0$ gilt. Eine Darstellung in dieser Form wird als **konjunktive Normalform** der Funktion bezeichnet.

Im obigen Beispiel ist $M_0 = \{j = 0,1,4,6,7\}$ und die Funktionsdarstellung lautet

$$z = (x_1 \vee x_2 \vee x_3)(x_1 \vee x_2 \vee \overline{x}_3)(\overline{x}_1 \vee x_2 \vee x_3)$$
$$(\overline{x}_1 \vee \overline{x}_2 \vee x_3)(\overline{x}_1 \vee \overline{x}_2 \vee \overline{x}_3) \ . \tag{iv}$$

Diese Gl.(iv) ist die konjunktive Normalform der ursprünglich gegebenen Funktion Gl.(i). Die Funktionstabellen der
Gln.(i), (iii), (iv) sind identisch.

Eine gegebene Funktion kann durch "umgekehrte" Anwendung der
Kürzungsregel auf ihre disjunktive Normalform erweitert werden:

Beispiel:

$$z = (x_1 \vee x_2) \, \overline{x}_3 = x_1\overline{x}_3 \vee x_2\overline{x}_3.$$

In jeder dieser Konjunktionen treten nur zwei Variable der
insgesamt drei Variablen auf, während in jeder Elementarkonjunktion der disjunktiven Normalform jeweils sämtliche
Variablen auftreten müssen. Die Erweiterung erfolgt jeweils durch Konjunktion mit dem Term $1 = (x_1 \vee \overline{x}_i)$;
(x_i ist die fehlende Variable):

$$z = (x_1\overline{x}_3)(x_2 \vee \overline{x}_2) \vee (x_2\overline{x}_3)(x_1 \vee \overline{x}_1)$$
$$= x_1x_2\overline{x}_3 \vee x_1\overline{x}_2\overline{x}_3 \vee \overline{x}_1x_2\overline{x}_3 \ ,$$

woraus wieder die Funktionstabelle angeschrieben werden
könnte.

Für die Erweiterung einer gegebenen Funktion zur konjunktiven Normalform gilt der zur Erweiterung zur disjunktiven Normalform duale Weg:

Fortsetzung des Beipiels:

$$\bar{z} = \bar{x}_1\bar{x}_2 \lor x_3 = (\bar{x}_1 \lor x_3)(\bar{x}_2 \lor x_3)$$
$$= ((\bar{x}_1 \lor x_3) \lor x_2\bar{x}_2)((\bar{x}_2 \lor x_3) \lor x_1\bar{x}_1)$$
$$= (\bar{x}_1 \lor \bar{x}_2 \lor x_3)(\bar{x}_1 \lor x_2 \lor x_3)(\bar{x}_1 \lor \bar{x}_2 \lor x_3)(x_1 \lor \bar{x}_2 \lor x_3) \ .$$

Direkte Herleitung des Fundamentalsatzes

Die nachfolgend angegebene einfachst mögliche Herleitung des Fundamentalsatzes stammt von P.Vingron in Fasol und Vingron (1975). Dort ist auch eine Herleitung aus dem Entwicklungssatz von Shannon (1938) zu finden.

Entsprechend der Definition einer kombinatorischen Schaltung impliziert jede mögliche Eingangsbelegung j bzw. jeder Minterm $k_j(n)$ einen bestimmten Funktionswert z_j. Für die Implikation wird die im Abschnitt 2.1 in Gl.(2.3) für die Aussagenlogik eingeführte Schreibweise übernommen:

$$k_j(n) \to z_j \quad ; \quad z_j = \{0,1\} \ .$$

Zur Festlegung einer bestimmten Schaltung müssen alle 2^n möglichen Implikationen wahr sein. Mit anderen Worten: Damit die Ausgangsfunktion z wahr ist, müssen alle Implikationen wahr sein, was genau dann der Fall ist, wenn die Konjunktion aller Implikationen wahr ist:

$$z = \bigwedge_{j=0}^{2^n-1} k_j(n) \to z_j \ . \tag{2.42}$$

Diese Gleichung stellt bereits den Fundamentalsatz dar. Setzt man in Gl.(2.42) für die implikative Verknüpfung nach Gl.(2.3) die Gleichung

$$x_1 \to x_2 = \bar{x}_1 \lor x_2$$

ein, dann wird der Fundamentalsatz in die für das praktische Rechnen benötigte konventionelle Form übergeführt:

$$z = \bigwedge_{j=0}^{2^n-1} (k_j(n) \rightarrow z_j) = \bigwedge_{j=0}^{2^n-1} (\bar{k}_j(n) \vee z_j) \;.$$

Berücksichtigt man darin noch, daß der Maxterm die Negation des Minterms ist, dann erhält man die Gln.(2.39),(2.41):

$$z = \bigwedge_{j=0}^{2^n-1} (d_j(n) \vee z_j) = \bigwedge_{j \in M_0} d_j(n) \qquad\qquad (2.39),\ (2.41)$$

als Maxtermform des Fundamentalsatzes.

Eine kombinatorische Schaltung wird dadurch negiert, daß man dem Ausgang z eine Negation nachschaltet. Dies wird algebraisch dadurch ausgedrückt, daß in der Maxtermform (Gl.(2.39)) die Schaltwerte z_j negiert werden:

$$\bar{z} = \bigwedge_{j=0}^{2^n-1} (d_j(n) \vee \bar{z}_j) = \bigwedge_{j \in M_1} d_j(n) \;.$$

Die Negation dieses Ausdrucks nach De Morgan führt schließlich auf die Mintermform des Fundamentalsatzes Gln.(2.38),(2.40):

$$z = \bar{\bar{z}} = \bigvee_{j=0}^{2^n-1} \overline{d_j(n)}\; z_j = \bigvee_{j \in M_0} k_j(n)\; z_j = \bigvee_{j \in M_1} k_j(n) \;.$$

Zusammenfassung:

$$z = \bigvee_{j \in M_1} k_j(n) = \bigwedge_{j \in M_0} d_j(n) \;,$$

$$\bar{z} = \bigvee_{j \in M_0} k_j(n) = \bigwedge_{j \in M_1} d_j(n) \;. \qquad\qquad (2.43)$$

2.2.5 Die Grundfunktionen von zwei Variablen

In der Schaltalgebra ist infolge der binären Wertevorrate
$(0,1)$ der Variablen die Anzahl möglicher Funktionen eingeschränkt. Für n Eingangsvariable sind (2^n) Eingangsbelegungen
möglich. Jeder dieser Eingangsbelegungen ist durch die betreffende Funktion ein Wert $z = (0,1)$ des Ausgangs zugeordnet.
Daher sind (theoretisch) bei n Variablen insgesamt $2^{(2^n)}$
Funktionen möglich. Wie gleich am Beispiel der zwei Eingangsvariablen deutlich wird, ist die Anzahl sinnvoller Funktionen
jedoch wesentlich geringer. Die Anzahl möglicher Verknüpfungen
von zwei Variablen ergibt sich zunächst zu $2^4 = 16$. Diese
Anzahl reduziert sich auf die Hälfte und die verbleibenden
acht sinnvollen Funktionen sind die sog. **Grundfunktionen**. Sie
tragen durchwegs eigene Namen und sind durch die Elementarverknüpfungen UND, ODER, NICHT darstellbar. Man kann diese
Grundfunktionen systematisch wie folgt herleiten: Man zeichnet
eine Schalttabelle für zwei Eingänge und einen Ausgang etwa
nach Tabelle 2.9.

Tabelle 2.9. Zur Herleitung der Grundfunktionen

j	0	1	2	3	
x_1	0	0	1	1	$N = 2^2 = 4$
x_2	0	1	0	1	Eingangs-belegungen
k_j	k_0	k_1	k_2	k_3	
k_j	$\bar{x}_1\bar{x}_2$	$\bar{x}_1 x_2$	$x_1\bar{x}_2$	$x_1 x_2$	
z_j	z_0	z_1	z_2	z_3	$z = F_r(2)$
$r = 0$	0	0	0	0	F_0
1	0	0	0	1	F_1
2	0	0	1	0	F_2
3	0	0	1	1	F_3
.	.	.	.	.	.
.	.	.	.	.	.
.	.	.	.	.	.

In $z = F_r(2)$ bedeutet r den Klassifizierungsindex der jeweiligen Funktion als Dezimaläquivalent für die z-Zeile, die als
Binärzahl gelesen wird (z.B. F_2 = 0010 entspricht der Dezimalzahl r = 2). Das Argument 2 bedeutet: Zweistellige
Funktion.

Auf diese Weise erhält man die Tabelle 2.10. Aus ihr geht der über den Klassifikationsindex r gegebene Zusammenhang für die Negation der Funktionen deutlich hervor: $\bar{F}_r = F_{(15-r)}$. Auch ist ersichtlich, daß die Funktionen F_1 und F_7, F_2 und F_{11}, F_4 und F_{13} sowie F_8 und F_{14} jeweils zueinander dual sind. Jene Funktionen, die sich durch Vertauschen der Eingangsvariablen x_1 und x_2 ineinander überführen lassen, sollen grundsätzlich als gleichbedeutend betrachtet werden. So sind die Funktionen F_4 und F_5 gleichbedeutend mit F_2 und F_3 sowie die Funktionen F_{10} und F_{11} sind gleichbedeutend mit F_{12} und F_{13}. Die "entarteten" Funktionen F_0 (Nullfunktion) und F_{15} (Einsfunktion) folgen unmittelbar aus der Definition einer kombinatorischen Schaltung, d.h. sie treten nur auf, wenn eben keine kombinatorische Schaltung vorliegt. Sie werden daher nicht weiter betrachtet.

Tabelle 2.10. Grundfunktionen von zwei Variablen

| x_1 | 0 | 0 | 1 | 1 | Funktion $F_r(2)$ | Bezeichnungen für $F_r(2)$ | gekürzte Schreibweisen |
x_2	0	1	0	1			
r \ z							
0	0	0	0	0	0	Nullfunktion	
1	0	0	0	1	$x_1 x_2$	Konjunktion, UND	
2	0	0	1	0	$x_1 \bar{x}_2$	Inhibition	
3	0	0	1	1	$x_1 x_2 \vee x_1 \bar{x}_2 = x_1$	Identität	
4	0	1	0	0	$\bar{x}_1 x_2$	Inhibition	
5	0	1	0	1	$\bar{x}_1 x_2 \vee x_1 x_2 = x_2$	Identität	
6	0	1	1	0	$\bar{x}_1 x_2 \vee x_1 \bar{x}_2$	Antivalenz, exklusiv-ODER	$x_1 \oplus x_2$
7	0	1	1	1	$x_1 \vee x_2$	Disjunktion, ODER	
8	1	0	0	0	$\bar{x}_1 \bar{x}_2 = \overline{x_1 \vee x_2}$	NOR	$x_1 \downarrow x_2$
9	1	0	0	1	$\bar{x}_1 \bar{x}_2 \vee x_1 x_2$	Äquivalenz	$x_1 \equiv x_2$
10	1	0	1	0	$\bar{x}_1 \bar{x}_2 \vee x_1 \bar{x}_2 = \bar{x}_2$	Negation	
11	1	0	1	1	$x_1 \vee \bar{x}_2$	Implikation	$x_1 \rightarrow x_2$
12	1	1	0	0	$\bar{x}_1 \bar{x}_2 \vee \bar{x}_1 x_2 = \bar{x}_1$	Negation	
13	1	1	0	1	$\bar{x}_1 \vee x_2$	Implikation	
14	1	1	1	0	$\bar{x}_1 \vee \bar{x}_2 = \overline{x_1 x_2}$	NAND	$x_1 \mid x_2$
15	1	1	1	1	1	Einsfunktion	

Aus der Tabelle 2.10 hat sich somit ergeben, daß für zwei Variable insgesamt die acht in Bild 2.3 mit ihren Schaltzeichen dargestellten sinnvollen Funktionen existieren; sie werden als Grundfunktionen bezeichnet.

Mit verschiedenen elektronischen oder pneumatischen Schaltelementen können einzelne Grundfunktionen besonders einfach realisiert werden. In diesem Zusammenhang soll abschließend gezeigt werden, daß z.B. die mit bestimmten Schaltelementen besonders einfach zu realisierenden Funktionen NAND, NOR, INHIBITION, oder IMPLIKATION jede für sich allein ausreichen, um jede beliebige kombinatorische Schaltung zu verwirklichen. Zum Beweis dieser Behauptung genügt es zu zeigen, daß die Elementarfunktionen UND, ODER, NEGATION jeweils durch eine einzige der eben genannten Funktionen dargestellt werden können; dies ist im Bild 2.4 getan. Im Kapitel 5 wird dann eine Möglichkeit zum systematischeren Schaltungsentwurf mit NAND- und NOR-Elementen besprochen.

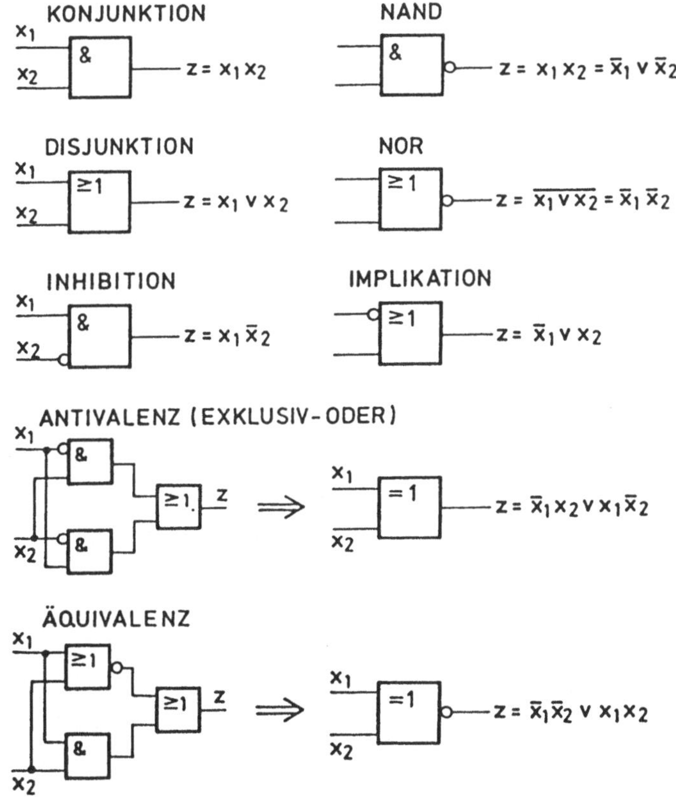

Bild 2.3. Grundfunktionen von zwei Variablen

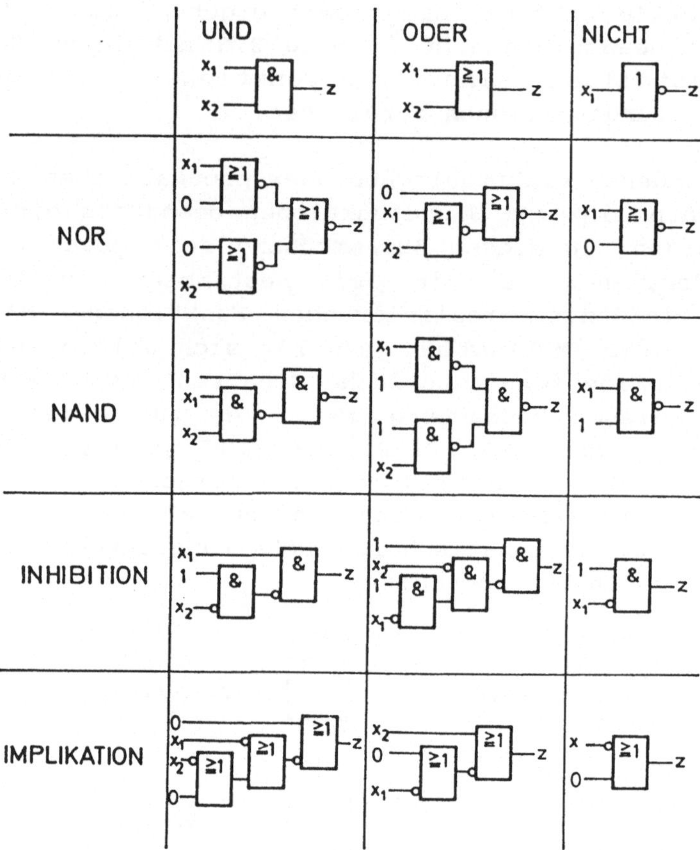

Bild 2.4. Realisierung der drei Elementarverknüpfungen durch die Funktionen Nor, Nand, Inhibition und Implikation

3 Darstellung von Schaltfunktionen

Im Kapitel 2 wurden bereits drei verschiedene Möglichkeiten zur Darstellung von Schaltfunktionen verwendet: Die Darstellung durch boolesche bzw. schaltalgebraische Gleichungen, durch den Schaltplan oder Logikplan unter Verwendung von Schaltzeichen, die nach Bild 2.3 die Gatter symbolisieren und schließlich die Funktionstabelle. Mit den Gleichungen kann algebraisch gerechnet werden, wogegen der Logikplan eher die hardwaremäßige Struktur der Funktionsrealisierung darstellt. Wie später im Kapitel 4 deutlich wird, gibt es für ein und dieselbe kombinatorische Funktion eine gewisse Anzahl von mehr oder weniger vereinfachten Darstellungsformen mittels Gleichungen oder Logikplan. Dies hängt davon ab, ob eine Funktionsdarstellung aus der Mintermform oder aus der Maxtermform des Fundamentalsatzes unter ein- oder mehrfacher Anwendung der Kürzungsregel Gl.(2.35) hervorgegangen ist. Hingegen gibt es für jede Funktion nur eine einzige Funktionstabelle, in der nach steigendem Dezimaläquivalent j die Eingangsbelegungen bzw. Minterme und die von diesen implizierten Funktionswerte aufgelistet sind.

In den folgenden beiden Abschnitten werden weitere Darstellungsformen für kombinatorische Schaltungen besprochen, wobei die eine mit der Funktionstabelle vergleichbar ist und die andere wiederum eher an der hardwaremäßigen Struktur orientiert sein wird.

3.1 Das Karnaugh-Diagramm

Eine graphische Methode, die zur Darstellung aller möglichen Schaltfunktionen geeignet sein soll, muß sämtliche Terme des Fundamentalsatzes enthalten. Die im folgenden besprochene Darstellung verwendet zunächst die Mintermform des Fundamentalsatzes und wurde zuerst von Veitch (1952) und dann in etwas geänderter, aber zweckmäßigerer Form von Karnaugh (1953)

veröffentlicht. Das Kar-
naugh-Diagramm (**"K-Dia-
gramm"**) ist eine graphische Darstellung des
Fundamentalsatzes. Jedem
Feld entspricht eine
Eingangsbelegung (Bild
3.1). Die Felder des K-
Diagramms sind so ange-
ordnet, daß beim verti-
kalen oder horizontalen
Übergang von einem Feld
zu dem ihm benachbarten
Feld immer nur eine Va-
riable ihren Wert än-
dert. Dies ist das We-
sentliche an der von
Karnaugh vorgeschlagenen
Darstellung. Diese Ei-
genschaft weisen auch

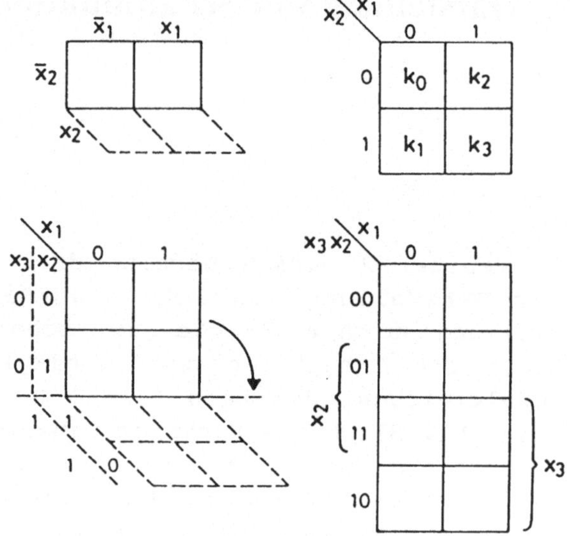

Bild 3.1. K-Diagramme für
1, 2, und 3 Variable

die Randfelder auf, was deutlich wird, wenn man sich nach
Bild 3.3 das Diagramm nach allen Richtungen sinngemäß fortgesetzt denkt; auch die Randfelder sind "benachbart". Bei
Funktionen von mehr als vier Variablen sind auch nicht direkt
nebeneinanderliegende Felder "benachbart" (siehe Bild 3.2). Es

ist wesentlich, daß
ein Elementarquadrat
primär als Eingangs-
belegung j interpre-
tiert wird. Denn so
wie die Eingangsbele-
gungen können auch
entweder die Minterme
oder die Maxterme im
K-Diagramm darge-
stellt werden. Je
nach verwendeter Dar-
stellung (Minterm-
oder Maxtermform des
K-Diagrammes) wird
dann ein Elementar-
quadrat entweder als
Minterm $k_j(n)$ oder
als Maxterm $d_j(n)$

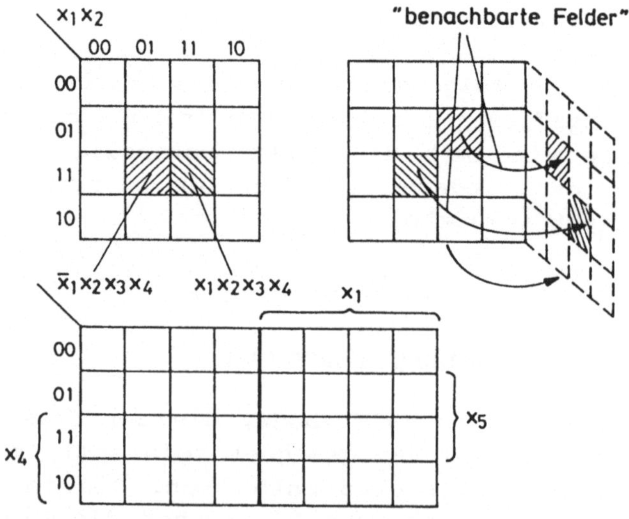

Bild 3.2. K-Diagramme für
3, 4, und 5 Variable

erklärt. Erst durch diese Unterscheidung können die Möglichkeiten des Karnaugh-Diagrammes zur Darstellung sowohl der
Mintermform als auch der Maxtermform des Fundamentalsatzes
voll ausgenutzt werden.

Um eine bestimmte Funktion einerseits in der **Mintermform** des
Fundamentalsatzes darzustellen, wird in jedes Feld der
Funktionswert z_j (0 oder 1) eingetragen den der Ausgang annimmt, wenn der dem betrachteten Feld entsprechende Minterm
$k_j(n)$ den Wert 1 besitzt, d.h. wenn die betreffende Eingangsbelegung j anliegt. Soll andererseits eine Schaltfunktion
in disjunktiver Normalform einem ausgefüllten K-Diagramm
entnommen werden, so müssen alle Minterme, deren entsprechende
Felder mit Eins belegt sind, disjunktiv verknüpft werden.

Betrachtet man in dem in Bild 3.3
dargestellten K-Diagramm für vier
Variable die beiden schraffierten
Felder, so sieht man, daß die
zugeordneten Minterme sich nur im
Wert der Variablen x_1 unterscheiden.
Nimmt man z.B. an, daß nur in diesen
beiden Feldern eine Eins steht, so
erhält man die disjunktive Normalform
der so dargestellten Funktion als
Disjunktion dieser beiden Minterme:

$$z = \overline{x}_1 x_2 x_3 x_4 \ \lor \ x_1 x_2 x_3 x_4 .$$

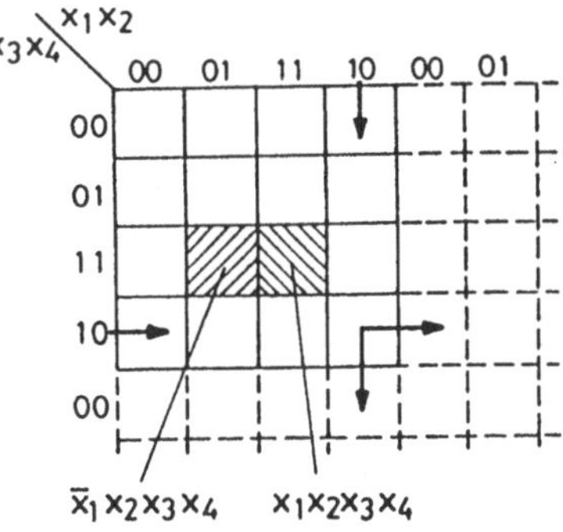

Bild 3.3. Zur Erklä-
rung der Eigenschaf-
ten des K-Diagramms

Dies kann mit der Kürzungsregel vereinfacht werden:

$$z = x_2 x_3 x_4 \ (\overline{x}_1 \lor x_1) \ = \ x_2 x_3 x_4 \cdot 1 \ = \ x_2 x_3 x_4 .$$

Stehen also in benachbarten Feldern Einsen, so können diese
Felder zusammengefaßt werden, wobei jene Variable, die beim
Übergang von einem zum anderen Feld ihren Wert ändert (in
diesem Beispiel x_1) wegfällt. Diese Art der Vereinfachung von
Schaltfunktionen wird später im Kapitel 4 näher erläutert.
Zunächst soll aber doch schon an einem weiteren Beispiel (Bild
3.4) diese wesentliche Eigenschaft des K-Diagramms hinsichtlich der Mintermdarstellung erläutert werden. Dem K-Diagramm
kann einerseits die disjunktive Normalform wie der Schalttabelle entnommen werden, indem man die Disjunktionen aller

jener Minterme anschreibt, in deren Feldern eine Eins steht. Andererseits kann man aber infolge der Anordnung der Variablen und der daraus resultierenden, oben besprochenen Eigenschaft des Diagramms sofort aus der Vereinigung benachbarter Eins-Felder ersehen, wie herausgehoben (vereinfacht) werden kann. So entnimmt man der vierten Zeile des K-Diagramms in Bild 3.4:

$$k_2 \vee k_6 = x_2\bar{x}_3\bar{x}_1 \vee x_2\bar{x}_3 x_1$$
$$= x_2\bar{x}_3(\bar{x}_1 \vee x_1) = x_2\bar{x}_3,$$

Bild 3.4. Beispiel für ein K-Diagramm

was man natürlich auch sofort anschreiben kann, weil ja in dieser Zeile unabhängig vom Wert für x_1 immer eine Eins steht. Das Gleiche gilt für das erste und letzte Feld der zweiten Spalte: In beiden Feldern steht unabhängig vom Wert für x_2 immer eine Eins; also:

$$k_4 \vee k_6 = x_1\bar{x}_3 ,$$

woraus schließlich für die in Bild 3.4 dargestellte Funktion folgt:

$$z = k_2 \vee k_4 \vee k_6 = x_2\bar{x}_3 \vee x_1\bar{x}_3 = \bar{x}_3(x_1 \vee x_2).$$

Für die Darstellung in **Maxtermform** ist es zweckmäßig, im K-Diagramm ein Elementarquadrat für j direkt als Maxterm d_j zu erklären. Dieser wird dann mit den am Diagrammrand angegebenen Belegungen direkt gebildet. Das K-Diagramm kann aber jetzt nicht mehr in herkömmlicher Weise gedeutet werden, denn jetzt muß in unkonventioneller Weise die Vereinigung von Elementarflächen als Konjunktion und der Durchschnitt von Teilflächen des Diagramms als Disjunktion interpretiert werden. Dies wird in Bild 3.5 verdeutlicht. Man darf also bei der hier vorgeschlagenen Maxtermdarstellung im K-Diagramm nicht mehr an die Mengenlehre denken, sondern muß jetzt das Karnaugh-Diagramm als reines Rechenschema betrachten. Auf diese Weise ist in der Maxtermdarstellung des Karnaugh-Diagramms (Bild 3.5) z.B. der Minterm $k_0(2)$ als Negation des Maxterms $d_0(2)$ durch die Negation des Feldes für $d_0(2)$ dargestellt, und zwar durch die Vereinigung der Spalte für $x_1 = 1$ mit der Zeile für $x_2 = 1$. Diese Maxtermdarstellung im K-Diagramm ist z.B. für den Entwurf von Schaltungen in NOR-Technik (siehe Kapitel 5) von

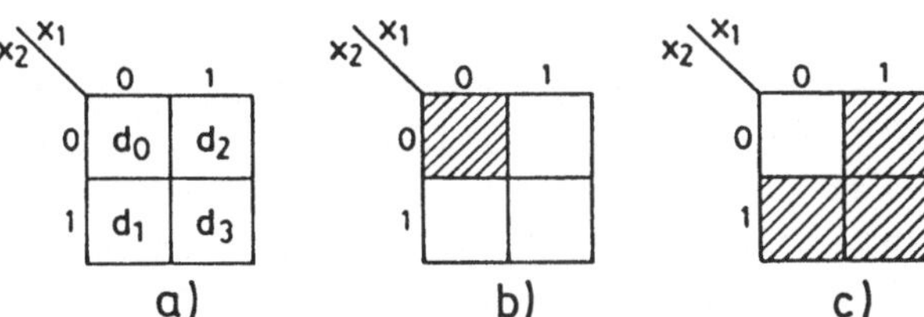

Bild 3.5. a) Maxterme im K-Diagramm, b) $d_0(2) = (x_1 \vee x_2)$, c) $k_0(2) = \overline{d_0(2)} = \bar{x}_1\bar{x}_2$

Bedeutung und das Minimieren von konjunktiven Normalformen wird auf diese Weise sehr einfach.

Im K-Diagramm stellt die Gesamtheit der von Nullen bedeckten Felder die Menge M_0 dar, während die von Einsen bedeckten Felder die Menge M_1 bedeuten. Damit sind entsprechend den vorhergehenden Erklärungen von Minterm- und Maxtermdarstellung des K-Diagramms in diesem Diagramm sowohl die Mintermform und die Maxtermform des Fundamentalsatzes als auch deren negierte Formen nach den Gln.(2.40),(2.41),(2.43) dargestellt. Das im Bild 3.6 gezeigte Beispiel der Funktionen $F_6(2)$ Antivalenz und deren Negation $F_9(2)$ Äquivalenz soll zur Verdeutlichung dieser Ausführungen beitragen. Dem K-Diagramm werden folgende Formen entnommen:

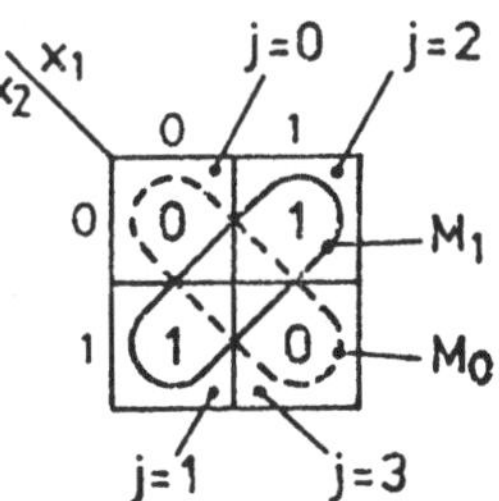

Bild 3.6. K-Diagramm der Antivalenz

Mintermform und Maxtermform:

$$z = F_6(2) = \bigvee_{j \in M_1} k_j(2) = k_1 \vee k_2 = \bar{x}_1 x_2 \vee x_1 \bar{x}_2 \; ,$$

$$z = F_6(2) = \bigwedge_{j \in M_0} d_j(2) = d_0 \cdot d_3 = (x_1 \vee x_2)(\bar{x}_1 \vee \bar{x}_2) \; ;$$

Negierte Funktion in Minterm- und Maxtermform:

$$\bar{z} = F_9(2) = \bigvee_{j \in M_0} k_j(2) = k_0 \vee k_3 = \bar{x}_1 \bar{x}_2 \vee x_1 x_2 \; ,$$

$$\bar{z} = F_9(2) = \bigwedge_{j \in M_1} d_j(2) = d_1 \cdot d_2 = (x_1 \vee \bar{x}_2)(\bar{x}_1 \vee x_2) \; .$$

Das K-Diagramm ist in seiner klassischen Form zur Darstellung kombinatorischer Verknüpfungen von bis zu vier Eingangsvariablen sehr übersichtlich; die Verwendung des Diagramms in der hier besprochenen Form stellt für Funktionen von fünf Variablen allerdings die Grenze der Übersichtlichkeit dar. Vor allem die Verwendung dieser Form des K-Diagramms zur Schaltungsminimierung ist im allgemeinen höchstens bis zu Funktionen von fünf Variablen möglich. Allerdings finden sich in der Literatur auch Vorschläge für die Anwendung des K-Diagramms auf Funktionen auch mit mehr als fünf Variablen (Fitch, 1966; Dean, 1968). Pessen (1975) hat vorgeschlagen, für fünf Variable nicht ein Diagramm nach Bild 3.2 zu verwenden, sondern zwei gleiche Diagramme nebeneinander zu setzen, wobei das linke Diagramm für die negierte fünfte Variable und das rechte Diagramm für die nicht negierte fünfte Variable gilt. Dementsprechend wird für Funktionen von sechs Variablen eine "dreidimensionale" Darstellung durch vier nebeneinander gezeichnete K-Diagramme nach Bild 3.7 vorgeschlagen.

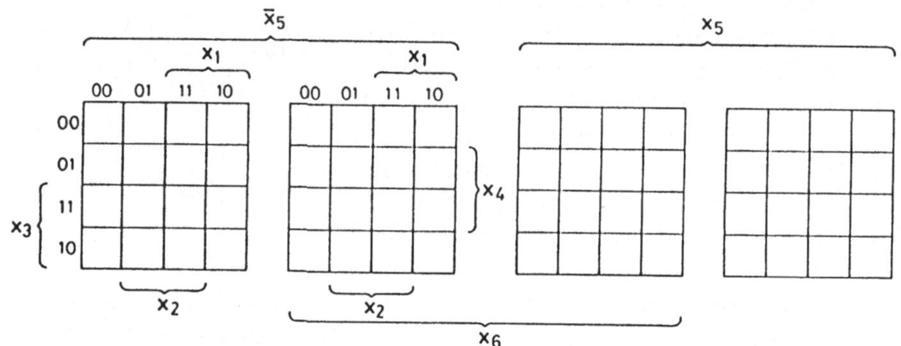

Bild 3.7. K-Diagramme für sechs Variable nach Pessen

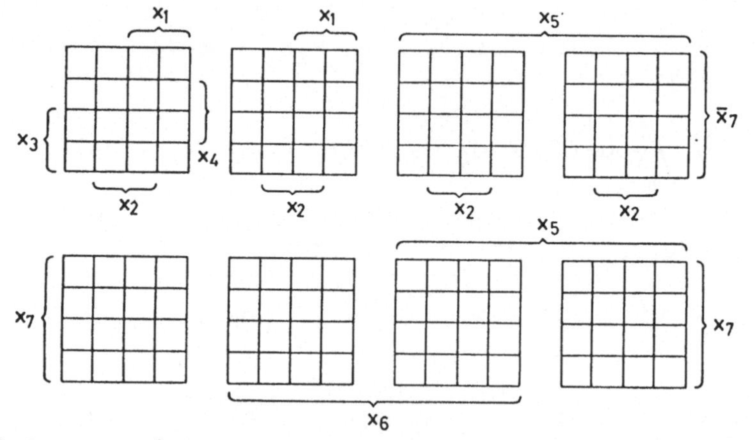

Bild 3.8. K-Diagramme für sieben Variable nach Pessen

Es mag sein, daß durch diese Anordnung die Schleifenbildung
übersichtlicher wird, weil die "Nachbarschaftsverhältnisse"
der einzelnen Felder besser erkennbar sind. Sinngemäß fortgesetzt ergibt sich z.B. bei sieben Variablen eine "Matrix" von
K-Diagrammen nach Bild 3.8 und Pessen (1975) hat diese Darstellung auf Funktionen bis zu 12 Variablen ausgedehnt.

3.2 Der Kontaktplan

Außer dem Schaltplan oder Logikplan
ist noch eine weitere Beschreibung
von Schaltfunktionen nämlich der sog.
Kontaktplan gebräuchlich. Diese Bezeichnung ist u.a. lt. DIN 19239
und DIN 40719 genormt; andere Namen
sind Stromlaufplan, Leiterdiagramm
oder (engl.) ladder-diagram. Darunter
versteht man lt. Bild 3.9 eine ("lei-
terförmige") schematische Anordnung
einzelner "Strompfade" zwischen ver-

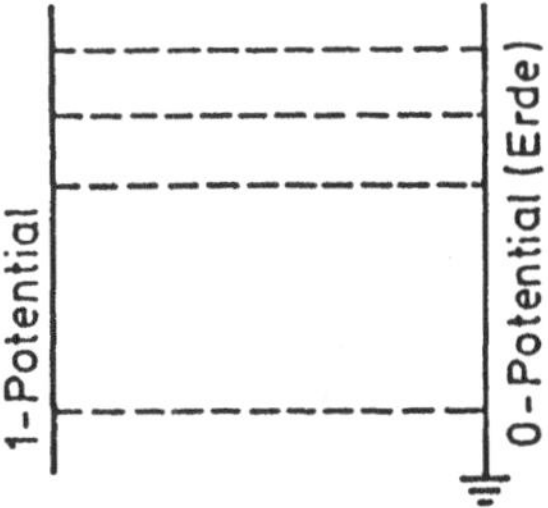

Bild 3.9. Anordnung
des Kontaktplanes

tikalen "Stromschienen". In den Pfaden werden einzelne
Funktionen (Verknüpfungen) und durch Zusammenfassen einzelner
Pfade werden daraus resultierende Funktionen gebildet. Die
Darstellung des Kontaktplanes hat ihren Ursprung in der Relaistechnik, woher auch im wesentlichen die zu verwendenden
Symbole stammen. Allerdings sind durch den Kontaktplan nicht
nur Relaisschaltungen, sondern kombinatorische Schaltungen und
auch sequentielle Steuerungen darstellbar, die z.B. durch
elektronische Gatter oder durch speicherprogrammierbare Steuerungen realisiert werden. Darauf wird später noch zurückzukom-
men sein. In Anlehnung an die frühere Relaistechnik wird für
den "Arbeitskontakt" das Symbol —ꓱ ꓮ— und für den "Ruhe-
kontakt" das Symbol —ꓱ/ꓮ— verwendet. Das erste Symbol
bedeutet ein Relais bzw. einen Schalter, der bei Anlegen eines
(externen) Signals (einer Eingangsvariablen) den Strompfad
schließt d.h. "durchlässig" macht (Identität). Beim Ruhekon-
takt ist es umgekehrt: Beim Wegfall des externen Signals wird
der Pfad durchlässig (Negation). Werden zwei oder mehr "Arbeitskontakte" in Serie geschaltet, dann ist dadurch die KON-
JUNKTION beschrieben; zwei oder mehr "Arbeitskontakte" parallel geschaltet, stellen die DISJUNKTION dar. Somit werden die
Elementarverknüpfungen UND, ODER, NICHT lt. den oben ange-

führten Normen durch die in Bild 3.10 dargestellten Anordnungen dargestellt. Daraus ist auch das Symbol für den Ausgang ersichtlich, das auch ein Schütz darstellen könnte. Die Kontaktpläne der weiteren sechs Grundfunktionen sind in Bild 3.11 wiedergegeben und müssen nicht mehr näher erläutert werden. Die Grundfunktionen werden nicht durch eigene Symbole sondern sämtlich durch die Kontaktsymbole dargestellt.

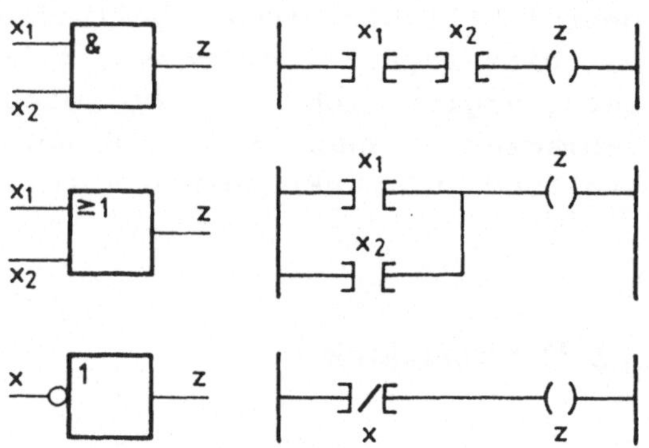

Bild 3.10. Kontaktplandarstellung der Elementarverknüpfungen

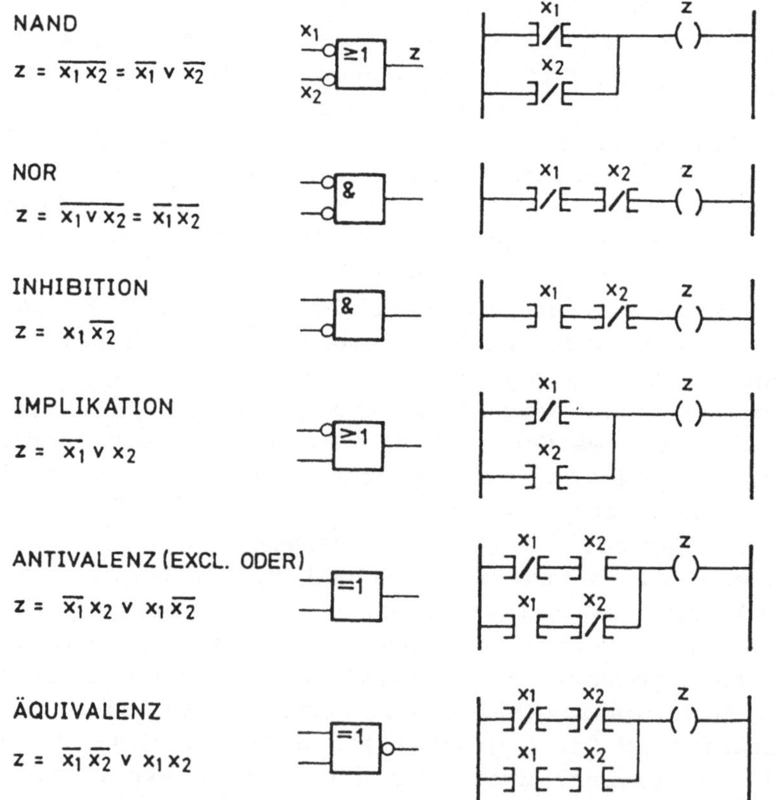

NAND

$$z = \overline{x_1 x_2} = \overline{x_1} \vee \overline{x_2}$$

NOR

$$z = \overline{x_1 \vee x_2} = \overline{x_1}\,\overline{x_2}$$

INHIBITION

$$z = x_1 \overline{x_2}$$

IMPLIKATION

$$z = \overline{x_1} \vee x_2$$

ANTIVALENZ (EXCL. ODER)

$$z = \overline{x_1} x_2 \vee x_1 \overline{x_2}$$

ÄQUIVALENZ

$$z = \overline{x_1}\,\overline{x_2} \vee x_1 x_2$$

Bild 3.11. Kontaktplandarstellung der Grundfunktionen

Für die Darstellung
der Kontaktpläne gibt
es einige Regeln und
in den Normen festge-
legte Vereinbarungen.
So dürfen "Kontakte"
nur in den horizonta-
len   Strompfaden,
nicht aber in verti-
kalen Verbindungen
angeordnet werden.
Ein gedachter Strom-
fluß ist nur von
links   nach rechts,
nicht aber umgekehrt
möglich; eine Dar-

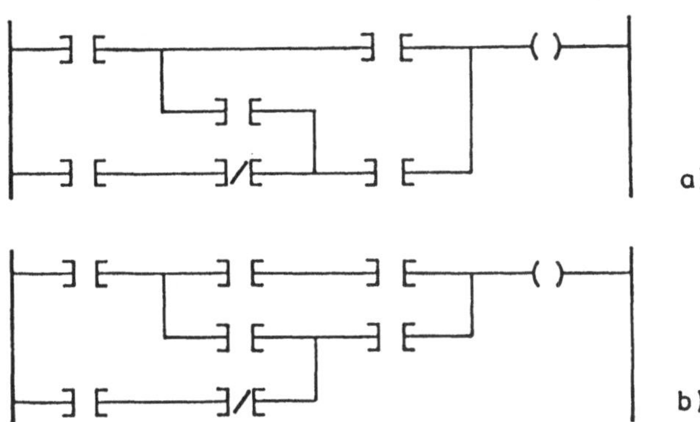

Bild 3.12. Nicht zulässige Darstellungen im Kontaktplan

stellung nach Bild 3.12a ist daher verboten. Auch darf ein
Strompfad nicht in einen anderen, zu ihm parallelen Strompfad
einmünden (Bild 3.12b).

Im Gegensatz zum Lo-
gikplan können im
Kontaktplan umfang-
reichere Funktionen
aufgelöst, d.h. in
mehrere sog. Netz-
werke zerlegt werden.
Der Ausgang eines
Netzwerks stellt dann
das Ergebnis einer
Teilverknüpfung dar.
Diese wird in einem
oder in   mehreren
anderen Netzwerken
wie eine Eingangs-
variable behandelt
wird. Dies ist im
Bild 3.13 gezeigt
(siehe u.a. auch Ab-
schnitt 8.2.3).

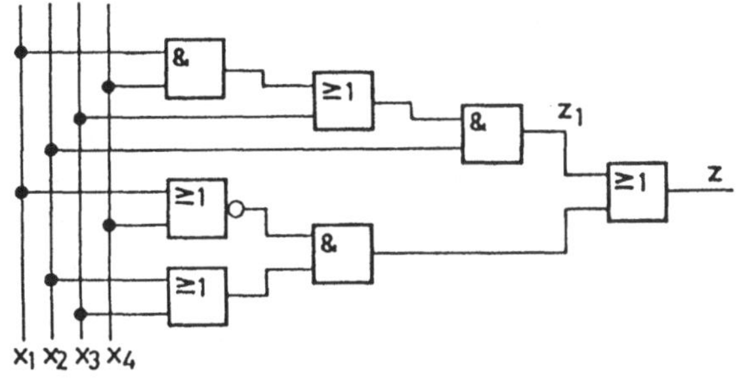

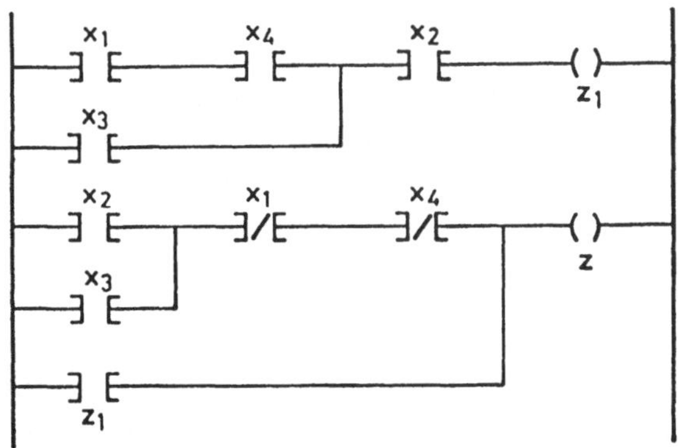

Bild 3.13. Aufteilung in Netzwerke
in der Kontaktplandarstellung

4 Minimieren von Schaltfunktionen

Wird eine Schaltung als VPS aus einzelnen Gattern realisiert,
dann wird man bestrebt sein, die Schaltfunktion durch Umfor-
men nach den Regeln der Schaltalgebra auf eine äquivalente
Form mit so wenigen Verknüpfungen wie möglich zu bringen, um
Schaltelemente einzusparen. Es gibt immer eine solche Form,
welche die gegebene Funktion mit einem Minimum an Verknüpfungen realisiert. Diese Form zu finden ist die Aufgabe der
Minimierung. Im Zeitalter der Mikro-Miniaturisierung elektronischer Schaltungen (ICs) bzw. bei Ausführung einer Steuerung
als SPS hat die Schaltungsminimierung nicht mehr jene gravierende Bedeutung wie früher, als die Steuerungen vorwiegend mit
elektromechanischen Relais, mit pneumatischen Logikelementen
oder Wegeventilen oder anderen teuren und viel Platz in
Anspruch nehmenden Schaltelementen ausgeführt wurden, die mit
ihrer zunehmenden Anzahl auch die Ausfallwahrscheinlichkeit
erhöhten. In Lehrbüchern war daher früher einer größeren
Anzahl von graphischen und rechnerischen Minimierungsmethoden
stets breiter Raum gewidmet. "Klassiker" unter diesen Verfahren sind das Minimieren im K-Diagramm (Karnaugh, 1953) und die
rechnerischen Methoden von Quine (1955) und McCluskey (1956).
Wie gesagt, haben die Minimierungsmethoden bei weitem nicht
mehr die Bedeutung wie zur Zeit dieser Autoren, jedoch ist die
Schaltungsminimierung z.B. mittels K-Diagramm aus den Grundzü-
gen der Steuerungstechnik auch heute nicht wegzudenken. Auch
bei Realisierung einer Schaltung mit integrierten Bauelementen
wird man nicht unnötigen Aufwand treiben und bei Programmierung in einer SPS sollte der Programmumfang möglichst kurz
sein. Daher muß das Minimierungsproblem in diesem Abschnitt
doch kurz behandelt werden.

Das im Bild 4.1 dargestellte Beispiel zeigt zunächst prinzipiell die Möglichkeit der Schaltungsvereinfachung. Bei komplexeren Funktionen muß allerdings systematischer als bei
diesem einfachen Beispiel vorgegangen werden, wozu im nachfolgenden Abschnitt zunächst die Einführung einiger Grundbegriffe
nötig ist.

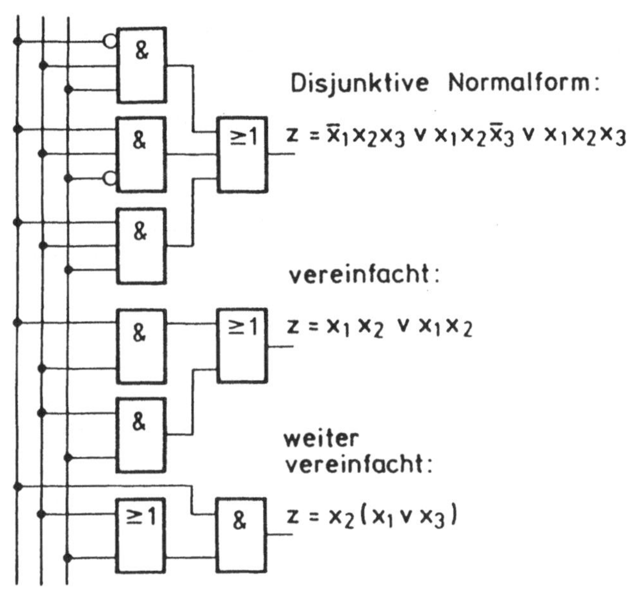

$$z = \bar{x}_1 x_2 x_3 \vee x_1 x_2 \bar{x}_3 \vee x_1 x_2 x_3$$

$$z = x_1 x_2 \vee x_1 x_2$$

$$z = x_2 (x_1 \vee x_3)$$

Bild 4.1. Beispiel für eine Schaltungsvereinfachung

4.1 Implikanten, Primimplikanten und Minimalformen

Man kann nach Metz und Merbeth (1970) zwischen der "äußeren" und der "inneren" Beschreibung einer kombinatorischen Schaltung unterscheiden. Die äußere Beschreibung geschieht mittels Schalttabelle oder K-Diagramm. Für die äußere Beschreibung ist es bedeutungslos, durch welche Anzahl, Auswahl und Anordnung von Schaltelementen die Funktion realisiert wird. Die Frage des inneren Aufbaus, nämlich der Art und Weise der strukturellen Realisierung der Funktion durch Schaltelemente, ist Gegenstand der inneren Beschreibung. Diese Beschreibung erfolgt entweder durch Schaltplan (Logikplan), durch Kontaktplan oder durch Angabe der algebraischen Gleichungen. Während also die äußere Beschreibung einer Schaltung gleichbedeutend ist mit einer eindeutigen Darstellung der gestellten Aufgabe, besagt die innere Beschreibung, wie diese Aufgabe gelöst wird. Es gibt stets mehrere algebraische Funktionen bzw. Schaltungen als innere Beschreibungen, die ein und derselben äußeren Beschreibung genügen. Innere Be-

schreibungen mit dieser Eigenschaft sollen als einander
gleichwertig bezeichnet werden. Zwei innere Beschreibungen
können auch dann noch einander gleichwertig sein, wenn sie
eine verschiedene Anzahl von Eingängen aufweisen (man denke
an das Absorbtionstheorem). Die Minimalform einer Schaltung
ist der ursprünglich durch ihre äußere Beschreibung gegebenen
Schaltung gleichwertig, sie enthält jedoch die kleinstmögliche
Anzahl von Verknüpfungen. Mit den im folgenden eingeführten
Begriffen kann die Minimalform noch präziser definiert werden.

Ein wesentliches Merkmal des Minterms $k_j(n)$ ist, daß in ihm
alle n Eingangsvariablen vorkommen. Ist dies bei einer Konjunktion mehrerer Variablen nicht mehr der Fall, fehlen also q
Variable der insgesamt n Variablen, dann spricht man von einem
gekürzten Term oder von einem **Term** schlechthin und bezeichnet
ihn mit

$$k(n - q); \qquad q = 0,1,2,\ldots, n-1.$$

In dem einen Sonderfall q = n-1 artet der Term zu einer einzigen Variablen in unnegierter oder negierter Form aus. Im
anderen Sonderfall q = 0 handelt es sich um einem Minterm
$k_j(n)$.

Werden in der disjunktiven Normalform einer Funktion die Disjunktionen von jeweils zwei oder mehreren Mintermen $k_j(n)$,
$(j \in M_1)$, durch ein- oder mehrmaliges Anwenden der Kürzungsregel vereinfacht, dann entsteht eine sog. **disjunktive Form** der
Funktion, nämlich die disjunktive Verknüpfung einzelner neuer
Terme k(n-q), die nun ihrerseits alle wieder den Funktionswert
z = 1 implizieren. Diese Terme werden deshalb als Implikanten-
terme oder kurz als **Implikanten** der betreffenden Funktion
$F_r(n)$ bezeichnet. Die im wesentlichen schon vorweggenommene
Definition eines Implikanten sei wie folgt präzisiert: Ein
Term oder Minterm k(n-q) impliziert dann eine Funktion, wenn
jede Eingangsbelegung j, die den betreffenden Term zu Eins
werden läßt, auch für die Funktion $F_r(n)$ den Wert z = 1 impliziert. Für die Definition der Minimalform einer Funktion wird
noch die folgende Definition benötigt: Wenn ein Implikant
k(n-q) die Konjunktion eines anderen kürzeren (d.h. weniger
Variable enthaltenen) Implikanten k(n-s) mit einem beliebigen
Term k(n-t) oder einer einzelnen Variablen ist, also

$$k(n-q) = k(n-s)\, k(n-t); \qquad s>q , \qquad\qquad (4.1)$$

dann sagt man, der Implikant k(n-s) "enthält" auch noch den
Implikanten k(n-q). Die zunächst vielleicht etwas ungewohnte
Ausdrucksweise, der Implikant mit der kleineren Anzahl (n-s)
von Variablen "enthalte" jenen mit der größeren Anzahl (n-q)
von Variablen, wird wie folgt verständlich: Der Implikant mit
der kleineren Anzahl (n-s) von Variablen wird für eine Anzahl
von insgesamt 2^s Eingangsbelegungen zu Eins. Diese Anzahl ist
größer als die Zahl 2^q der Eingangsbelegungen, für die der
Implikant mit der größeren Anzahl (n-q) von Variablen zu Eins
wird. Der Implikant k(n-s) umfaßt ("enthält") also mehr
Eingangsbelegungen $j \in M_1$ bzw. entsprechende Minterme als der
Implikant k(n-q).

Ein einfaches **Beispiel** soll
diesen Begriff des ineinander
Enthaltenseins von Implikanten
veranschaulichen: Der Impli-
kant (Minterm) $k_6(3) = x_1 x_2 \bar{x}_3$
ist im Implikant $k(2) = x_1 x_2$
enthalten, was im K-Diagramm
Bild 4.2 sehr deutlich wird:
Die größere Schleife enthält
die kleinere Schleife.

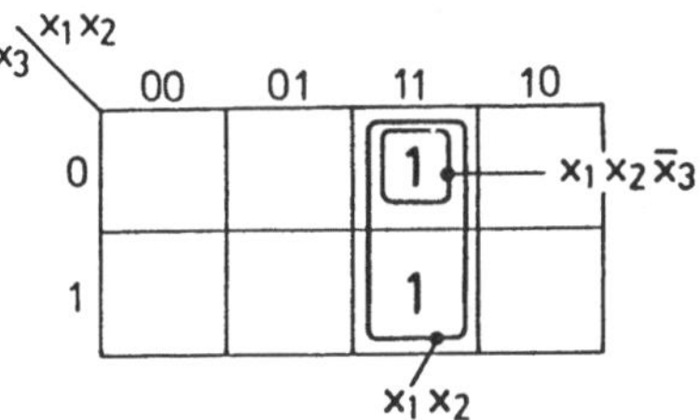

Bild 4.2. Ein Minterm
ist in einem gekürz-
ten Term enthalten

Ein Implikant mit einer kleinstmöglichen Zahl von Variablen,
der seinerseits nicht mehr in einem anderen (noch kürzeren)
Implikanten enthalten ist, wird in Analogie zu den Primfakto-
ren eines Produktes als **Primimplikant** oder **Primterm** bezeichnet
(größtmögliche Schleife im K-Diagramm). Allerdings kann auch
ein Minterm zugleich auch Primimplikant sein.

Die Disjunktion aller Primimplikanten ist in manchen Fällen
bereits die Minimalform der ursprünglich gegebenen Funktion.
In anderen Fällen sind einige der Primimplikanten zur Darstellung der Funktion nicht nötig; sie sind **überflüssige Primimplikanten**. Die unbedingt notwendigen Primimplikanten bzw.
deren Disjunktion bilden den sog. **Kern der Funktion**, der in
den meisten Fällen die Minimalform der Funktion darstellt.

Es gibt aber auch Funktionen, die zwei oder sogar mehr als
zwei Minimalformen mit gleichem minimalen Verknüpfungsaufwand
haben. Diese Minimalformen bestehen dann jeweils aus dem Kern
der Funktion und einer minimalen Auswahl aus Primimplikanten,
die zwar nicht überflüssig aber auch nicht Bestandteil des

Kerns sind. Sie werden als **wählbare Primimplikanten** bezeichnet. Werden bei mehreren möglichen Minimalformen diese als
Mengen der jeweils verwendeten Primimplikanten gedeutet, dann
ist der Kern der Durchschnitt dieser Mengen. Die **disjunktive
Minimalform** einer Funktion ist, exakt definiert, der ursprünglich gegebenen Funktion gleichwertig und besteht aus dem Kern
der Funktion und einer minimalen Auswahl aus den wählbaren
Primimplikanten. Es ist die Aufgabe der von der disjunktiven
Normalform ausgehenden Minimierungsmethoden, diese disjunktiven Minimalformen auf rationelle Weise zu finden.

In sinngemäß gleicher Weise wird die **konjunktive Minimalform**
einer Funktion definiert. Um sie zu finden wird von der konjunktiven Normalform ausgegangen; mehrfache Anwendung der
Kürzungsregel Gl.(2.35) in ihrer konjunktiven Form führt auf
gekürzte "Faktoren", die gemeinsam mit den Maxtermen sämtlich
als **Implikantenfaktoren** oder **Null-Implikanten** bezeichnet werden, weil sie den Funktionswert $z = 0$ implizieren. Jene Null-
Implikanten, die nicht mehr in anderen enthalten sind, sind
dann die **Primimplikantenfaktoren**. Die konjunktive Minimalform
der Funktion besteht aus dem Kern, der durch die unbedingt
nötigen Primimplikantenfaktoren gebildet wird, sowie einer
minimalen Auswahl aus den wählbaren Primimplikantenfaktoren.
Manchmal erfordert eine der beiden Minimalformen, die disjunktive oder konjunktive Minimalform, einen wesentlich geringeren
Verknüpfungsaufwand als die andere.

4.2 Minimieren im Karnaugh-Diagramm

Die Verwendung des K-Diagramms führt sehr rasch und übersichtlich zu einer disjunktiven oder konjunktiven Minimalform einer
gegebenen Funktion, solange die Anzahl der Variablen nicht zu
groß ist. Es wurde schon vorher im Abschnitt 3.1 über die
Schleifenbildung im K-Diagramm gesprochen: Stehen in zwei
benachbarten Feldern des K-Diagramms Einsen, dann bedeutet
dies, daß sich diese beiden Minterme nur durch eine einzige
Variable unterscheiden und daher unter Anwendung der Kürzungsregel zu einem einzigen Term zusammengefaßt werden können. Man
liest also zwei in benachbarten Feldern stehende Einsen als
einen einzigen Term ab, indem man nur diejenigen Variablen
konjunktiv verknüpft anschreibt, deren Wert in den beiden
Feldern jeweils derselbe ist. Stehen in mehreren benachbarten

Feldern Einsen, so daß mehrere, sich teilweise überdeckende Schleifen gebildet werden können, dann kann man bzw. muß man eine oder mehrere Einsen gleichzeitig in mehrere Schleifen einbeziehen (dies ist nach Gl.(2.29) möglich). Die Funktion aus Bild 4.1 wird im K-Diagramm wie im Bild 4.3 gezeigt vereinfacht.

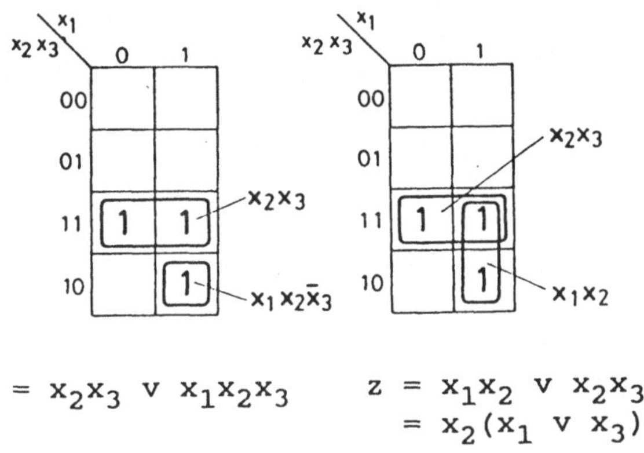

$$z = x_2 x_3 \vee x_1 x_2 \overline{x}_3$$

$$z = x_1 x_2 \vee x_2 x_3$$
$$= x_2 (x_1 \vee x_3)$$

Bild 4.3. Beispiel zur Minimierung

Das Überdecken von Schleifen gibt immer den Hinweis, daß eine weitere Vereinfachung durch Herausheben (Anwendung des distributiven Gesetzes) möglich ist. Es können natürlich nicht nur Zweierschleifen sondern auch Viererschleifen auftreten, für die sinngemäß das gleiche gilt: Der minimale Ausdruck für den "Schleifeninhalt" ist durch jene Variable gegeben, die innerhalb des Schleifenbereichs ihren Wert nicht ändern. Entsprechend der Kürzungsregel kann es nur Schleifen um 2,4,8,... benachbarte Einsen geben; dafür sind in Bild 4.4 einige Beispiele angegeben. Ebenso wie Zweierschleifen sollen sich auch

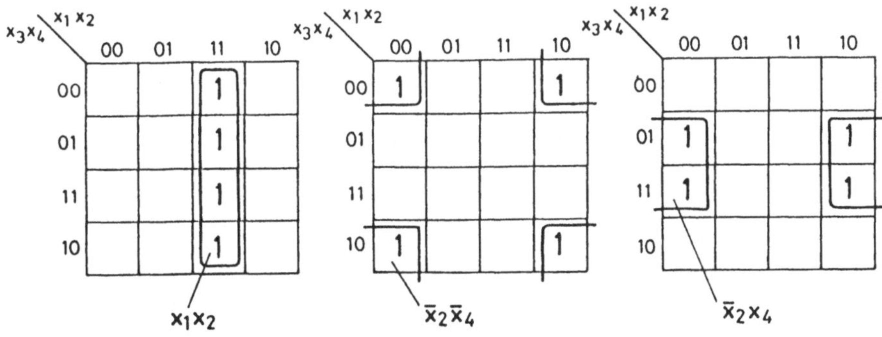

Bild 4.4. Beispiele zur Minimierung

benachbarte Viererschleifen überlappen, um zu einem minimalen Ausdruck zu kommen (Bild 4.5). Hinsichtlich der hardwaremäßigen Realisierung bedeutet dies: Je größer eine Schleife im K-

Diagramm ist, je klei-
ner wird im allgemei-
nen der Aufwand zur
schaltungstechnischen
Realisierung des durch
diese Schleife darge-
stellten Terms, denn
die größeren Schleifen
enthalten mehr Impli-
kanten und demnach
auch mehr konjunktiv
verknüpfte Variable.

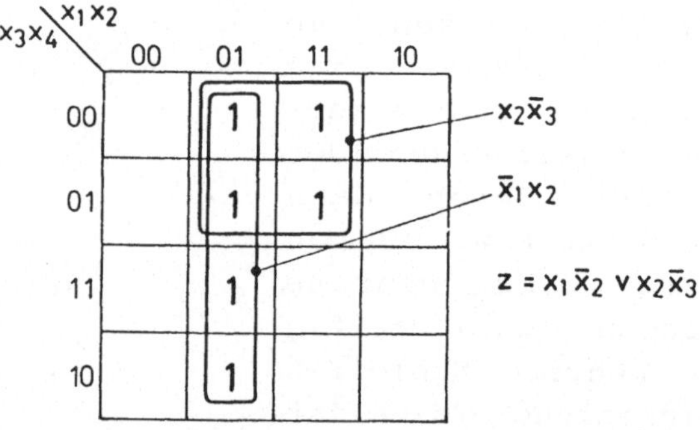

Bild 4.5. Beispiel zur Minimierung

Die Anzahl der dann disjunktiv verknüpften Terme wird herabgesetzt, je weniger Schleifen insgesamt vorkommen. Daraus formuliert sich ganz einfach die Regel für das Minimieren im K-
Diagramm: Man fasse die Einsen in möglichst wenigen, aber in
möglichst großen Schleifen zusammen. Man erhält so die **disjunktive Minimalform** einer Schaltfunktion.

Im Bild 4.6 ist zunächst die disjunktive Minimierung anhand
eines weiteren Beispiels verdeutlicht. Die Minterme der in
einer ihrer möglichen disjunktiven Formen gegebenen Funktion

$$z = \bar{x}_1\,\bar{x}_4 \quad \vee \quad x_1\,\bar{x}_3 \quad \vee \quad \bar{x}_3\,\bar{x}_4 \quad \vee \quad x_1\,\bar{x}_3\,x_4$$

sind im K-Diagramm eingetragen. Man erkennt, daß der Implikant
$x_1\bar{x}_3x_4$ im Implikant $x_1\bar{x}_3$ enthalten und daher kein Primimplikant ist. Die verbleibenden drei Implikanten sind bereits
Primimplikanten,
wobei der Term
$\bar{x}_3\bar{x}_4$ ein überflüs-
siger Primimpli-
kant ist. Es gibt
hier keine wählba-
ren Primimplikan-
ten. Der Kern ist
zugleich die dis-
junktive Minimal-
form

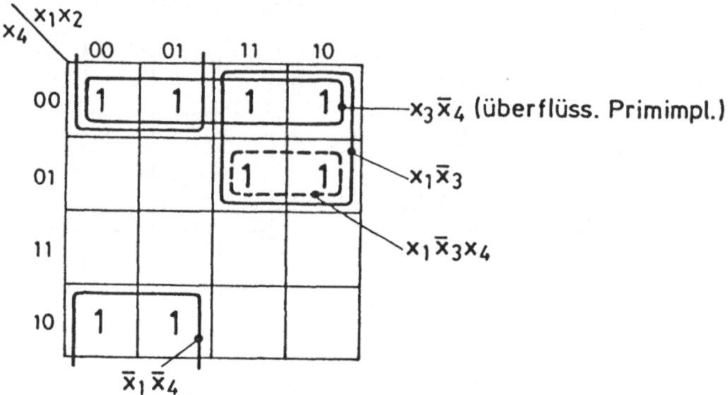

$$z = \bar{x}_1\bar{x}_4 \vee x_1\bar{x}_3.$$

Bild 4.6. Beispiel zur Minimierung

Will man einem gegebenen K-Diagramm die Negation der eingetragenen Schaltfunktion in minimierter Form entnehmen, dann wen-

det man entsprechend Gl.(2.43) die besprochene Methode in
gleicher Weise auf die Null-Felder des K-Diagramms an. Durch
Anwenden des De Morganschen Theorems auf die so erhaltene Form
erhält man die **konjunktive Minimalform**. Dies wird an obigem
Beispiel demonstriert:

$$\bar{z} = \bigvee_{j \in M_0} k_j = \bar{x}_1 x_4 \lor x_1 x_3 \, ,$$

$$\bar{\bar{z}} = z = \overline{\bar{x}_1 x_4 \lor x_1 x_3} = \overline{\bar{x}_1 x_4} \cdot \overline{x_1 x_3} = (x_1 \lor \bar{x}_4)(\bar{x}_1 \lor \bar{x}_3) \, .$$

Allerdings kann man, wie früher
ausgeführt, lt. Gl.(2.41) das K-
Diagramm in der Maxtermform betrachten und die eben erhaltene
konjunktive Minimalform aus den
Schleifen um die Null-Felder auch
direkt ablesen. Siehe auch das
Beispiel in Bild 3.6 und vor allem
das Beispiel des in Bild 4.7 dargestellten K-Diagramms. Diesem
wird die disjunktive Minimalform

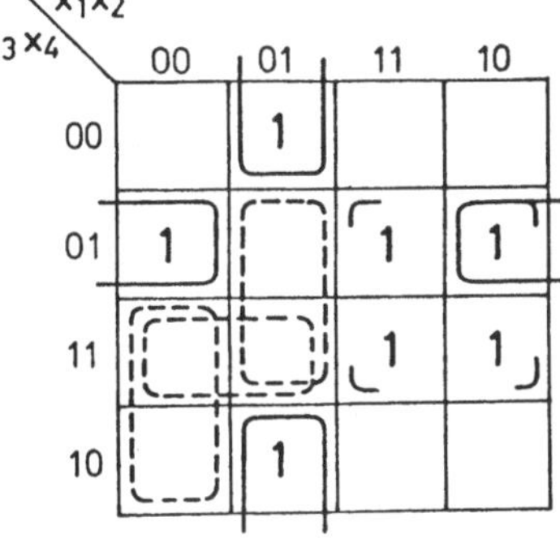

Bild 4.7. Beispiel
zur Minimierung

$$z = \bar{x}_1 x_2 \bar{x}_4 \lor x_1 x_4 \lor \bar{x}_2 \bar{x}_3 x_4$$

$$= \bar{x}_1 x_2 \bar{x}_4 \lor (x_1 \lor \bar{x}_2 \bar{x}_3) x_4$$

und die hier etwas aufwendigeren konjunktiven Minimalformen

$$z = (\bar{x}_1 \lor x_4)(x_2 \lor x_4)(x_1 \lor \bar{x}_2 \lor \bar{x}_4)(x_1 \lor x_2 \lor \bar{x}_3)$$

$$= (\bar{x}_1 x_2 \lor x_4)(x_1 \lor \bar{x}_2 \lor \bar{x}_4)(x_1 \lor x_2 \lor \bar{x}_3)$$

oder auch

$$z = (\bar{x}_1 x_2 \lor x_4)(x_1 \lor \bar{x}_2 \lor \bar{x}_4)(x_1 \lor \bar{x}_3 \lor \bar{x}_4)$$

entnommen. Hier gibt es also bei der konjunktiven Minimierung
neben dem Kern der Form auch zwei wählbare Primimplikantenfaktoren.

Verwendung von Redundanzen ("Don't-care"-Eingangsbelegungen):

Bei manchen Aufgabenstellungen können oder dürfen bestimmte Eingangsbelegungen nicht vorkommen. Die von den betreffenden Eingangsbelegungen implizierten Funktionswerte sind dann ohne Bedeutung für die vorliegende Aufgabenstellung. Sie werden als redundant oder frei wählbar (oder "don't-care") bezeichnet und werden im K-Diagramm z.B. mit einem " - " eingetragen. Man kann diese redundanten Belegungen beliebig mit Null oder Eins annehmen und dadurch im K-Diagramm u.U. zu größeren Schleifen und somit zu einer weiteren Minimierung der Schaltfunktion kommen. Dies wird zunächst in Bild 4.8 veranschaulicht und dann wird nachfolgend und auch in den im Anhang 1 zusammengestellten Beispielen von dieser Möglichkeit Gebrauch gemacht.

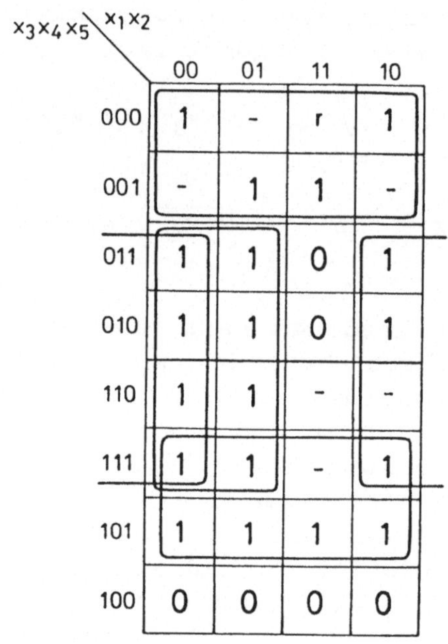

Bild 4.8. Beispiel zur Minimierung unter Verwendung von redundanten Eingangsbelegungen

Als letztes Beispiel zum Minimieren im K-Diagramm soll noch nach der von Pessen (1975) vorgeschlagenen Methode die disjunktive Minimalform der Funktion mit sechs Variablen

$$z = \bar{x}_1 x_2 \bar{x}_3 \bar{x}_6 \ \vee\ x_1 \bar{x}_2 \bar{x}_3 x_4 \bar{x}_5 x_6 \ \vee\ x_1 x_2 x_4 x_6 \ \vee$$

$$\vee\ x_1 x_3 x_4 x_5 \ \vee\ x_1 x_3 \bar{x}_4 x_5 \ \vee\ \bar{x}_1 \bar{x}_3 x_4 \bar{x}_5 \ \vee\ \bar{x}_1 \bar{x}_3 x_4 x_5 \bar{x}_6$$

gefunden werden. Die Terme dieser disjunktiven Form sind auf der nächsten Seite in den Teildiagrammen im Bild 4.9 dargestellt. Dort sind auch zwei redundante Eingangsbelegungen $\bar{x}_1 \bar{x}_2 \bar{x}_3 \bar{x}_4$ und $\bar{x}_1 x_2 x_3 \bar{x}_4 x_6$ eingetragen, die aus der Aufgabenstellung resultieren mögen.

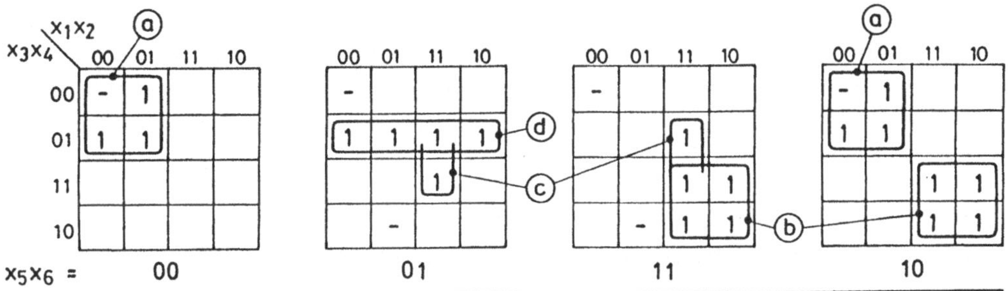

Bild 4.9. Beispiel zur Minimierung einer Funktion
von sechs Variablen in K-Diagrammen nach Pessen

Um es deutlicher zu machen, sind im Bild 4.9 die sich ergebenden Schleifen mit Kleinbuchstaben versehen: Man erhält zwei
Achterschleifen (a, b) und zwei Viererschleifen (c, d) und
die disjunktive Minimalform lautet:

$$z = x_1\ x_3\ x_6 \lor x_1\ x_3\ x_5 \lor x_1\ x_2\ x_4\ x_6 \lor x_3\ x_4\ x_5\ x_6$$

$$= x_1\ x_3\ x_6 \lor x_1\ x_3\ x_5 \lor (x_1 x_2 \lor x_3 x_5)\ x_4 x_6\ .$$

4.3 Minimieren mit dem QMC-Verfahren

Der zweite "Klassiker" unter den Minimierungsmethoden ist das
von Quine (1955) veröffentlichte und später von McCluskey
(1956) verbesserte Verfahren, das meist abgekürzt als QMC-
Verfahren bezeichnet wird. Es ist in der Literatur sehr ausführlich behandelt worden, weshalb es hier lediglich der Vollständigkeit halber und aus den im ersten Absatz dieses Haupt-
abschnitts angegebenen Gründen nur ganz kurz besprochen wird.
Man kann die Methode u.a. bei Fasol und Vingron (1975) oder
bei Leonhardt (1982) ausführlicher nachlesen. Der Vorteil des
zunächst weniger übersichtlich erscheinenden Verfahrens ist
seine leichte Programmierbarkeit, was u.a. von Föllinger und
Weber (1967) und von Schulte (1967) herausgestellt wurde.

Das Verfahren geht von der disjunktiven Normalform aus; eine
in disjunktiver Form gegebene Funktion muß deshalb zunächst
auf diese Normalform erweitert werden. Der erste Schritt besteht dann darin, daß die Kürzungsregel wiederholt und solange
systematisch angewandt wird, bis sämtliche Primimplikanten

gefunden wurden. Dies geschieht in Form einer Tabelle so, daß
alle Minterme als die Eingangsbelegungen darstellende Binärzahlen untereinander angeschrieben werden, wodurch der systematische Vergleich aller dieser Zahlen durch ein kurzes Programm möglich ist.

Das Verfahren wird nun anhand
eines einfachen Beispiels vorgeführt. Dabei wird vom K-Diagramm
Bild 4.10 ausgegangen, um so den
unmittelbaren Vergleich mit dem
Minimieren im K-Diagramm zu ermöglichen.

Die Tabelle 4.1 bedarf keiner
weiteren Erklärung; die nicht mehr
weiter vereinfachbaren Terme sind
die Primimplikanten und werden mit
P_1, P_2,...,P_7 gekennzeichnet. Man
erkennt, daß die Disjunktion dieser Primimplikanten noch nicht

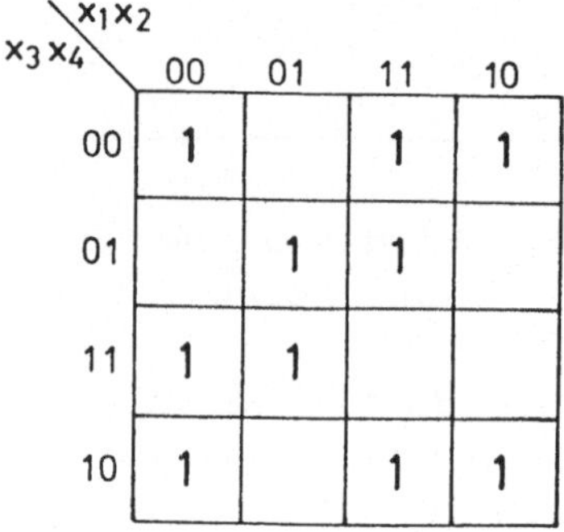

Bild 4.10. K-Diagramm
zum Beispiel für das
QMC-Verfahren

eine Minimalform der Funktion ist, weshalb ein weiterer
Schritt des Verfahrens, nämlich das Aufstellen einer sog.
Primimplikanten-Minterm-Tabelle (Tabelle 4.2) nötig ist.

Tabelle 4.1. Erster Schritt des QMC-Verfahrens:
Ermittlung der Primimplikanten

$j = 0$	0000	0, 2 : 00-0		0, 2,'8,10: -0-0	P_6
2	0010	0, 8 : -000		8,10,12,14: 1--0	P_7
3	0011	2, 3 : 001-	P_1		
5	0101	2,10 : -010			
7	0111	3, 7 : 0-11	P_2		
8	1000	5, 7 : 01-1	P_3		
10	1010	5,13 : -101	P_4		
12	1100	8,10 : 10-0			
13	1101	8,12 : 1-00			
14	1110	10,14: 1-10			
		12,13: 110-	P_5		
		12,14: 11-0			

In der nachfolgenden Tabelle 4.2 entsprechen die Spalten den Eingangsbelegungen j (bzw. den Mintermen k_j) und die Zeilen den Primimplikanten. In diesen Zeilen werden jene Eingangsbelegungen z.B. durch Kreuze markiert, die durch den betreffenden Minterm erfaßt werden. Auf diese Weise stellt man sofort jene Spalten fest, die nur ein einziges Kreuz enthalten. Die so ermittelten Primimplikanten bilden den Kern und werden z.B. durch Einkreisen markiert; es sind dies p_6 und p_7, denn nur durch sie werden die Ein-

Tabelle 4.2. Zweiter Schritt des QMC-Verfahrens: Primimplikanten-Minterm-Tabelle

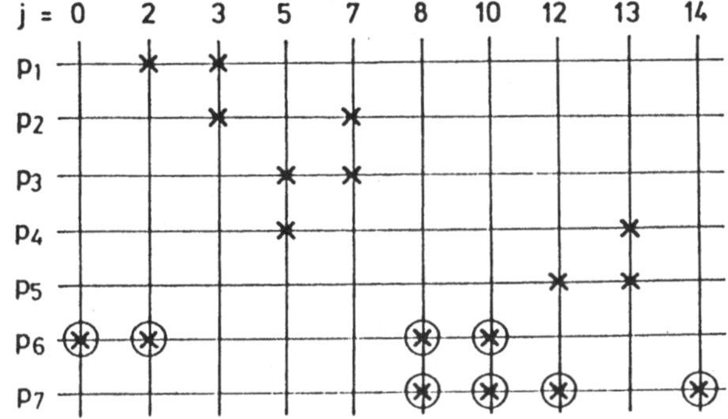

gangsbelegungen j = 0 und j = 14 erfaßt. Die übrigen Primimplikanten sind wählbare Primimplikanten und eine minimale Auswahl daraus wird durch p_2 und p_4 gebildet; jede andere Auswahl aus der Menge der wählbaren Primimplikanten p_1 bis p_5 würde jeweils aus drei Primimplikanten bestehen. Überflüssige Primimplikanten haben sich bei diesem Beispiel nicht ergeben. Es ist erkennbar, daß auch das Vorgehen nach Tabelle 4.2 leicht programmierbar ist. Die gefundene disjunktive Minimalform als Disjunktion von p_1, p_4, p_6, p_7 lautet

$$z = x_1\overline{x}_4 \quad \lor \quad \overline{x}_2\overline{x}_4 \quad \lor \quad \overline{x}_1 x_3 x_4 \quad \lor \quad x_2\overline{x}_3 x_4$$

$$= (x_1 \lor \overline{x}_2)\overline{x}_4 \lor (\overline{x}_1 x_3 \lor x_2\overline{x}_3)x_4 \;.$$

Das QMC-Verfahren wird in der Literatur ausschließlich für die disjunktive Minimierung dargestellt. Grundsätzlich ist die Methode aber sinngemäß ebenso für die konjunktive Minimierung anwendbar.

5 Aufbau von Schaltungen aus NAND- und NOR-Elementen

Es wurde bereits zu Ende des Abschnitts 2.2.5 (Bild 2.4) darauf verwiesen, daß jede der Elementarfunktionen UND, ODER, NICHT mit einer einzigen der acht Grundfunktionen dargestellt werden kann. Damit kann jede denkbare kombinatorische Schaltung unter Verwendung einer einzigen Grundfunktion aufgebaut werden. Natürlich stellt so eine Schaltung dann nicht mehr eine minimierte Schaltfunktion dar, hat aber den Vorteil, aus einer einzigen Gattertype (aus einer gewissen Anzahl eines einzigen ICs) realisiert werden zu können. Die in früheren Jahren intensiv verwendeten pneumatischen Logikelemente waren für die Realisierung der NOR-Funktion sehr einfach; bei den heutigen elektronischen integrierten Schaltkreisen werden NAND- und NOR-Verknüpfungen meist bevorzugt (siehe Bild 5.1).

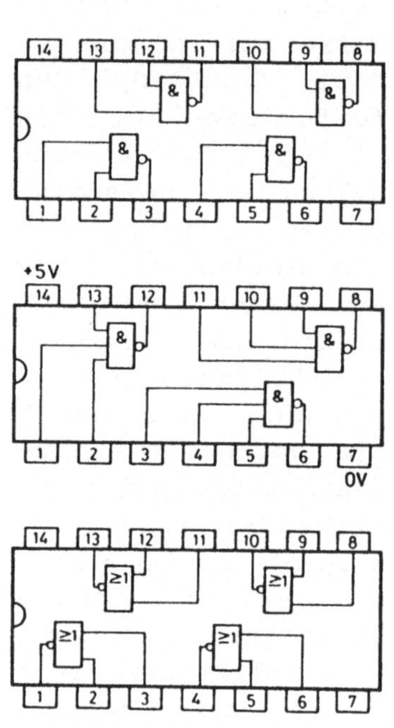

Bild 5.1. Beispiele für ICs mit NAND- und NOR-Gattern

5.1 Elementarfunktionen aus NAND

Die folgenden Herleitungen basieren auf den Axiomen und Rechenregeln nach den Abschnitten 2.2.1 und 2.2.2. Der Einfachheit halber werden die dortigen Gleichungsnummern nicht mehr zitiert; die Zusammenhänge können jetzt schon als geläufig angenommen werden. Für eine kürzere Schreibweise wird hier die NAND-Verknüpfung durch den bereits in Tabelle 2.10 eingeführten Sheffer-Strich ausgedrückt. Die Elementarverknüpfungen ergeben sich wie folgt:

Negation:

$$\overline{x} = \overline{x} \lor \overline{x} = \overline{x\,x} = x|x \;, \qquad \text{oder}$$
$$\overline{x} = \overline{x} \lor 0 = \overline{x1} = x|1 \;;$$

(NAND-Gatter: Beide Eingänge sind mit der zu negierenden Variablen belegt oder ein Eingang ist mit der zu negierenden Variablen, der andere mit 1-Potential belegt).

Konjunktion:

$$x_1 x_2 = \overline{\overline{x_1 x_2}} = \overline{x_1|x_2} \;; \qquad \text{(Negation der NAND-Verknüfung).}$$

Disjunktion:

$$x_1 \lor x_2 = \overline{\overline{x_1}\,\overline{x_2}} = \overline{x}_1|\overline{x}_2 = (x_1|x_1)|(x_2|x_2) \;.$$

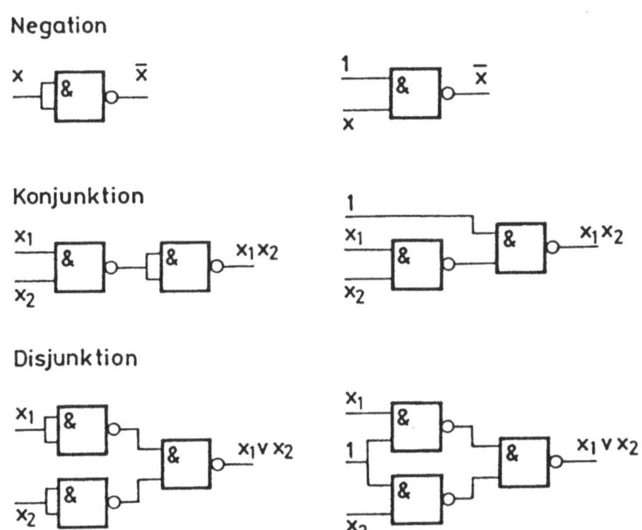

Bild 5.2. Realisierung der Elementarverknüpfungen mit NAND-Gattern

5.2 Elementarfunktionen aus NOR

Die NOR-Verknüpfung wird hier abgekürzt durch den Peirce-Pfeil
(siehe Tabelle 2.10) als Verknüpfungssymbol angeschrieben.

Negation:

$$\overline{x} \;=\; \overline{x}\,\overline{x} \;=\; \overline{x \vee x} \;=\; x \downarrow x \;;$$

(NOR-Gatter: beide Eingänge sind mit der zu negierenden Variablen belegt. Die in Bild 2.4 verwendete, schaltalgebraisch
gleichwertige Belegung des einen Eingangs mit 0 ist nur für
pneumatische Logikelemente relevant).

Konjunktion:

$$x_1 x_2 \;=\; \overline{\overline{x_1 x_2}} \;=\; \overline{\overline{x_1} \vee \overline{x_2}} \;=\; \overline{x_1} \downarrow \overline{x_2} \;=\; (x_1 \downarrow x_2) \downarrow (x_2 \downarrow x_2) \;;$$

(NOR-Gatter: Jeder Eingang ist mit der Negation der betreffenden Variablen belegt).

Disjunktion:

$$x_1 \vee x_2 \;=\; \overline{\overline{x_1 \vee x_2}} \;=\; \overline{x_1 \downarrow x_2} \;;$$

(Negation der NOR-Verknüpfung).

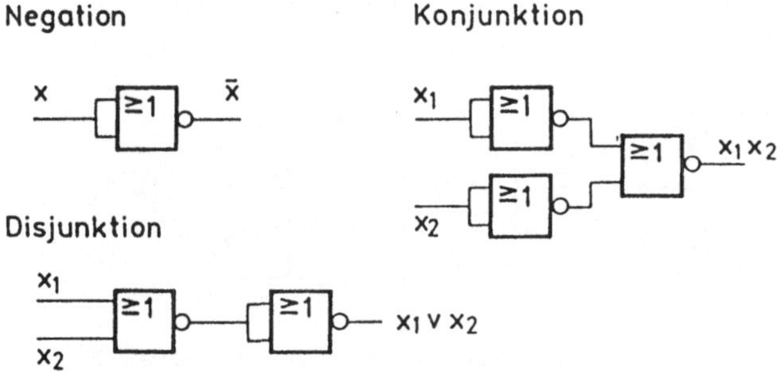

Bild 5.3. Realisierung der Elementarverküpfungen
mit NOR-Gattern

5.3 Schaltungsaufbau mit NAND- und NOR-Elementen

Schaltungsaufbau aus NAND

Bei der Realisierung einer Schaltung aus NAND-Gattern geht man am besten von der disjunktiven Minimalform der Funktion aus. Durch zweimalige Negation nach De Morgan ergibt sich dann eine Funktion, die nur NAND-Verknüpfungen enthält. Dies kann leicht gezeigt werden:

$$z = k_1 \lor k_2 \lor k_3 \lor \ldots$$

k_1, k_2,... sind gekürzte Terme (Konjunktionen).

$$z = \overline{\overline{k_1 \lor k_2 \lor \ldots}} = \overline{k}_1 \mid \overline{k}_2 \mid \overline{k}_3 \ldots$$

Die Negation eines konjunktiv verknüpften Terms ist die NAND-Funktion; wenn ein gekürzter Term, z.B. k_1, nur aus einer einzigen Variablen besteht, dann ist diese mittels NAND-Gatter zu negieren.

Dieser Schaltungsentwurf wird am besten anhand des folgenden **Beispiels** besprochen. Die aus NAND-Gattern zu realisierende Schaltung sei durch das K-Diagramm in Bild 5.4a gegeben.

Daraus wird die disjunktive Minimalform entnommen und wie folgt umgeformt

$$z = x_1 x_2 \lor x_1 \overline{x}_3 \overline{x}_4 \lor \overline{x}_1 x_3 x_4 = \overline{\overline{x_1 x_2 \lor x_1 \overline{x}_3 \overline{x}_4 \lor \overline{x}_1 x_3 x_4}}$$

$$= \overline{\overline{x_1 x_2} \; \overline{x_1 \overline{x}_3 \overline{x}_4} \; \overline{\overline{x}_1 x_3 x_4}} = (x_1 \mid x_2) \mid (x_1 \mid \overline{x}_3 \mid \overline{x}_4) \mid (\overline{x}_1 \mid x_3 \mid x_4).$$

Im Schaltplan Bild 5.4b ist diese Funktion mit den Elementarfunktionen realisiert; rechts, im Bild 5.4c, ist sie aus NAND-Gattern aufgebaut.

Der rechte Schaltplan ergibt sich aus dem linken, indem alle Symbole für UND- und ODER-Funktionen durch Symbole für NAND-Funktionen ersetzt werden. Allerdings ist zu beachten, daß im ursprünglichen Logikplan nur die Elementarverknüpfungen, also keine Inhibitionen, vorkommen

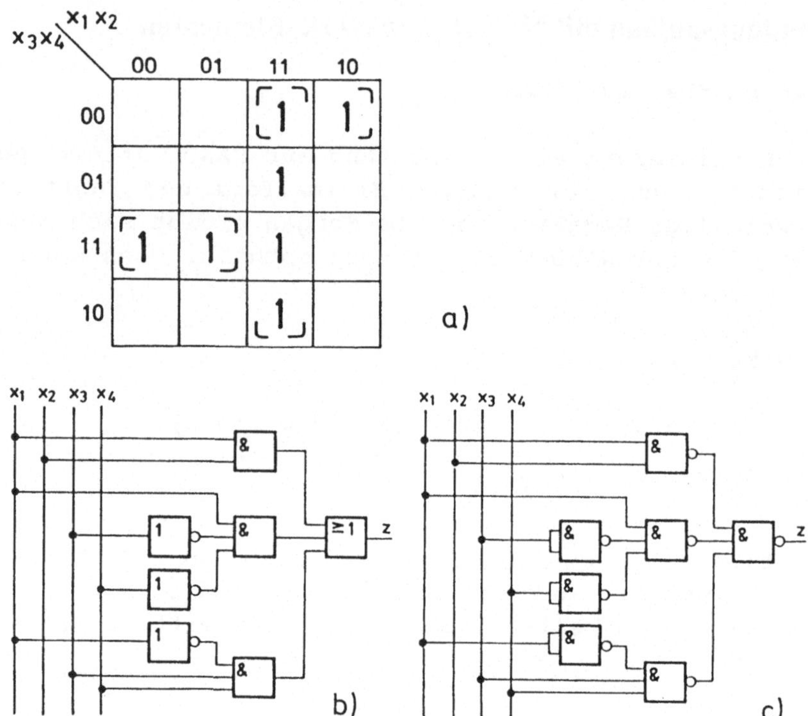

Bild 5.4. Beispiel für eine Schaltungs-
realisierung durch NAND-Gatter

dürfen. Wie in Bild 5.4b müssen Inhibitionen durch Vorschalten von Negationen aufgelöst werden. Ein Term des
linken Bildes, der nur aus einer Variablen bestünde, müßte
im rechten Bild negiert werden.

Die Schaltung des Beispiels Bild 5.4c würde unter Verwendung der beiden NAND ICs aus Bild 5.1 wie im Bild 5.5
gezeigt aussehen.

Schaltungsaufbau aus NOR

Hier geht man sinngemäß genau so vor wie beim Schaltungsentwurf für NAND-Gatter. Die zweimalige Negation der konjunktiven
Minimalform ergibt die Funktion, aufgebaut aus NOR-Verknüpfungen. Auch dies kann nachfolgend leicht gezeigt werden.

$$z = d_1 d_2 d_3 \ldots$$

$d_1, d_2 \ldots$ sind gekürzte disjunktive Verknüpfungen (Faktoren) einzelner Variablen.

$$z = \overline{\overline{d_1 d_2 \ldots}}$$

$$= \overline{\overline{d}_1 \downarrow \overline{d}_2 \downarrow \overline{d}_3 \downarrow \ldots} \; ;$$

(Die Negation einer disjunktiven Verknüpfung ist die NOR-Funktion).

Zur Vorführung dieses Schaltungsentwurfs wird das vorherige **Beispiel** verwendet. Dem K-Diagramm in Bild 5.6a wird zunächst die konjunktive Minimalform entnommen.

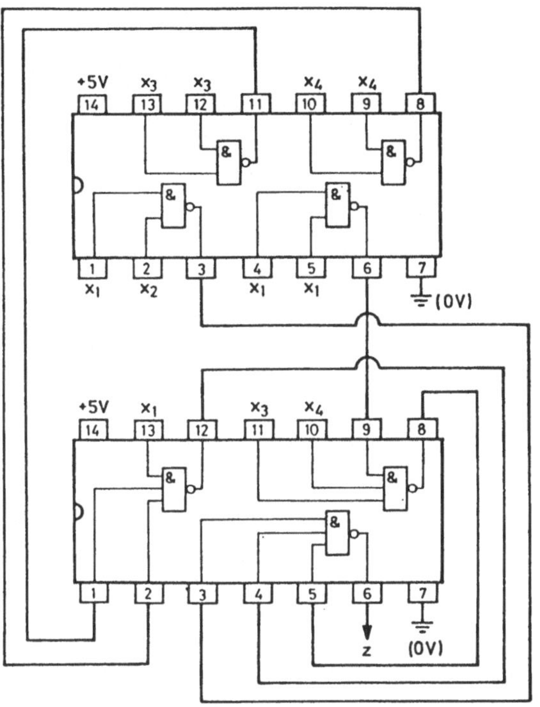

Bild 5.5. Verschaltung der Funktion aus Bild 5.4.c mit den ICs aus Bild 5.1

Die konjunktive Minimalform wird zweimal negiert:

$$z = \overline{\overline{(x_1 \vee x_3)(x_1 \vee x_4)(\overline{x}_1 \vee x_2 \vee \overline{x}_3)(\overline{x}_1 \vee x_2 \vee \overline{x}_4)}}$$

$$= \overline{\overline{(x_1 \vee x_3)} \vee \overline{(x_1 \vee x_4)} \vee \overline{(\overline{x}_1 \vee x_2 \vee \overline{x}_3)} \vee \overline{(\overline{x}_1 \vee x_2 \vee \overline{x}_4)}}$$

$$= (x_1 \downarrow x_3) \downarrow (x_1 \downarrow x_4) \downarrow (\overline{x}_1 \downarrow x_2 \downarrow \overline{x}_3) \downarrow (\overline{x}_1 \downarrow x_2 \downarrow \overline{x}_4) \; .$$

Im Schaltplan Bild 5.6b ist wieder die Funktion in konjunktiver Minimalform aus den Elementarfunktionen realisiert; rechts, im Bild 5.6c, ist die aus NOR-Gattern aufgebaute Schaltung dargestellt. Auch hier ergibt sich auf einfachste Weise der rechte Schaltplan aus dem linken durch Ersetzen sämtlicher Gatter durch NOR-Gatter. Dabei ist allerdings wie bei der NAND-Synthese zu beachten, daß im ursprünglichen Schaltplan keine Implikationen verwendet werden dürfen; sie müssen durch Vorschalten von Negationen aufgelöst werden.

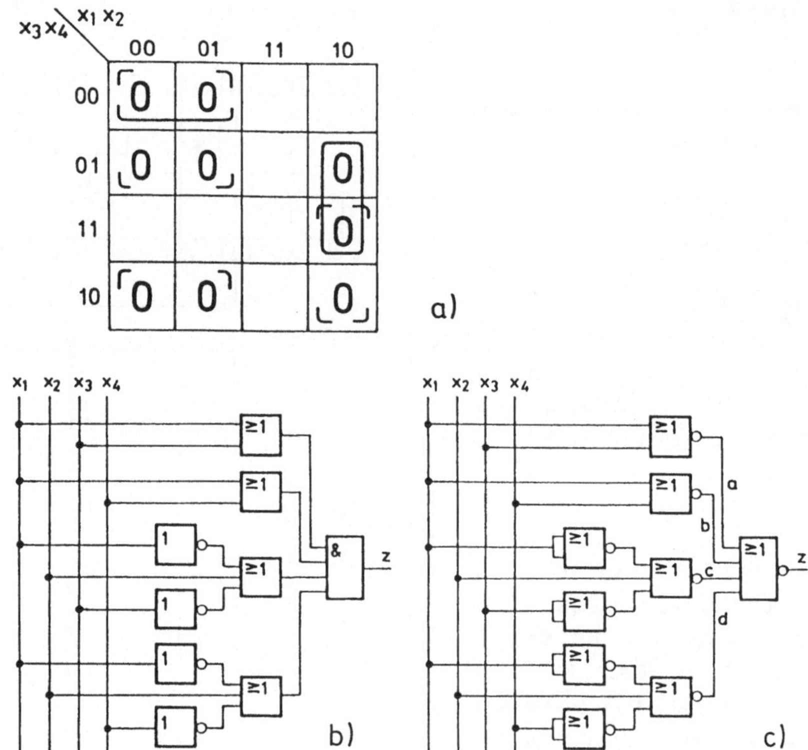

Bild 5.6. Beispiel für eine Schaltungs-
realisierung durch NOR-Gatter

Eine Algebra, die nur NAND- oder NOR-Verknüpfungen verwendet,
ist kommutativ:

$$x_1 | x_2 = x_2 | x_1, \quad \text{denn} \quad \overline{x_1 x_2} = \overline{x_2 x_1} \; ;$$
$$x_1 {\downarrow} x_2 = x_2 {\downarrow} x_1, \quad \text{denn} \quad \overline{x_1 \vee x_2} = \overline{x_2 \vee x_1} \; .$$

Eine solche Algebra ist aber nicht assoziativ:

$$x_1{\downarrow}x_2{\downarrow}x_3 \neq x_1{\downarrow}(x_2{\downarrow}x_3) \neq (x_1{\downarrow}x_2){\downarrow}x_3 \neq x_2{\downarrow}(x_1{\downarrow}x_3),$$

was sofort aus dem folgenden Beispiel erkennbar ist:

$$x_1{\downarrow}x_2{\downarrow}x_3 = \overline{x_1 \vee x_2 \vee x_3} = \overline{x}_1\overline{x}_2\overline{x}_3 ;$$

$$x_1{\downarrow}(x_2{\downarrow}x_3) = \overline{x_1 \vee \overline{(x_2 \vee x_3)}} = \overline{x}_1(x_2 \vee x_3) = \overline{x}_1 x_2 \vee \overline{x}_1 x_3 .$$

Im Bild 5.6c der mit NOR aufgebauten Schaltung des besprochenen Beispiels kommt eine NOR-Funktion mit vier Eingängen (a,b,c,d) vor. Sollten nur NOR-Gatter mit zwei und drei Eingängen verfügbar sein, dann muß die eben erwähnte Tatsache beachtet werden, daß das Assoziativ-Gesetz nicht gilt, denn es ist $(a{\downarrow}b{\downarrow}c{\downarrow}d) \neq (a{\downarrow}b){\downarrow}(c{\downarrow}d)$ oder $(a{\downarrow}b{\downarrow}c{\downarrow}d) \neq a{\downarrow}(b{\downarrow}c{\downarrow}d)$; usw. Am Ausgang der Schaltung müßte dies daher z.B. so berücksichtigt werden wie im Bild 5.6c gezeigt.

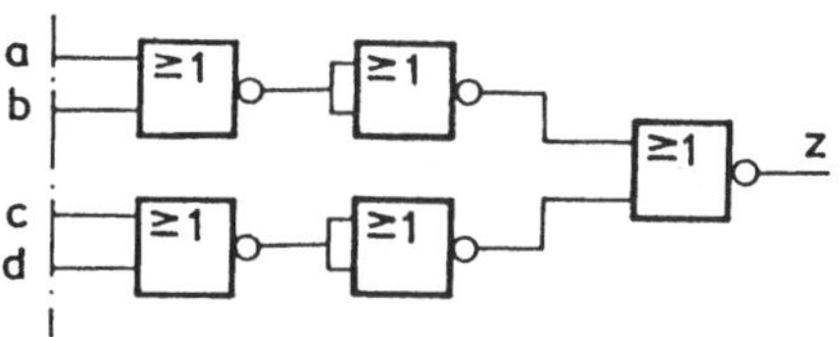

Bild 5.6d. Ersatz des NOR-Gatters mit vier Eingängen durch Gatter mit zwei Eingängen (zu Bild 5.6c)

Allerdings sind auch einfachere Lösungen möglich. Es sind nämlich verschiedene Verfahren bekannt geworden, nach denen auch eine etwas weitere Vereinfachung der aus NAND- bzw. NOR-Gattern aufgebauten Schaltungen möglich ist, um Schaltelemente einzusparen. So wurde u.a. von Pessen (1976) ein aus sechs einzelnen Schritten bestehendes Verfahren veröffentlicht, das zunächst ebenfalls von der konjunktiven Normalform ausgeht und schließlich eine NOR-Realisierung liefert, die in den meisten Fällen (aber nicht immer) eine geringere Anzahl von Gattern erfordert als das hier besprochene einfache Vorgehen. Mit diesem Verfahren, das jedoch hier nicht besprochen wird, würde sich für das im Bild 5.6c dargestellte Beispiel eine gleichwertige Schaltung nach Bild 5.7 ergeben. Dabei werden zwei Gatter weniger benötigt.

Der Leser kann die Gleichwertigkeit der Schaltungen leicht nachprüfen. Allerdings gilt auch hier die schon zu Beginn des Kapitels 4 im Zusammenhang mit der Verwendung von integrierten Schaltkreisen gemachte Bemerkung. Es muß im Einzelfall entschieden werden, ob ein erhöhter Entwurfs- und Rechenaufwand die Einsparung eines ICs lohnt.

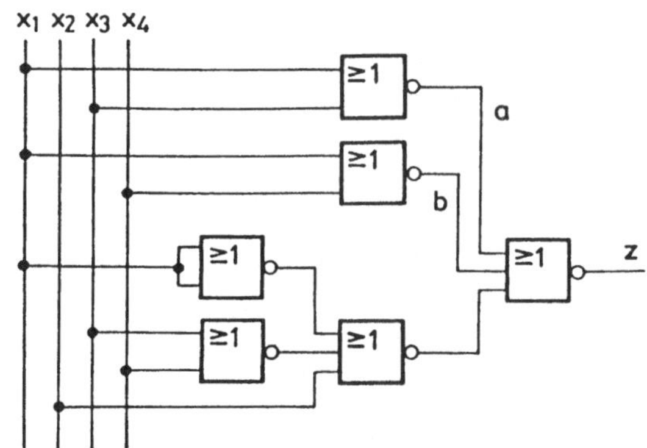

Bild 5.7. Vereinfachte Realisierung der Schaltung aus Bild 5.6c

6 Vermeiden von Fehlschaltungen (Hazards)

Beim Entwurf von asynchron arbeitenden Steuerungen als VPS muß
die Möglichkeit des Auftretens von sog. **statischen** oder **dynamischen Störungen (Hazards)** beachtet werden. Nicht zuletzt
durch die nach den Methoden der Funktions-Minimierung vorgenommene Vereinfachung einer Schaltung kann nämlich die Gefahr
für das Auftreten solcher Störungen entstehen. Unter Hazards
in kombinatorischen Schaltungen versteht man mögliche Fehler
im Übergangsverhalten der Schaltungen derart, daß die Ausgangssignale vorübergehend den Gesetzen der Schaltalgebra
widersprechen. Die Fehler werden u.a. durch unterschiedliche
Laufzeiten in den einzelnen Signalpfaden und durch unterschiedliche Schaltzeiten der Verknüpfungselemente bedingt. Die
Bezeichnung "Hazards" bringt zum Ausdruck, daß solche Störungen möglich sind, jedoch nicht unbedingt auftreten müssen. Die
Möglichkeit muß eben vermieden werden. Besonders von Bedeutung
war das Hazard-Phänomen im Zusammenhang mit Relaisschaltungen,
worauf schon von Keister et al. (1957), von Huffman (1957) und
danach von vielen anderen Autoren verwiesen wurde. Eine ausführliche Untersuchung erfuhr die Frage der Fehlschaltungen
von Beister (1972).

Zunächst sei die Erscheinung des **statischen** Hazards betrachtet. Ein statisches gestörtes Ausgangssignal liegt dann vor,
wenn beim Übergang von einer Eingangsbelegung zu einer anderen, welche ebenso wie die erste am Ausgang eine Eins (bzw.
Null) hervorruft, ein kurzzeitiges Null- (bzw. Eins-) Signal
erzeugt wird. Das linke Schaltfolgediagramm in Bild 6.1 zeigt
ein gestörtes Einssignal des Ausganges z (Eins-Hazard), das
rechte Diagramm zeigt ein gestörtes Null-Signal des Ausganges
z (Null-Hazard). Eine derartige Störung kann dann auftreten,
wenn bei Übergang von einer Eingangsbelegung $j \in M_1$ (bzw.
$j \in M_0$) zu einer anderen Belegung $j \in M_1$ (bzw. $j \in M_0$) eine oder
mehrere Eingangsvariable ihren Wert ändern. Wie kann es nun
dabei zum Auftreten der Hazards kommen? An einem Beispiel soll
dies gezeigt werden.

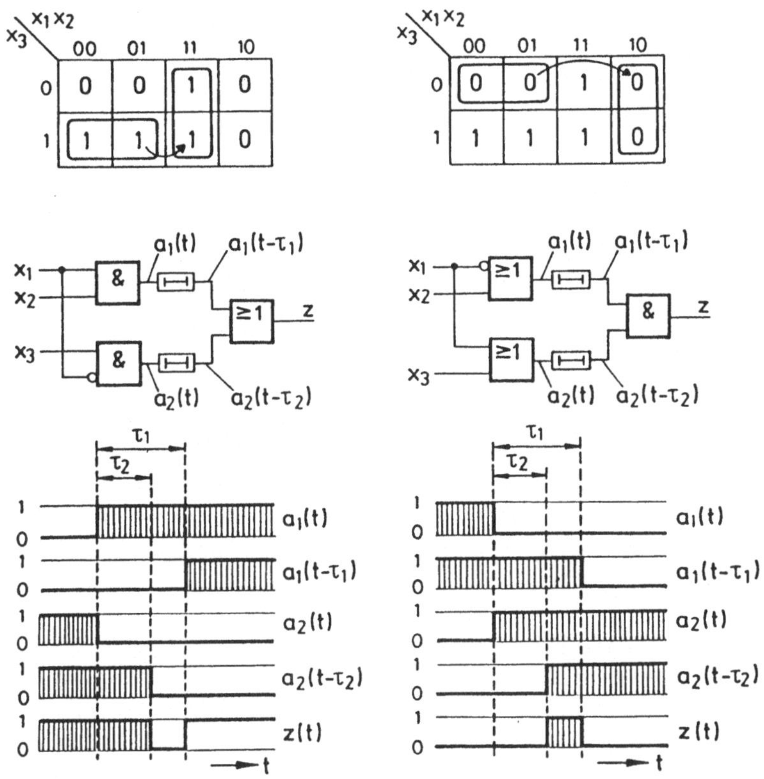

Bild 6.1. Zur Erklärung statischer Hazards

Wird die Funktion

$$z = x_1 x_2 x_3 \vee x_1 x_2 x_3 \vee x_1 x_2 x_3 \vee x_1 x_2 x_3$$

minimiert, dann besteht die disjunktive Minimalform aus zwei Primimplikanten:

$$z = x_1 x_3 \vee x_1 x_2 .$$

Der linke Teil des Bildes 6.1 zeigt das K-Diagramm und den Schaltplan dieser Minimalform. Es habe das Und-Glied eine Schaltzeit τ_1 und das Inhibitions-Glied eine Schaltzeit τ_2, wobei $\tau_1 > \tau_2$ ein möge. Die Schaltzeit des Oder-Gliedes und die Laufzeiten der Signalpfade sind für diese Überlegung vernachlässigt; die Schaltzeiten der Elemente sind dabei als Verzögerung in deren Ausgangs-Signalpfaden dargestellt. Wird nun das Übergangsverhalten für den Wechsel von der Eingangsbelegung 011 zu 111 in einem Zeitdiagramm (Schaltfolgediagramm)

betrachtet, dann erhält man ein statisches Eins-Hazard wie in
dem zugehörigen Schaltfolgediagramm dargestellt. Für das Oder-
Glied am Ausgang entstehen nämlich an Stelle des Übergangs von
dessen Eingangsbelegung 01 zu 10 die vorgetäuschten Übergänge
(01,00,10). Wenn $\tau_1 < \tau_2$, dann ergibt sich dasselbe Hazard für
den Übergang in umgekehrter Richtung, also von 111 zu 011.

Ebenso tritt in der im rechten Teil des Bildes 6.1 dargestellten Schaltung für die konjunktive Minimalform

$$z = (\bar{x}_1 \vee x_2)(x_1 \vee x_3)$$

der obigen Funktion ein statisches Null-Hazard z.B. beim Übergang von der Eingangsbelegung 000 zu 100 auf, wenn die Schaltzeit τ_2 des Oder-Gliedes kleiner ist als die Schaltzeit τ_1
der Implikation. Für das Und-Glied am Ausgang der Schaltung
wird jetzt an Stelle von dessen Eingangsbelegungs-Übergang 10
zu 01 der Übergang (10,11,01) vorgetäuscht.

Man kann durch weitere Schaltfolgediagramme erkennen, daß bei
einem Wechsel der Eingangsbelegungen innerhalb der Schleifen
(Primimplikanten) im K-Diagramm keine Hazards auftreten können. Bei obigem Beispiel sind die Hazards deshalb möglich,
weil eben beim Übergang von $\bar{x}_1$ zu x_1 bzw. umgekehrt ein
Schaltelement (eine Schleife im K-Diagramm, also ein Primimplikant) fehlt, das den Funktionswert Eins bzw. Null des
Ausgangs festhält. Die im K-Diagramm Bild 6.2 zusätzlich
eingetragenen Schleifen übernehmen diese Aufgabe und beseiti-
gen die oben beschriebenen Hazards.

Ein Implikant bzw. Primimplikant einer gegebenen kombinatorischen Funktion weist also kein statisches Eins-Hazards auf,
wenn eine oder mehrere der Variablen, die in dem Implikanten nicht vorkommen, einzeln oder gleichzeitig die Belegung ändern. Um weitgehend Eins-Hazardfreiheit zu errei-chen, wird eine

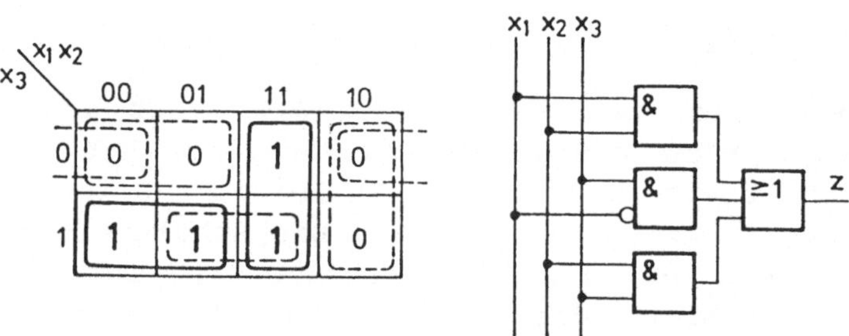

Bild 6.2. Vermeiden des statischen
Hazards in der Schaltung nach Bild 6.1

kombinatorische Funktion daher als disjunktive Verknüpfung aller Primimplikanten angegeben. Die weitest mögliche Null-Hazardfreiheit einer kombinatorischen Funktion wird in gleicher Weise dadurch erreicht, daß alle Prim-Nullimplikanten (Primimplikantenfaktoren; größtmögliche Nullschleifen) zur Bildung der Funktion konjunktiv verknüpft werden. Derartige Schaltzeit-bedingte statische Hazards können also im allgemeinen durch im Sinne der Minimierung schaltalgebraisch redundante Schaltungen vermieden werden.

Bisher wurden nur Übergänge betrachtet, die innerhalb der Schleifen des K-Diagramms stattfinden. Bei Übergängen zwischen Eingangsbelegungen $j \in M_1$ mit mehrfachem Signalwechsel (mehrere Eingangsvariable ändern dabei ihre Belegung) ist die Hazardgefahr größer; die Übergänge erfolgen u.U. nicht mehr innerhalb von Primimplikanten-Schleifen.

Im vorhergehenden Beispiel ist folgender Übergang mit doppeltem Signalwechsel möglich: 001 → 111. Dabei können bei unterschiedlichen Signallaufzeiten bzw. Schaltzeiten, je nachdem welche Variable sich schneller ändert, zwei verschiedene "Wege" gegangen werden (siehe Bild 6.3a):

001 - 011 - 111;
001 - <u>101</u> - 111

Der erste Übergang entspricht dem vorher besprochenen Fall und ist bei Verwendung der Schaltung nach Bild 6.2 hazardfrei. Der zweite Übergang kann am Ausgang kurzzeitig z = 0 verursachen. Es ist auch ein Übergang mit dreifachem Signalwechsel denkbar: 001 → 110; dabei sind u.a. folgende "Wege" möglich (siehe Bild 6.3b):

001 - <u>101</u> - 111 - 110,
001 - 011 - 111 - 110,
001 - <u>000</u> - <u>010</u> - 110,
001 - <u>000</u> - <u>100</u> - 110,   u.s.w.

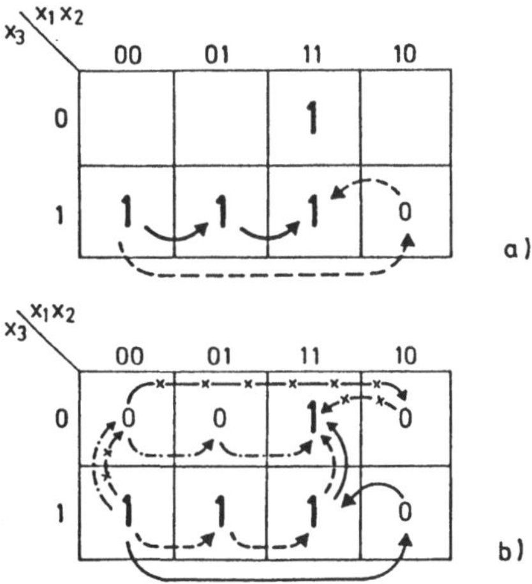

Bild 6.3. Zur Erklärung statischer Hazards bei mehrfachem Signalwechsel

Die unterstrichenen vorübergehenden Eingangsbelegungen können kurzzeitige Null-Belegungen des Ausgangs (statische Eins-Ha-

zards) verursachen. Die sinngemäß gleichen Überlegungen gelten ebenso für statische Null-Hazards. Die beschriebene Art
von statischen Hazards kann nicht mehr, wie vorher dargestellt, wie bei einfachem Signalwechsel verhindert werden,
sondern beim Entwurf asynchroner sequentieller Steuerungen
müssen dann andere Maßnahmen getroffen werden. So wurden z.B.
von Roddeck (1977) grundsätzlich hazardfreie Schaltelemente
entworfen.

Eine weitere Art der Laufzeit-bedingten Störungen sind **dynamische Hazards.** Ein dynamisch gestörtes Ausgangssignal liegt
dann vor, wenn beim Übergang von einer Eingangsbelegung $j \in M_0$
(bzw. $j \in M_1$) zu einer anderen Eingangsbelegung $j \in M_1$ (bzw.
$j \in M_0$) am Ausgang nicht, wie gewünscht, eine einmalige Änderung von Null auf Eins (bzw. umgekehrt) stattfindet, sondern
wenn drei oder mehrere Änderungen erfolgen (siehe Schaltfolgediagramm des Bildes 6.4). In der zugehörigen Schaltung kann
unter gewissen Bedingungen ein derartiges dynamisches Hazard
auftreten: Die Funktion dieses Beispiels ist so verschaltet,
daß die Inhibition aus einem Negator und einem Und-Glied

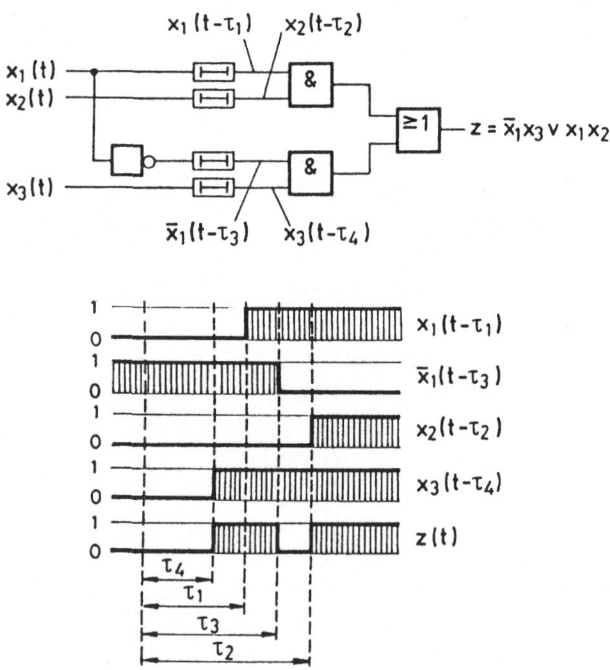

Bild 6.4. Zur Erklärung dynamischer Hazards

gebildet wird. Den Signalpfaden sind verschiedene Laufzeiten und der Negation eine Schaltverzögerung zugeordnet, wobei $\tau_4 < \tau_1 < \tau_3 < \tau_2$ möge. Betrachtet man dann den Übergang von der Eingangsbelegung 000 zu 111 im Schaltfolgediagramm, dann erhält man ein dynamisches Hazard. Das Hinzufügen des zum Vermeiden des statischen Hazards notwendigen redudanten Primterms x_2x_3 kann dieses dynamische Hazard nicht verhindern. Im allgemeinen garantiert das Eliminieren von statischen Hazards nicht notwendigerweise auch das Vermeiden von dynamischen Störungen. Ein Vermeiden des Hazards wäre in diesem speziellen Fall nur durch Abgleich der Signalpfade (Vergrößern von τ_3) möglich. An sich sind dynamische Hazards schwieriger zu vermeiden als statische Störungen, sie treten allerdings seltener auf.

Das Auftreten von Hazards ist für kombinatorische Schaltungen ohne große Bedeutung, weshalb dieser Abschnitt mit der kurzen Darstellung dieser Erscheinung auch schon abgeschlossen werden kann. Wenn allerdings kombinatorische Schaltungen Bestandteil von asynchronen sequentiellen verbindungsprogrammierten Steuerungen sind (siehe Abschnit 9.2), dann werden durch die Störungen für den sequentiellen Teil u.U. falsche Belegungsfolgen vorgetäuscht, was ein Fehlverhalten der Steuerung verursachen kann. Von dieser Art der Störungen abgesehen treten in asynchronen sequentiellen Schaltungen auch noch weitere Arten von ähnlichen Störungen auf, die besondere Berücksichtigung beim Schaltungsentwurf finden müssen.

Die wesentliche Bedeutung der Hazards lag zunächst bei den Relais-Schaltkreisen. Von ähnlicher Bedeutung ist das Hazard-Phänomen aber nach wie vor bei den mit Relais-ähnlichen pneumatischen Elementen realisierten Schaltungen soweit diese noch angewandt werden. Aber auch bei elektronischen asynchronen Schaltungen ist das Studium des Zeitverhaltens der Schaltungen wichtig. Da die einzelnen Laufzeiten bzw. Schaltzeiten oft nur schwer meßbar, außerdem noch abhängig von Temperatur, Alterung, Betriebsspannung sind, ist ein verläßlicher Abgleich der Schaltungen sehr schwer. Es sollte also schon beim Entwurf der Schaltungen die Wahrscheinlichkeit des Auftretens von Hazards möglichst herabgesetzt werden.

B Sequentielle Steuerungen

7 Speicher und Flipflops

7.1 Einführung

Das Merkmal der bisher behandelten kombinatorischen Schaltungen ist, daß sie am Ausgang nur solche Signalzustände bewirken, die im Sinne schaltalgebraischer Verknüpfungen durch die am Schaltungseingang augenblicklich wirksamen Belegungen eindeutig bestimmt sind. Wie schon im Kapitel 1 definiert, ist jedoch bei sequentiellen Steuerungen diese eindeutige Zuordnung nicht mehr gegeben; vielmehr hängen die Ausgangsbelegungen auch von der Reihenfolge (der Sequenz) der Eingangsbelegungen ab. Die einfachsten sequentiellen Schaltungen sind Speicherfunktionen und Flipflops und diese stellen auch die Grundbausteine sequentieller Steuerungen dar. Eine sequentielle Steuerung, insbesondere eine Freifolgesteuerung, muß auf eine bestimmte Reihenfolge der Eingangsbelegungen reagieren können. Dazu braucht sie ein "Gedächtnis" und dieses wird durch Speicherfunktionen gebildet. Kennzeichen einer Speicherfunktion ist, daß es zumindest eine Eingangsbelegung gibt, bei der verschiedene Ausgangsbelegungen möglich sind und zwar derart, daß, eben bei Übergang auf diese bestimmte Eingangsbelegung, die Ausgangsbelegung mit der vor diesem Übergang vorhandenen Ausgangsbelegung übereinstimmt. Die vorher vorhandene Belegung wird also beibehalten; sie wird gespeichert.

Eine sequentielle Steuerung wird sowohl in der Modellvorstellung als auch in der hardwaremäßigen Ausführung als VPS aus kombinatorischen Schaltungen und aus Speicherfunktionen aufgebaut. Die jeweiligen Ausgangsbelegungen dieser Speicher werden als **innere Zustände** der Steuerung bezeichnet; um diese von den Ausgängen der Steuerung ($z_1, z_2, \ldots$) zu unterscheiden, werden die Speicherausgänge grundsätzlich mit $y_1, y_2, \ldots$ gekennzeichnet. Da bei einem Speicher jeweils zwei aufeinander folgende Zustände betrachtet werden müssen, ist eine Unterscheidung dieser beiden Zustände nötig. Dafür sind in der Literatur verschiedene Schreibweisen üblich. Am einfachsten erscheint es, Eingangsbelegung und Speicherausgang des "augenblicklichen" (wie wir später sehen werden als verzögert aufgefaßten) Zustandes mit j, k; y, und die Belegungen im "nächsten", darauf folgenden Zustand mit j', k'; y' zu bezeichnen. Damit gilt allgemein für eine Speicherfunktion:

$$y' = f(j; y) = f(x_1, \ldots, x_n; y).\qquad\qquad (7.1)$$

Wie ist nun eine solche Speicherfunktion d.h. Speichergleichung herzuleiten, wie können diese Speicher z.B. in einem K-Diagramm dargestellt und hinsichtlich des Verknüpfungsaufwandes minimiert und wie können Speicher letztlich durch Schaltelemente realisiert werden? Bei Behandlung dieser Fragen wird anschließend weitgehend der von Vingron (1971) eingeführten Darstellungsweise gefolgt, die auch von Fasol und Vingron (1975) übernommen wurde.

Bei der Definition kombinatorischer Schaltungen wurde die Menge aller möglichen Eingangsbelegungen in die komplementären Untermengen

$$M_0 := \{j \mid j \rightarrow z = 0\}\,,\qquad M_1 := \{j \mid j \rightarrow z = 1\}$$

aufgeteilt. Sinngemäß werden zur Definition einer Speicherfunktion die folgenden komplementären Untermengen der Menge M aller Eingangsbelegungen sowie die diesen Untermengen zugeordneten sog. charakteristischen Funktionen definiert:

$$M_0 := \{j \mid j \rightarrow y' = 0\}\,,\qquad \mu_0 := \bigvee_{j \in M_0} k_j(n)\,;$$

$$M_1 := \{j \mid j \rightarrow y' = 1\}\,,\qquad \mu_1 := \bigvee_{j \in M_1} k_j(n)\,;$$

$$M_y := \{j \mid j \rightarrow y' = y\}\,,\qquad \mu_y := \bigvee_{j \in M_y} k_j(n)\,.\qquad (7.2a)$$

M_0 ist die Menge aller jener Eingangsbelegungen j, die immer (unabhängig von der augenblicklichen Ausgangsbelegung) $y' = 0$ erzeugen. Entsprechend besteht die Menge M_1 aus allen Eingangsbelegungen j, die immer (unabhängig von der momentanen Ausgangsbelegung) $y' = 1$ erzeugen. Für die Elemente der Menge M_y ist hingegen auch der Wert der momentanen Speicherausgangsbelegung von Bedeutung. M_y ist die Menge aller Eingangsbele-

gungen j, die das Beibehalten der Ausgangsbelegung bewirken
($y' = y$). Die Eingangsbelegungen $j \in M_0$ werden als **löschende
Eingangsbelegungen**, $j \in M_1$ als **setzende Eingangsbelegungen** und
$j \in M_y$ als **speichernde Eingangsbelegungen** bezeichnet. Bei
Speicherfunktionen kommen immer alle drei Untermengen M_0, M_1
und M_y vor und es werden mit ihrer Hilfe die booleschen
Funktionen μ_0, μ_1 und μ_y definiert, die genau dann Eins
werden, wenn jeweils eine Eingangsbelegung aus der betreffenden Menge ansteht. Für die Mengen M_0, M_1, M_y gelten die mengentheoretischen Verknüpfungen wie Durchschnitt und Vereinigung. Für die diesen Mengen zugeordneten charakteristischen
Funktionen μ_0, μ_1, μ_y gelten die entsprechenden schaltal-
gebraischen Verknüpfungen.

$$M_0 \cup M_1 \cup M_y = M ; \qquad \mu_0 \vee \mu_1 \vee \mu_y = 1 .$$

Mit Hilfe der Untermengen M_0, M_1, M_y kann eine Speicherfunktion folgendermaßen erklärt bzw. definiert werden: Eine
Schaltfunktion mit n Eingangs- und einer Ausgangsvariablen ist
dann eine Speicherfunktion, wenn jeder der Untermengen M_0, M_1,
M_y (und nur ihnen) mindestens eine der 2^n Eingangsbelegungen
zugeordnet werden kann.

Es soll nun an einem **Beispiel** das Verhalten einer solchen
Speicherfunktion gezeigt und dann zunächst anhand dieses
Beispiels nach einer algebraischen Beschreibungsmöglich-
keit für Speicherfunktionen gesucht werden.

Es werde also eine willkürlich gewählte Speicherfunktion
mit zwei Eingangsvariablen x_1 und x_2 und einer Ausgangsvariablen y in Bild 7.1 durch ein sog. 'Schaltfolgediagramm
beschrieben:

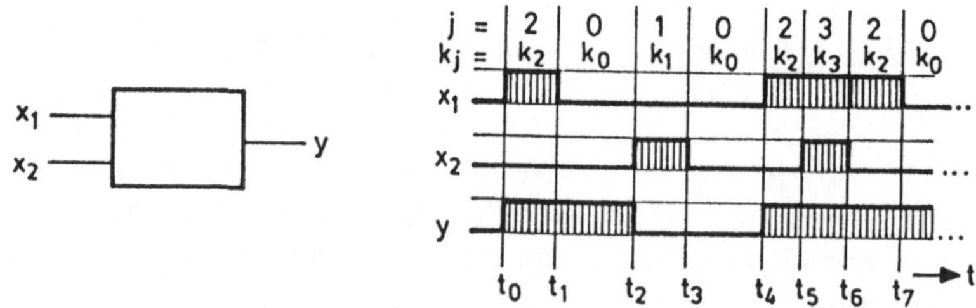

Bild 7.1. Zeitverhalten einer Speicherfunktion mit zwei Eingängen

In diesem Schaltfolgediagramm werden die Verläufe der
Signale über der Zeit aufgetragen. Jedesmal, wenn sich
eine Eingangsbelegung j ändert, wird dies durch eine Zeit-
linie t_0, t_1, t_2,... markiert. Das Ausgangssignal des
Speichers kann sich nur ändern, wenn sich eine Eingangsbelegung ändert. Betrachtet man das Schaltfolgediagramm, so
erkennt man, daß die Ausgangsvariable y bei den Belegungen
j = 1,2,3 für jedes dieser j einen bestimmten Wert (entweder 0 oder 1) annimmt. Die Menge aller Eingangsbelegungen
ist M = {0,1,2,3} . Die Belegungen j = 2 und j = 3
erzeugen für die Ausgangsvariable y immer den Wert Eins,
d.h. M_1 = {2,3} . Die Belegung j = 1 erzeugt für die
Ausgangsvariable immer den Wert Null, d.h. M_0 = {1}. Ein
anderes Verhalten zeigt die Ausgangsvariable y bei Auftreten der Eingangsbelegung j = 0. Zwischen den Zeitpunkten
t_1 und t_2 ist y = 1, aber zwischen t_3 und t_4 ist y = 0.
Aus dem Schaltfolgediagramm kann man erkennen, daß die
Ausgangsvariable y immer dann ihren Wert y = y′ beibehält,
wenn ein Übergang auf j = 0 erfolgt. Die Menge der speichernden Eingangsbelegungen ist demnach M_y = {0} .

Unter Verwendung der Minterme k_j erhält man für diesen
Speicher die vorhin definierten charakteristischen
Funktionen:

$$\mu_0 = \bigvee_{j \in M_0} k_j = k_1 = \bar{x}_1 x_2 \quad ,$$

$$\mu_1 = \bigvee_{j \in M_1} k_j = k_2 \vee k_3 = x_1 \bar{x}_2 \vee x_1 x_2 = x_1 \quad ,$$

$$\mu_y = \bigvee_{j \in M_y} k_j = k_0 = \bar{x}_1 \bar{x}_2 \quad . \tag{7.3}$$

Mit Hilfe der an diesem Beispiel erklärten charakteristischen
Funktionen sollte nun eine algebraische Beschreibung der Speicherfunktion d.h. die Herleitung einer Speichergleichung möglich sein.

7.2 Berechnung und Darstellung von Speicherfunktionen

7.2.1 Speichergleichung und Speicherdarstellung im K-Diagramm

Entsprechend der vorher gegebenen Erklärung einer Speicherfunktion kann diese zunächst verbal wie folgt definiert werden: Den Definitionen von M_1 und M_y entsprechend hat die Ausgangsvariable y' eines Speichers genau dann den Wert Eins, wenn

eine Eingangsbelegung $j \in M_1$ ansteht (unabhängig von y),
oder

eine Eingangsbelegung $j \in M_y$ ansteht **und** vor dem Übergang auf diese Eingangsbelegung bereits y = 1 auftrat.

Diese Aussage wird mit den charakteristischen Funktionen algebraisch in Form der folgenden Speichergleichung geschrieben:

$$y' = \mu_1 \vee \mu_y \cdot y \quad . \qquad\qquad (7.4)$$

Aufgrund dieser Formulierung kann eine Art Karnaugh-Diagramm (Bild 7.2) ausgefüllt werden, bei dem außer der Variablen y die Mengen der Eingangsbelegungen (M_0, M_1, M_y) als Randbezeichnungen verwendet werden. In die Felder des Diagramms werden die Werte von y' eingetragen. Da die Randbezeichnungen Mengen von Eingangsbelegungen sind, entfällt in diesem Fall die Bedingung, daß die Anzahl der Felder 2^n sein muß. Im Diagramm tritt bei M_1 unabhängig von y, d.h. sowohl bei y = 0 als auch bei y = 1, der Wert y' = 1 auf. Bei M_y hingegen tritt nur bei y = 1 auch y'= 1 auf.

Eine nach Gl.(7.4) realisierte Speicherfunktion muß in bezug auf den Gatteraufwand noch nicht minimiert sein, sondern kann auf folgende Weise weiter vereinfacht werden: Aus der Menge M_1 wird eine möglichst große Untermenge M_{1u} gebildet, die alle jene $j \in M_1$ enthält, die (im Sinne größtmöglicher Schleifenbildung im K-Diagramm) den speichernden Belegungen $j \in M_y$ benachbart sind. Der Untermenge $M_{1u} \subseteq M_1$ entspricht die charakteristische Funktion

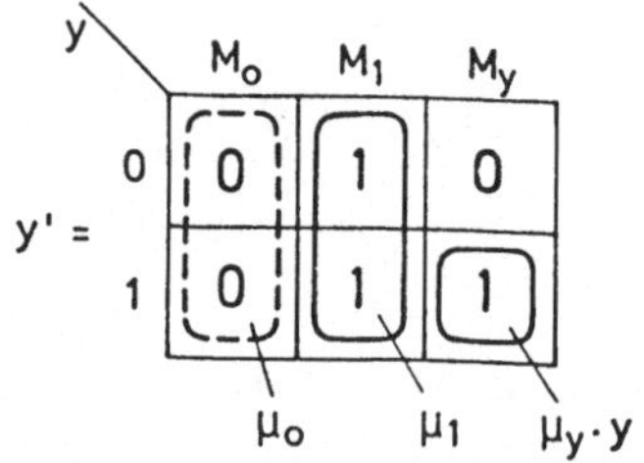

Bild 7.2. Darstellung der Speichergleichung

$$\mu_{1u} := \bigvee_{j \in M_{1u}} k_j(n) \ . \tag{7.2b}$$

Im Diagramm aus Bild 7.2 werden dann die im Bild 7.3 angegebenen Schleifen eingetragen. Die horizontale Schleife enthält
zwei Einsen, wobei die linke Eins den Term $\mu_{1u}y$ und die
rechte den Term $\mu_y y$ liefert. Damit wird die sog. **Allgemeine
Speichergleichung**

$$y' = \mu_1 \ v \ (\ \mu_{1u} \ v \ \mu_y) \ y \tag{7.5}$$

formuliert, die zu einem Speicher
mit minimalem Aufwand an Schaltelementen führt. Natürlich kann
die allgemeine Speichergleichung
(7.5) auch algebraisch korrekt
hergeleitet werden. Die Verwendung der Untermenge M_{1u} dient
jedoch nicht nur der Schaltungsminimierung, sie führt auch zu
zumindest teilweiser Hazardfreiheit der Speicher, worauf noch
später zurückgekommen wird.

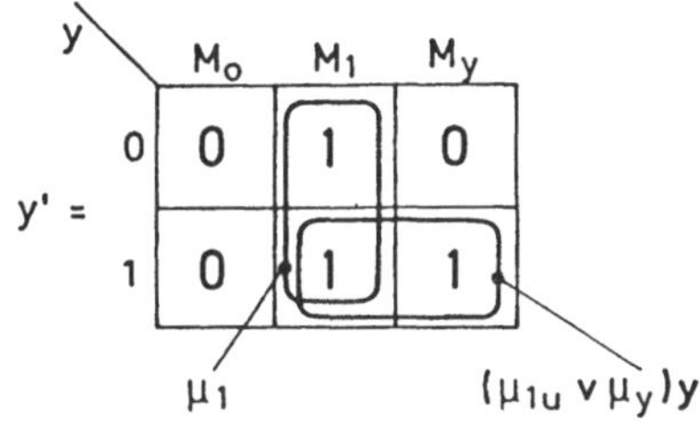

Bild 7.3. Darstellung
der allgemeinen Spei-
chergleichung

Mit den Funktionen μ_1 und μ_y aus Gl.(7.3) kann die
Gleichung des für Bild 7.1 als Beispiel gewählten Speichers zunächst nach Gl.(7.4) angeschrieben werden:

$$y' = x_1 \ v \ \bar{x}_1 \bar{x}_2 y.$$

Wird aus der Menge $M_1 = \{2,3\}$ die Eingangsbelegung $j = 2$
bzw. der Minterm $k_2 = x_1 \bar{x}_2$ als Untermenge M_{1u} gewählt,
dann ergibt die Verwendung dieser Untermenge eine ein-
fachere Form. Der Term $\mu_{1u} = k_2 y = x_1 \bar{x}_2 y$ ist im Term $\bar{x}_2 y$
enthalten; somit erhält man unter Verwendung der Funktion
$\mu_{1u} = x_1 \bar{x}_2$ aus Gl.(7.5):

$$y' = \mu_1 \ v \ (\ \mu_{1u} \ v \ \mu_y)y = x_1 \ v \ (x_1 \bar{x}_2 \ v \ \bar{x}_1 \bar{x}_2)y = x_1 \ v \ \bar{x}_2 y \ .$$

Anschaulicher ist jedoch die Speicherdarstellung bzw. die
Minimierung des Verknüpfungsaufwandes, wenn dazu wie bei kombinatorischen Schaltungen das K-Diagramm verwendet wird.

Für die **Darstellung von Speichern im K-Diagramm** gibt es zwei
gleichwertige Möglichkeiten. Bei der einen (Bild 7.4a) werden
nur die Eingangsvariablen als Randbezeichnung verwendet, während in das Diagramm 0,1 und auch y eingetragen wird. Entsprechend der Speicherdefinition muß mindestens eine 0, eine 1
und ein y auftreten. Die von Nullen bedeckte Fläche wird als
Untermenge M_0 interpretiert, während μ_0 den diese Fläche
beschreibenden algebraischen Ausdruck darstellt. Die von Einsen bedeckte Fläche stellt die Untermenge der setzenden Eingangsbelegungen M_1 dar; unter μ_1 wird die algebraische
Beschreibung dieser Fläche verstanden. Ebenso wird die Untermenge M_y durch die Gesamtheit der Elementarfelder charakteri-
siert, in denen y eingetragen ist; die algebraische Beschreibung dieser Fläche ist die Funktion μ_y.

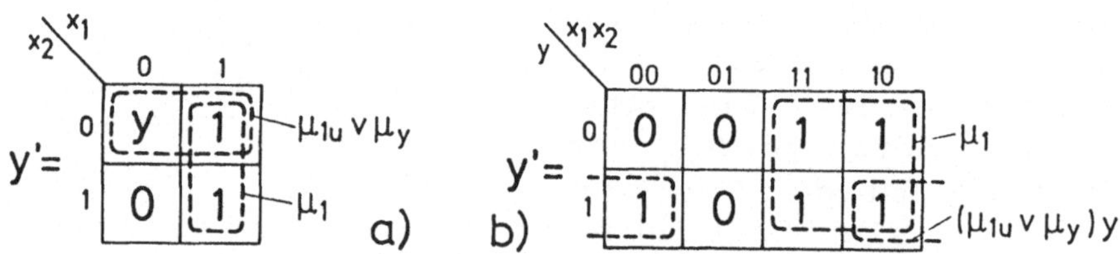

Bild 7.4. Darstellungen des Speichers aus Bild 7.1
und Gl.(7.3) in K-Diagrammen

Bei der zweiten Darstellungsmöglichkeit (nach Bild 7.4b)
wird der momentane Wert y der Speichervariablen selbst auch
als Randbezeichnung verwendet, so wie dies bereits bei der
Ableitung der allgemeinen Speichergleichung geschehen ist
(Bild 7.2, Bild 7.3). Ordnet man die Werte von y z.B. verti-
kal an, so erhält man Spalten des Diagramms, in denen nur 0
und andere, in denen nur 1 auftritt. Außerdem gibt es zumindest eine Spalte, in der bei y = 0 die Eintragung   y'= 0
und für y = 1 die Eintragung y'= 1 auftritt.

Für das hier verwendete Beispiel eines Speichers mit zwei
Eingängen x_1 und x_2 und einem Ausgang y, sowie $M_0 = \{1\}$,
$M_1 = \{2,3\}$ und $M_y = \{0\}$ ergeben sich die im Bild 7.4
gezeigten beiden Formen der Darstellung im K-Diagramm.

Ebenso wie bei kombinatorischen Schaltungen kann es natürlich
auch bei Speichern Eingangsbelegungen geben, die aufgrund der
Aufgabenstellung nicht vorkommen können bzw. dürfen. Wie schon
früher werden diese Eingangsbelegungen im K-Diagramm durch

früher werden diese Eingangsbelegungen im K-Diagramm durch
einen Strich "-" gekennzeichnet. Um den Speicher berechnen zu
können, muß diesen Feldern eine Eingangsbelegung aus einer der
drei Untermengen so zugeordnet werden, daß sich eine möglichst
einfache Speicherfunktion ergibt.

Im Bild 7.5 ist als **Beispiel** ein Speicher mit drei Eingängen im K-Diagramm dargestellt. Man erkennt sofort, daß die
redundanten Eingangsbelegungen am
besten als setzende Belegungen angenommen werden. Damit kann man für
die Untermenge M_{1u} bzw. für deren charakteristische Funktion
$\mu_{1u} = \overline{x}_3 (x_1 \vee \overline{x}_2)$ wählen und man
erhält die Speichergleichung
$y' = \overline{x}_3 \vee (x_1 \vee \overline{x}_2)y$.

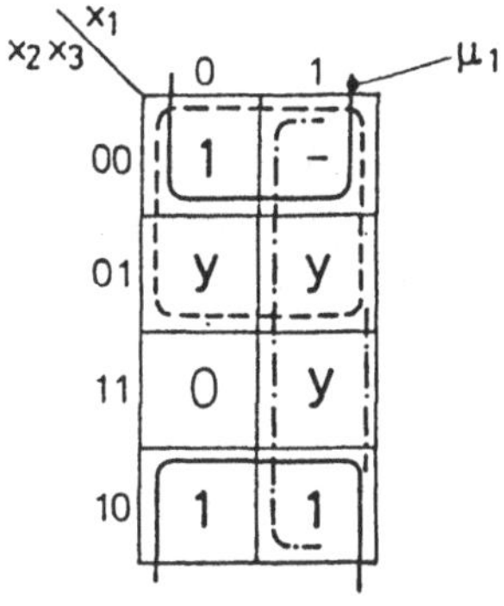

Es bleibt jetzt noch die Frage, wie
eine Speicherfunktion im Schaltplan
dargestellt, d.h. wie sie mit Gattern
realisiert werden kann.

Bild 7.5. Speicher-
berechnung bei re-
dundanter Eingangs-
belegung

7.2.2 Speicher als Selbsthaltekreise

Um die Speichergleichung $y' = \mu_1 \vee (\mu_{1u} \vee \mu_y)y$ mit Schaltsymbolen darstellen zu können, muß der Zusammenhang zwischen
dem momentanen und dem nächsten Wert der Speichervariablen (y
und y') genauer untersucht werden. Gemäß der Speichergleichung
ist y' unter anderem eine Funktion von y, d.h. in der Speichergleichung tritt y' als abhängige Variable (Ausgangsvariable), y hingegen als unabhängige Variable (Eingangsvariable)
auf. Andererseits beziehen sich y und y' auf eine einzige
Variable, deren Werte allerdings zu verschiedenen Zeiten betrachtet werden. Es läßt sich mit der allgemeinen Speichergleichung Gl.(7.5) algebraisch nachweisen (Fasol und Vingron,
1975), daß y als rückgekoppeltes Ausgangssignal y' aufgefaßt
werden kann. Damit ist die Speicherrealisierung mittels der
Schaltzeichen nach DIN 40700 d.h. auch hardwaremäßig durch
Schaltelemente möglich. Die Tatsache, daß mit y und y'
Funktionswerte zu zwei aufeinanderfolgenden Zeitpunkten ge-

dadurch berücksichtigt, daß (als Modellvorstellung) in der
Rückführung ein Verzögerungselement gedacht wird. Dieses Verzögerungselement soll die Schaltzeiten der Elemente und die
Signallaufzeiten symbolisieren. Damit kann die allgemeine
Speichergleichung (7.5) lt. Bild 7.6 dargestellt werden. Durch
die Rückkopplung des Speicherausgangs auf den Speichereingang
wird bei Übergang von einer löschenden oder setzenden auf eine
speichernde Eingangsbelegung der Speicherausgang festgehalten:
Der Speicher ist als **Selbsthaltekreis** realisiert. Da in der
Modellvorstellung des Speichers die Verzögerung in der Rückführung algebraisch jedoch nicht unbedingt erforderlich ist,
wird sie in allen folgenden Bildern nicht mehr gezeichnet. Da
aber alle Gatter eine gewisse, wenn auch sehr kurze Schaltzeit
haben, versteht es sich von selbst, daß bei einem als Selbsthaltekreis realisierten Speicher die Eingangsbelegungen länger
als diese Schaltzeit anliegen müssen.

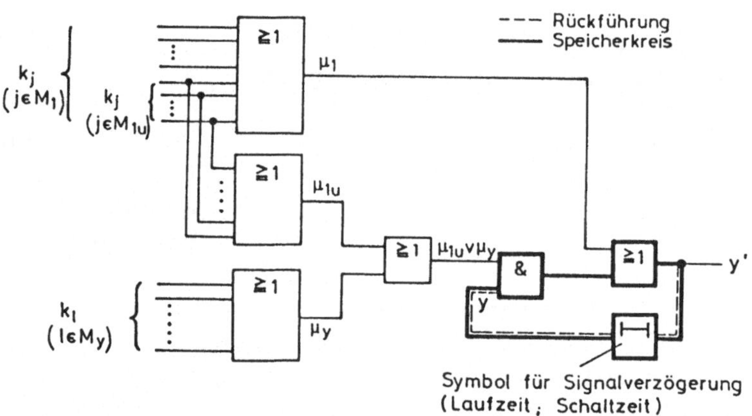

Bild 7.6. Darstellung der allgemeinen Speichergleichung (7.5) als Selbsthaltekreis

Es soll noch angemerkt werden, daß im Selbsthaltekreis statische Hazards wie in kombinatorischen Schaltungen möglich sind:
Und zwar können bei Übergängen zwischen setzenden und speichernden Eingangsbelegungen statische Eins-Hazards auftreten.
Ist beim Speicherentwurf die Wahl einer Untermenge $M_{1u} \subset M_1$
möglich, dann ist jedoch dieser Speicher für Übergänge zwischen $j \in M_{1u}$ und $j \in M_y$ hazardfrei. Kann $M_{1u} = M_1$ gewählt
werden, dann besteht bei allen Übergängen zwischen setzenden
und speichernden Eingangsbelegungen Eins-Hazardfreiheit. Genau
so verhält sich eine zur ursprünglichen Speicherfunktion

negierte Funktion hinsichtlich der Null-Hazardfreiheit, was schließlich zum RS-Flipflop (siehe Abschnitt 7.3) führt.

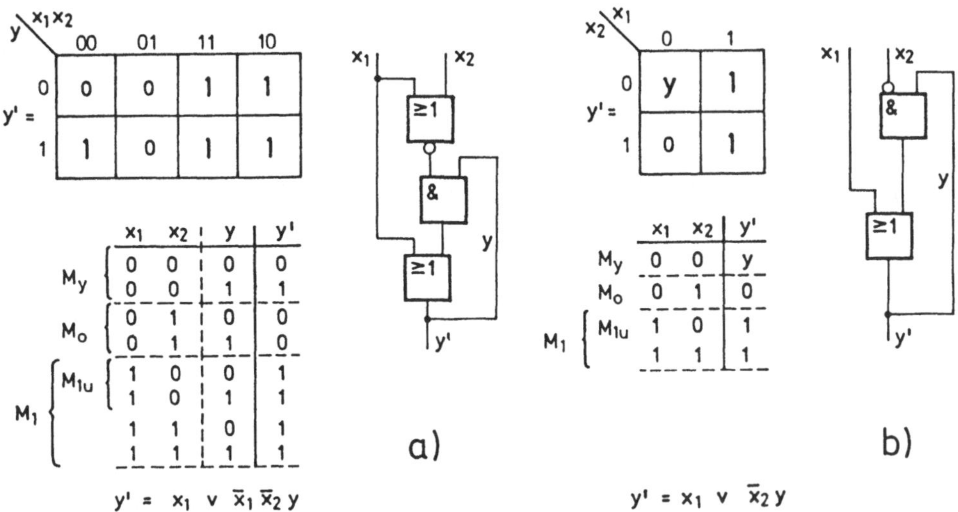

Bild 7.7. Die in diesem Abschnitt als Beispiel behandelte Speicherfunktion dargestellt durch Speichergleichung, Funktionstabelle, K-Diagramm und Logikplan.   a) nach Gl.(7.4),   b) nach Gl.(7.5)

Die Ausführungen dieses Abschnitts können zunächst dadurch vervollständigt werden, daß die für Bild 7.1 und Bild 7.4 als Beispiel gewählte Speicherfunktion nun auch als Selbsthaltekreis dargestellt wird. Dies ist im Bild 7.7 geschehen, wo die beiden sich nach Gln.(7.4) und (7.5) ergebenden Realisierungen mit allen Beschreibungsformen zusammengestellt sind. Es handelt sich um den sog. dominierend setzenden Speicher (siehe Bild 7.9).

Den Abschluß bildet noch ein weiteres **Beispiel** für die Realisierung einer Speicherfunktion als Selbsthaltekreis: Es werde angenommen, daß sich bei Lösung einer bestimmten Aufgabe die Speicherdarstellung im K-Diagramm nach dem Bild 7.8a ergeben habe. Dieser Speicher sei unter ausschließlicher Verwendung von NAND-Elementen als Selbsthaltekreis zu realisieren. Diese Aufgabe wird in Bild 7.8 gelöst, was nach den Ausführungen dieses Abschnitts sowie nach Kapitel 5 möglich ist.

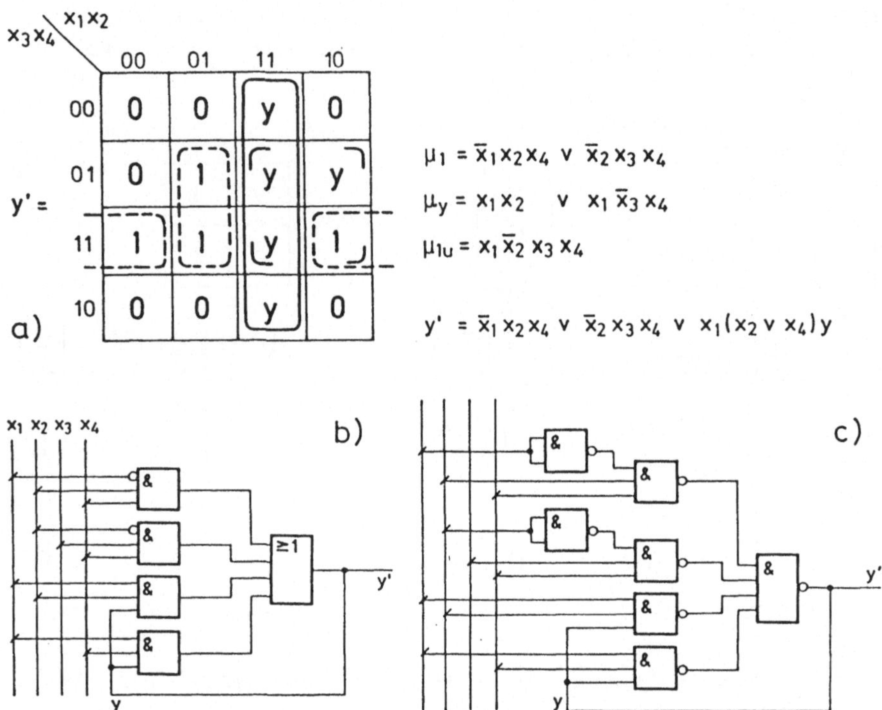

Bild 7.8. Beispiel für eine Speicherfunktion mit vier
Eingängen.   a) K-Diagramm, b) Logikplan des Selbst-
haltekreises, c) Realisierung mit NAND-Gattern

7.2.3 Elementarspeicher mit zwei Eingängen

Gemäß der bei der Ableitung der Speichergleichung angegebenen
Definition muß ein Speicher mindestens je ein Element der
Mengen M_0, M_1 und M_y besitzen. Bei Speichern mit zwei Eingängen sind vier Eingangsbelegungen möglich, d.h. nur mehr eine
Eingangsbelegung ist frei wählbar. Bei Berücksichtigung sämtlicher möglicher Zuordnungen der k_j zu den Mengen M_0, M_1 und
M_y erhält man daher zunächst, wie leicht nachrechenbar, theoretisch eine Zahl von 36 verschiedenen Speicherfunktionen mit
zwei Eingängen und einem Ausgang; wie bei den kombinatorischen
Grundfunktionen reduziert sich jedoch diese Zahl. Auf gleiche
Weise wie in Abschnitt 2.2.5 mit den Tabellen 2.9 und 2.10 die
Grundfunktionen von zwei Variablen hergeleitet und klassifiziert wurden, können auch die Speicherfunktionen mit zwei

Eingängen und einem Ausgang systematisiert werden. Auf diese Weise erhält man 21 sinnvolle Speicherfunktionen. Drei dieser Speicherfunktionen mit $k_0 \in M_y$ sind durch eigene Symbole und Bezeichnungen in DIN 40700 aus der Menge möglicher Funktionen herausgehoben. Sie sind in Bild 7.9 zusammengestellt und sollen **Elementarspeicher** genannt werden. In der Regel stehen hardwaremäßig nur diese Speicherschaltungen zur Verfügung.

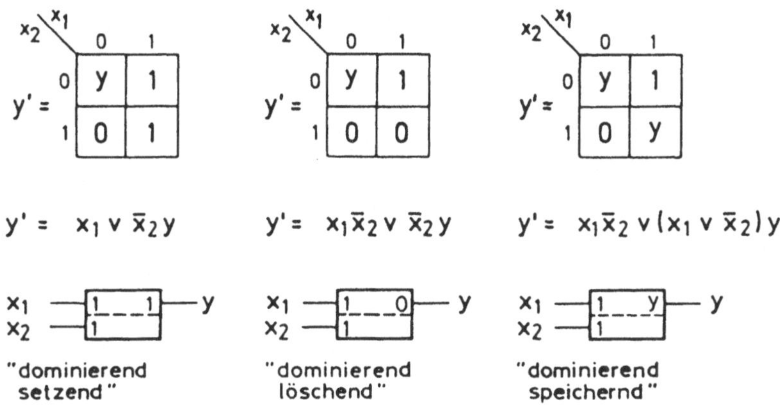

Bild 7.9. Elementarspeicher (mit zwei Eingängen)

7.2.4 Realisierung beliebiger Speicherfunktionen mittels vorgegebener Elementarspeicher

Beim Entwurf von Freifolgesteuerungen (Abschnitt 9) wird es notwendig sein, unterschiedliche Speicherfunktionen mit n Eingängen und einem Ausgang zu realisieren:

$$y' = f(x_1, x_2, \ldots, x_n;\ y). \tag{7.1}$$

Es besteht natürlich wie in Bild 7.8 die Möglichkeit, jede durch diese Gleichung bestimmte Speicherfunktion durch Verschaltung einzelner Gatter (etwa unter Verwendung von ICs z.B. mit NAND- oder NOR-Gattern) herzustellen. Wie eben erwähnt, stehen jedoch zur hardwaremäßigen Realisierung als VPS meist nur Elementar-Speicher lt. Bild 7.9 zur Verfügung, was dann zu einfacheren Realisierungen führt. Es stellt sich damit das neue Problem, die jeweils benötigte Speicherfunktion (mit

n Eingangsvariablen) unter Verwendung von einem der Elementar-
speicher (mit zwei Eingangsvariablen) zu erzeugen. Dies ist
eine andere Möglichkeit der Speicherrealisierung.

Es läßt sich zeigen, daß zwei kombinatorische Schaltfunktionen
mit jeweils n Eingängen und einem Ausgang bestimmt werden
können, die, den Eingängen des Elementarspeichers vorgeschaltet, die gewünschte Speicherfunktion Gl.(7.1) ergeben. Mit
anderen Worten: Der benötigte Speicher ist in eine vorgeschaltete kombinatorische Verknüpfung und in einen vorgegebenen
Elementar-Speicher zu zerlegen. Man bezeichnet daher diese
Aufgabenstellung oft auch als **Speicher-Dekomposition**, wofür
systematische algebraische Verfahren entwickelt wurden (u.a.
Vingron, 1979). In diesem Abschnitt wird jedoch nur eine
einfache heuristische Möglichkeit zur Bestimmung der gesuchten
kombinatorischen Schaltfunktionen beschrieben, die sich für
die praktische Anwendung bewährt hat.

Bezeichnet man die Eingangsvariablen des Elementarspeichers
(in Abänderung der bisher üblichen Schreibweise) mit u_1 und
u_2, dann läßt sich das Problem mit Hilfe des Bildes 7.10 folgendermaßen formulieren: Gegeben sind die benötigte Speicherfunktion $y' = f(x_1,\ldots,x_n;y)$ und eine Elementarspeicher-
funktion $y' = h(u_1,u_2;y)$. Gesucht sind die Schaltfunktionen
$u_1 = g_1(x_1,\ldots x_n)$, $u_2 = g_2(x_1,\ldots,x_n)$ derart, daß durch die
im Bild 7.10 angegebene Reihenschaltung von g_1,g_2 und h die
Speicherfunktion f realisiert werden kann.

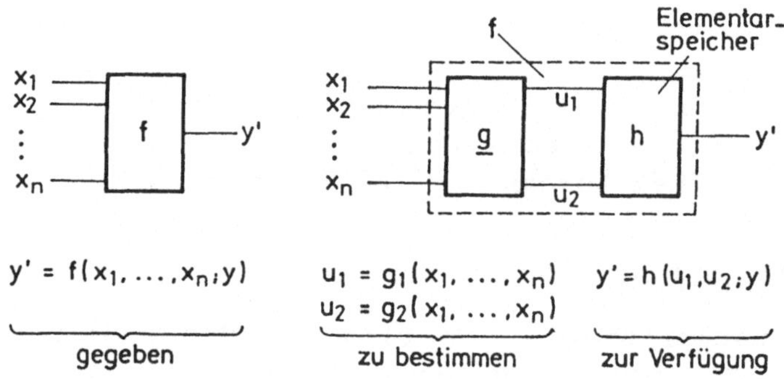

Bild 7.10. Erklärung der Speicher-Dekomposition

Die Bestimmung von g_1 und g_2 soll mittels eines **Beispiels**
erläutert werden. Um dies einfach zu gestalten, soll ein
Speicher mit nur drei Eingängen $y' = f(x_1,x_2,x_3;y)$

realisiert werden. Ein dominierend setzender Speicher (siehe Bild 7.9) $y' = h(u_1, u_2; y)$ stehe dafür zur Verfügung. Die Vorschalt-Kombinatorik g_1, g_2 ist zu bestimmen. K-Diagramm, Speichergleichung und Schaltplan des zu realisierenden Speichers sowie K-Diagramm des dominierend setzenden Speichers sind im Bild 7.11 angegeben.

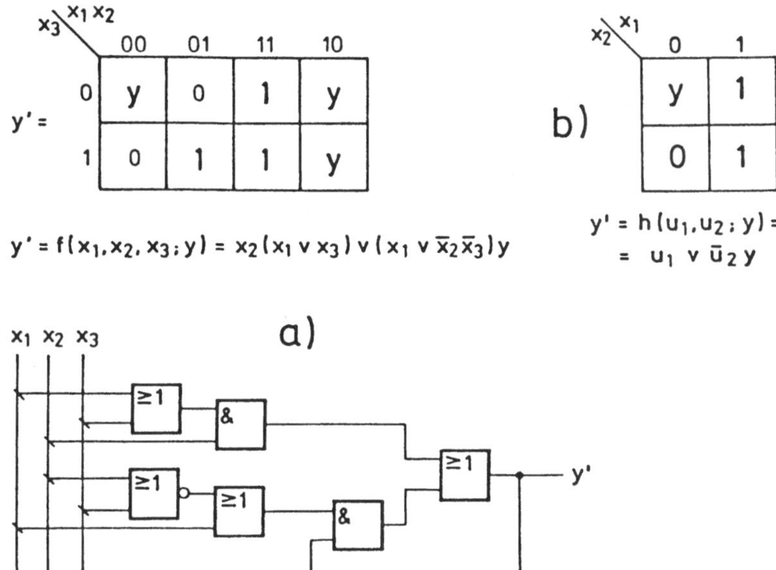

$$y' = f(x_1, x_2, x_3; y) = x_2(x_1 \vee x_3) \vee (x_1 \vee \bar{x}_2\bar{x}_3)y$$

$$y' = h(u_1, u_2; y) = u_1 \vee \bar{u}_2 y$$

Bild 7.11. Zum Beispiel für die Speicher-Dekomposition.
a) zu realisierender Speicher, b) dazu verfügbarer Elementarspeicher

Mit den Bezeichnungen j und l für die Dezimaläquivalente der Eingangsbelegungen der Speicher f und h entnimmt man Bild 7.11 die Funktionstabellen der Tabelle 7.1. Diese werden dann so zusammengezogen, daß jeder Belegung j von $f(x_1, x_2, x_3; y)$ jene Eingangsbelegungen l von $h(u_1, u_2; y)$ zugeordnet werden, die am Ausgang h denselben y'-Wert erzeugen wie die jeweilige Belegung j. Dadurch können die gesuchten Funktionen g_1, g_2 (mit den Ausgängen u_1, u_2) aus dieser Tabelle abgelesen werden. Dies ist in Bild 7.12 gezeigt und bedarf wohl keiner näheren Erklärung. Im übrigen zeigt aber der Vergleich der K-Diagramme Bild 7.11a, Bild 7.12b, daß die Setzfunktion u_1 für den dominierend setzenden Speicher als Funktion μ_1 dem K-Diagramm des benötigten Speichers hätte direkt entnommen werden können.

Tabelle 7.1. Funktionstabellen der
Speicher aus Bild 7.11

j	x_1	x_2	x_3	y'		l	u_1	u_2	y'	
0	0	0	0	y		0	0	0	y	
1	0	0	1	0		1	0	1	0	**h**
2	0	1	0	0		2	1	0	1	
3	0	1	1	1	**f**	3	1	1	1	
4	1	0	0	y						
5	1	0	1	y						
6	1	1	0	1						
7	1	1	1	1						

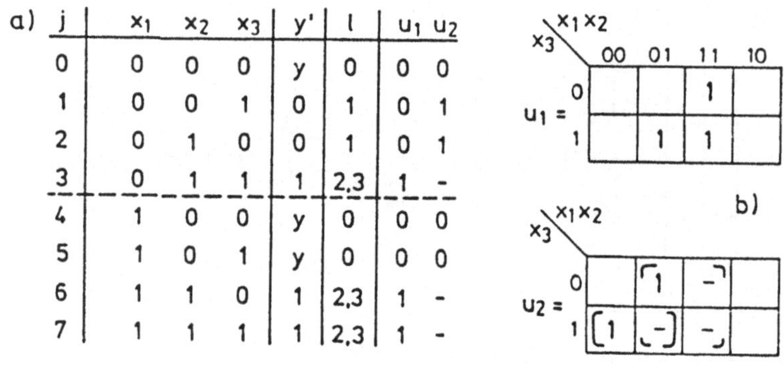

a)

j	x_1	x_2	x_3	y'	l	u_1	u_2
0	0	0	0	y	0	0	0
1	0	0	1	0	1	0	1
2	0	1	0	0	1	0	1
3	0	1	1	1	2,3	1	–
4	1	0	0	y	0	0	0
5	1	0	1	y	0	0	0
6	1	1	0	1	2,3	1	–
7	1	1	1	1	2,3	1	–

b)

$$u_1 = x_2(x_1 \vee x_3); \quad u_2 = x_2 \vee \bar{x}_1 x_3$$

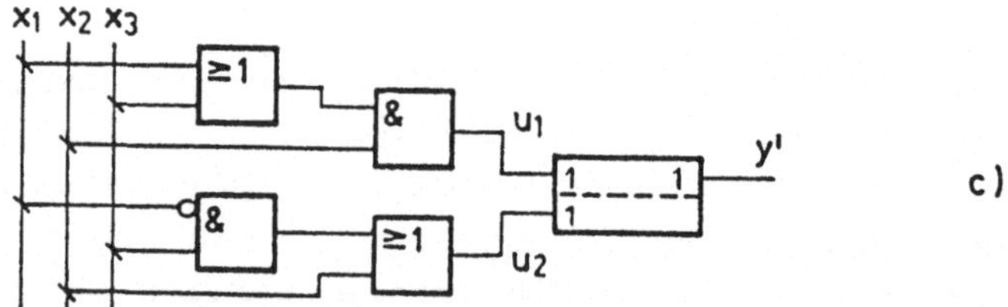

c)

Bild 7.12. Beispiel zur Speicher-Dekomposition.
a) Funktionstabelle zur Ermittlung der kombinatorischen Vorschaltfunktionen u_1, u_2, b) K-Diagramme für u_1, u_2, c) Speicherfunktion mit dominierend setzendem Elementarspeicher gleichwertig zum Speicher Bild 7.11a

7.3 Flipflops

Unter einem Flipflop ("FF") versteht man eine Speicherfunktion
mit zwei stabilen Zuständen und zwei Ausgängen, wobei die
Belegung des einen Ausgangs der Belegung des anderen stets
negiert ist. Für ein FF ist manchmal auch die Bezeichnung
bistabile Kippstufe üblich. Als Selbsthaltekreis realisiert
existiert nur eine einzige solche Möglichkeit, nämlich das
anschließend besprochene sog. RS-Flipflop. Da aus ihm andere
Flipflops aufgebaut werden können, wird das RS-FF manchmal
auch als **Basis-Flipflop** bezeichnet.

7.3.1 Das RS-Flipflop

Das RS-FF wird aus dem dominierend setzenden Speicher (siehe
Bild 7.9)

$$y_1{}' = x_1 \lor \bar{x}_2 y_1$$

und dem negierten dominierend löschenden Speicher

$$y_2{}' = \bar{y}_1{}' = \overline{\bar{x}_2(x_1 \lor y)} = x_2 \lor \bar{x}_1\bar{y} = x_2 \lor \bar{x}_1 y_2$$

zusammengesetzt. Die Eingangsbelegung $j = 3$ bewirkt, wie später deutlich wird, keinen definierten Ausgangszustand. Sie
darf daher nicht vorkommen. Die zu realisierende Funktion ist
somit in der Funktionstabelle in Bild 7.13 dargestellt. Daraus
bzw. aus den zugehörigen K-Diagrammen entnimmt man mit der
allgem. Speichergleichung (7.5) die obigen Speichergleichungen, die nachfolgend noch weiter umgeformt werden.

j	S x_1	R x_2	y_1' (y')	y_2' $(\bar{y}')$
0	0	0	y	$\bar{y}$
1	0	1	0	1
2	1	0	1	0
3	1	1	–	–

Bild 7.13. Funktionstabelle und K-Diagramme des RS-Flipflops

$$y_1' = x_1 \vee \bar{x}_2 y_1 = x_1 \vee \overline{\overline{\bar{x}_2 y_1}} = x_1 \vee \overline{x_2 \vee \bar{y}_1} \; ; \qquad (7.6a)$$

$$y_2' = x_2 \vee \bar{x}_1 y_2 = x_2 \vee \overline{\overline{\bar{x}_1 y_2}} = x_2 \vee \overline{x_1 \vee \bar{y}_2} \; . \qquad (7.6b)$$

Zunächst wird im Bild 7.14 der als Selbsthaltekreis zu realisierende dominierend setzende Speicher nach Gl.(7.6a) betrachtet. Durch die in diesem Bild vorgenommene Umformung wird der Speicher Gl.(7.6a) aus zwei Implikationen aufgebaut. Ebenso erhält man den negiert dominierend löschenden Speicher Gl.(7.6b) und damit das RS-Flipflop, wie es in Bild 7.15 gemeinsam mit dem Symbol nach DIN 40700 dargestellt ist.

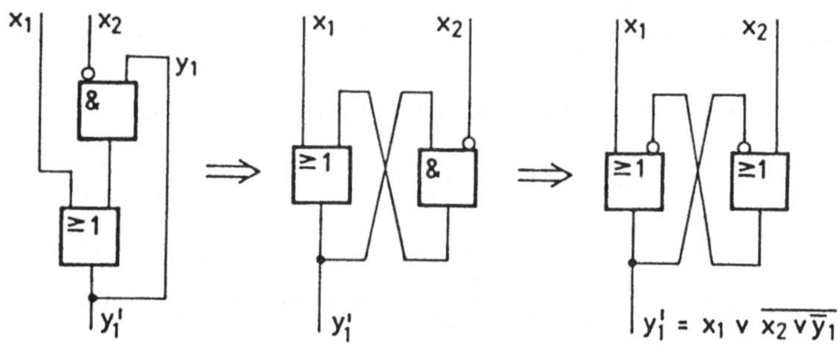

Bild 7.14. Umformung des dominierend setzenden Speichers

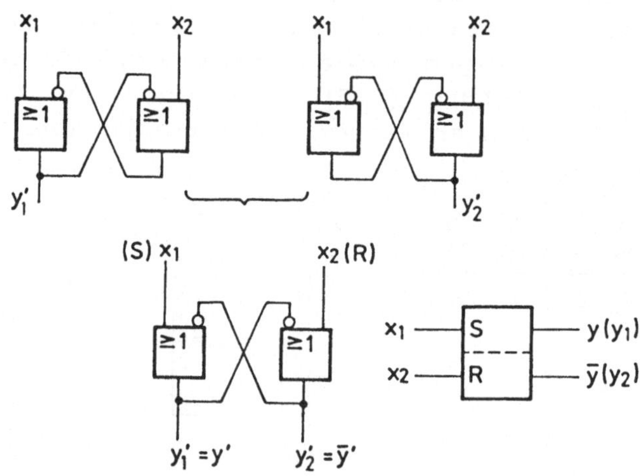

Bild 7.15. RS-Flipflop aus Implikationen

Da, wie aus den K-Diagrammen in Bild 7.13 erkennbar ist, für beide Speicher $\mu_{1u} = \mu_1$ gilt, besteht für das RS-FF vollständige Hazardfreiheit. Bei der Eingangsbelegung 10 wird der Speicher Gl.(7.6a) gesetzt ($y_1 = 1$); "S" steht für "Setzen". Bei der Belegung 01 wird y_1 gelöscht ($y_1 = 0$); "R" steht für "Rücksetzen" (Löschen). Typisch für das RS-Basis-FF ist die sog. "kreuzgekoppelte" Struktur. Die Bezeichnung RS-Flipflop stammt offenbar von Phister (1968).

Durch Negieren der Gln.(7.6) erhält man das RS-FF aus NOR-Gattern (Bild 7.16):

$$\bar{y}_1' = \overline{x_1 \vee \overline{x_2 \vee \bar{y}_1}} = x_1 \downarrow (x_2 \downarrow \bar{y}_1) ; \tag{7.7a}$$

$$\bar{y}_2' = \overline{x_2 \vee \overline{x_1 \vee \bar{y}_2}} = x_2 \downarrow (x_1 \downarrow \bar{y}_2) . \tag{7.7b}$$

Durch eine ähnliche Umformung wie vorher, und zwar durch zweimaliges Negieren der Gln.(7.6), erhält man das RS-Flipflop aus NAND-Gattern:

$$\bar{\bar{y}}_1' = y_1' = \overline{\overline{x_1 \vee \overline{x_2 \vee \bar{y}_1}}} = \overline{x}_1 \, \overline{(x_2 \vee \bar{y}_1)}$$

$$= \overline{\overline{x}_1 \, (\overline{x}_2 \, y_1)} = \overline{x}_1 | (\overline{x}_2 | y_1) ; \tag{7.8a}$$

$$y_2' = \overline{\overline{x_2 \vee \overline{x_1 \vee \bar{y}_2}}} = \ldots = \overline{x}_2 | (\overline{x}_1 | y_2) . \tag{7.8b}$$

Aus den Gln.(7.8) und auch aus dem folgenden Bild 7.17 ist zu erkennen, daß die RS-FF-Realisierung aus NAND-Gattern sofort auch in eine Realisierung aus Inhibitionen. umgeformt werden kann.

Die Arbeitsweise der (asynchronen) Flipflops kann sehr deutlich durch ein Schaltfolgediagramm

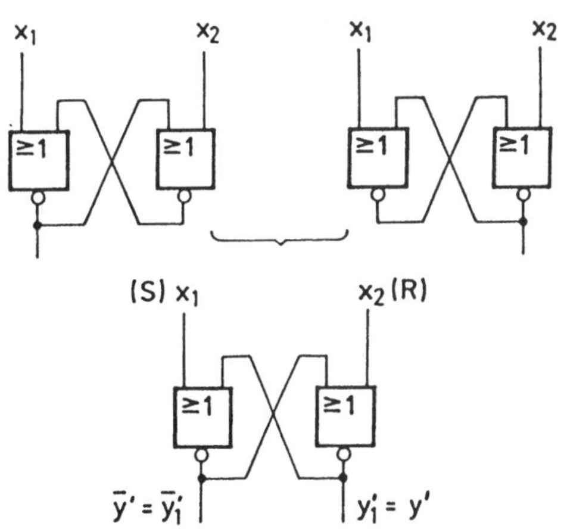

Bild 7.16. RS-Flipflop aus NOR-Gattern

(Bild 7.18) veranschaulicht werden. Das RS-FF schaltet sofort beim Auftreten der setzenden oder löschenden Belegung. Entsprechend der Wirkung der speichernden Eingangsbelegung haben weitere Impulse an einem der beiden Eingänge

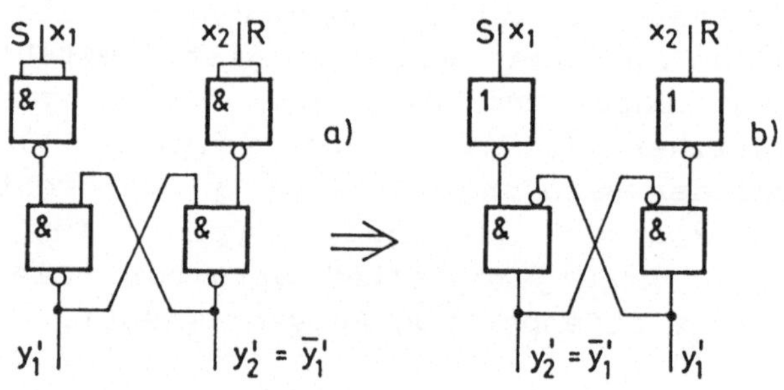

Bild 7.17. RS-Flipflop. a) aus NAND-Gattern, b) aus Inhibitionen

keine Auswirkung; auch ist die jeweilige Impulsbreite ohne Bedeutung. Allerdings ist natürlich eine der Schaltzeit der verwendeten Gatter entsprechende Mindest-Impulsbreite erforderlich.

Aus den vorhergehenden Bildern ist auch zu erkennen, warum bei S = R = 1 ein undefinierter Zustand bzw. eine Ausgangsbelegung entsteht, die nicht der für das RS-FF vorausgesetzten Funktion entspricht, daß nämlich stets ein

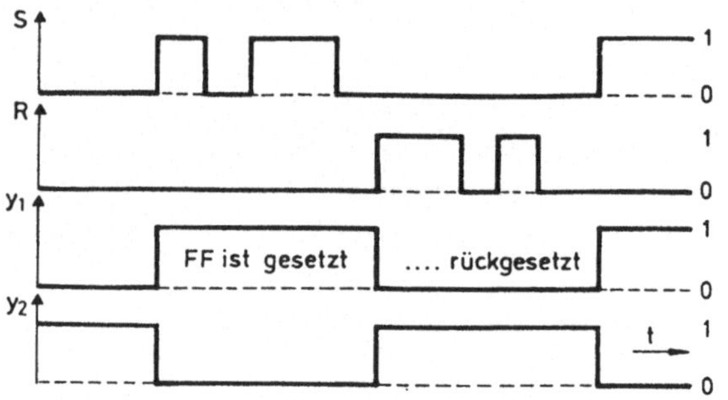

Bild 7.18. Schaltfolgediagramm des RS-Flipflops

Ausgang dem anderen negiert sein soll. Bild 7.15: Bei S = R = 1 entsteht entsprechend der Implikations-Verknüpfung an beiden Ausgängen Eins-Signal. Bild 7.16: Entsprechend der NOR-Verknüpfung entsteht bei S = R = 1 an beiden Ausgängen Null-Signal. Gleiches gilt natürlich für die Realisierung aus NAND-Gattern nach Bild 7.17: Bei S = R = 1 liegt jeweils an einem Eingang der NAND-Gatter Null-Signal an, wodurch an den Ausgängen der NAND-Gatter das Eins-Signal erscheint. Diese Überlegungen hinsichtlich des Zustands bei S = R = 1 setzen voraus, daß beide Eingänge exakt gleichzeitig, jedenfalls innerhalb der Schaltzeit der Gatter, mit 1 belegt werden. Trifft dies nicht zu, dann kann sich wegen der asynchronen Arbeitsweise ein willkürlicher Zustand des RS-FF ergeben.

Die **synchrone (taktsynchrone) Arbeitsweise** eines RS-FF wird dadurch erreicht, daß die beiden Eingänge (R,S) konjunktiv mit einem Taktsignal C verbunden werden (Bilder 7.19, 7.20). Die Informationsübernahme in das Flipflop und das Setzen bzw. Rücksetzen erfolgt dann, je nach Schaltung, jeweils zum Zeitpunkt des Flankenanstiegs oder Flankenabfalls des Takt-

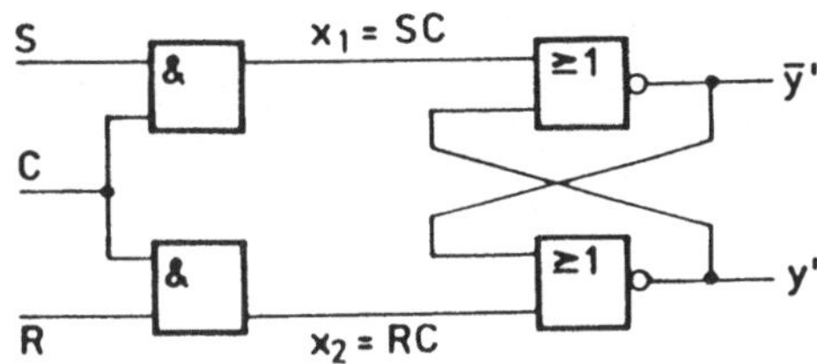

Bild 7.19. Getaktetes RS-FF aus NOR. Setzen und Rücksetzen bei Flankenanstieg von C

signals. Bild 7.19 zeigt ein getaktetes (synchrones) RS-FF aus NOR-Gattern gemäß Bild 7.16. Die Wirkungsweise dieses FF geht aus der Schalttabelle und dem Schaltfolgediagramm Bild 7.20 hervor. Im Bild 7.21 ist sodann ein getaktetes RS-FF aus NAND-Gattern gezeigt.

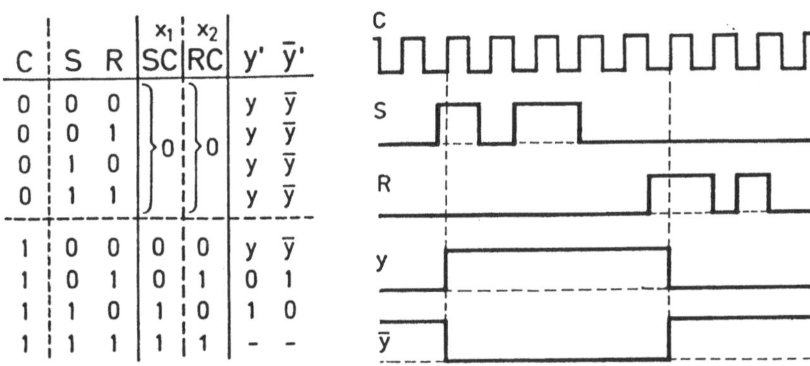

Bild 7.20. Funktionstabelle und Schaltfolgediagramm für das getaktete RS-FF aus NOR (Bild 7.19)

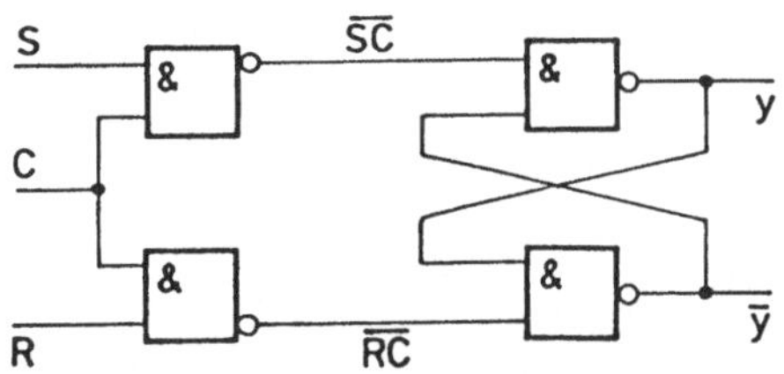

Bild 7.21. Getaktetes RS-FF aus NAND. Setzen und Rücksetzen bei Flankenanstieg von C

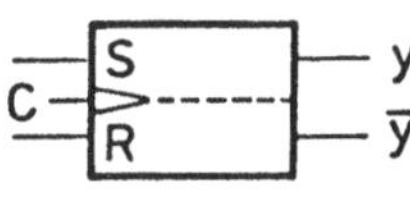

Bild 7.22. Schaltsymbol des getakteten RS-FF aus Bild 7.19

Die Arbeitsweise des getakteten RS-FF muß zur Unterscheidung
vom asynchronen RS-FF im Schaltsymbol Bild 7.22   zum Ausdruck
kommen. Dazu ist eine Kennzeichnung der Eingänge nach Bild
7.23 erforderlich.

Statischer Eingang;
nur der Wert O oder
1 der Eingangsvari-
ablen ist wirksam
(Unabhängiger Ein-
gang oder bei Ab-
hängigkeit vom Takt-
signal: Vorberei-
tungseingang)

Dynamischer Eingang;
nur die Änderung von
O auf 1 ist wirksam

(Signalübergang bei
Flankenanstieg)

Dynamischer Eingang;
nur die Änderung von
1 auf O ist wirksam

(Signalübernahme bei
Flankenabfall)

Bild 7.23. Kennzeichnung der Eingänge in den
Schaltsymbolen für Flipflops

7.3.2 Das JK-Flipflop

Das sog. JK-FF unterscheidet sich vom RS-FF in zweierlei
Hinsicht: Es ist einerseits ein **getaktetes Flipflop** und es
besteht andererseits eigentlich aus zwei hintereinander ge-
schalteten Flipflops. Es ist ein Flipflop, das an seinen
Eingängen eine Information erhält und festhält, während es an
seinen Ausgängen die vorhergehende Information noch abgibt;
dazu ist eine Zwischenspeicherung nötig. Diese wird durch die
Serienschaltung der beiden Flipflops erreicht (siehe Bild
7.24). Die Taktung erfolgt so, daß bei Flankenanstieg das
erste FF (Hilfsflipflop, genannt "Master-FF") und bei Flankenabfall des Taktsignals C das zweite FF (Hauptflip-
flop, genannt "Slave-FF") ange-
steuert wird. Diese Schaltung   Tabelle 7.2. Funktions-
wird als **Master-Slave Flipflop**   tabelle des JK-Flipflops
(MS-FF) bezeichnet. Die Bedeutung
bzw. Herkunft der eingeführten
Bezeichnungen J und K für die
Eingänge ist nicht erklärbar. Das
JK-FF realisiert die durch die
Tabelle 7.2 gegebene Speicherfunktion. Die Eingangsbelegung
J = K = 1   hat beim JK-FF   eine

j	J	K	$y_1{'}$	$y_2{'} = y_1{'}$
0	0	0	y_1	y_1
1	0	1	0	1
2	1	0	1	0
3	1	1	y_1	y_1

definierte Ausgangsbelegung zur Folge und zwar ist diese Eingangsbelegung eine speichernde Belegung derart, daß die vorherige Ausgangsbelegung negiert wird.

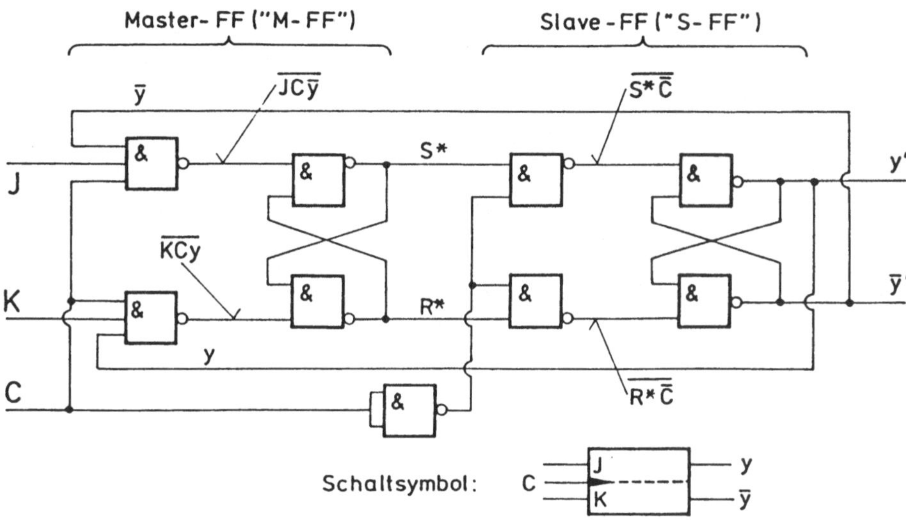

Bild 7.24. Schaltung eines JK-FF (als Master-Slave-FF)

Die invertierend speichernde Eigenschaft des JK-FF wird durch Rückkopplung der Ausgänge auf die Eingänge nach Bild 7.24 erreicht. In diesem Bild ist der Aufbau eines JK-FF aus zwei RS-FFs (aus NAND-Gattern; vgl. mit Bild 7.21) dargestellt. Die Funktionsweise dieses JK-FFs wird am besten durch das für eine willkürliche Folge von Eingangsbelegungen gezeichnete Schaltfolgediagramm Bild 7.25 und durch die Tabelle 7.3 erläutert (Leonhardt, 1982).

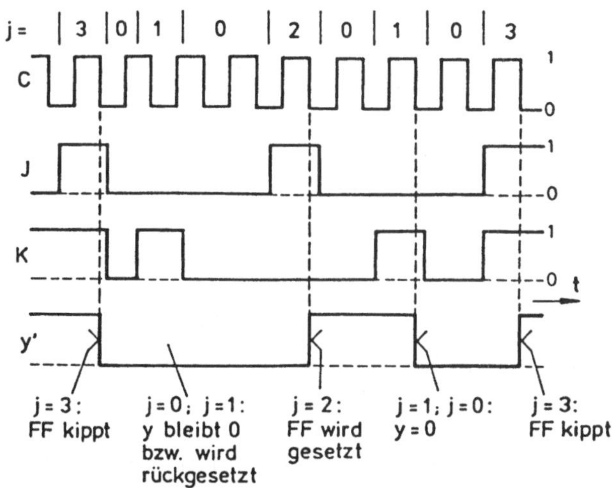

Bild 7.25. Schaltfolgediagramm JK-Flipflops

Tabelle 7.3. Erläuterung der Wirkungsweise
des JK-Flipflops aus Bild 7.24

J K	C		y' $\overline{y}'$
0 0	⌐1	Beide NAND am M-FF bleiben unver-ändert (auf 1); das M-FF kippt nicht; der vorhe-rige Zustand wird gespeichert.	y $\overline{y}$
0 1	⌐1 ⌐0	Das NAND am J-Eingang bleibt ge-sperrt (auf 1); NAND am K-Eingang: wenn y=1, dann wird R^*=1: Der Rücksetzeingang des S-FF wird vorbereitet und bei Flankenab-fall von C (C=0) wird das S-FF rückgesetzt; wenn y=0, dann bleibt das S-FF gelöscht (y=0).	0 1
1 0		Wegen der Symmetrie: Sinngemäß wie bei J=0, K=1.	1 0
1 1	⌐1 ⌐0	Durch die gekreuzte Rückkopplung ist stets ein Eingang des M-FF vorbereitet: Bei Flankenanstieg von C (C=1): M-FF kippt; Bei Flankenabfall von C (C=0): S-FF kippt: D.h.: Das JK-FF kippt bei jedem Takt.	$\overline{y}$ y

Das JK-FF wird vorwiegend für Zählschaltungen und Schieberegister verwendet, wofür im nachfolgenden Abschnitt 7.4.2 einige wenige Beispiele besprochen werden. Die Realisierung in ICs erfolgt einerseits nicht nur in NAND-Technik und es sind andererseits auch noch andere MS-FFs gebräuchlich. Das hier besprochene JK-FF diente lediglich als repräsentatives Beispiel.

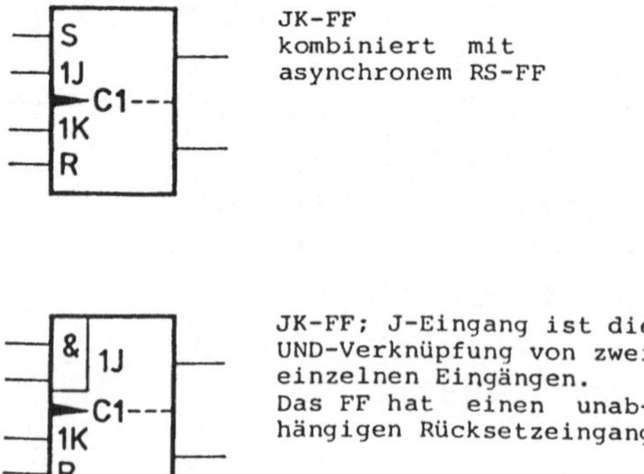

JK-FF kombiniert mit asynchronem RS-FF

JK-FF; J-Eingang ist die UND-Verknüpfung von zwei einzelnen Eingängen. Das FF hat einen unab-hängigen Rücksetzeingang

Bild 7.26. Schaltsymbole für Flipflops

In der IC-Technologie gibt es viele verschiedene FF-Bausteine.
Z.B. können getaktete und asynchrone FFs kombiniert werden.
Die vom Taktsignal angesteuerten Vorbereitungseingänge werden
im Schaltsymbol durch eine Ziffer entsprechend gekennzeichnet.
Die asynchronen statischen Eingänge werden unabhängig vom
Taktsignal unmittelbar wirksam (Beispiele im Bild 7.26).

Bild 7.27 zeigt schließlich als Beispiel die Anschlußanordnung
eines IC-Bausteins mit zwei JK-FFs, die jeweils mit einem
asynchronen RS-FF kombiniert sind.

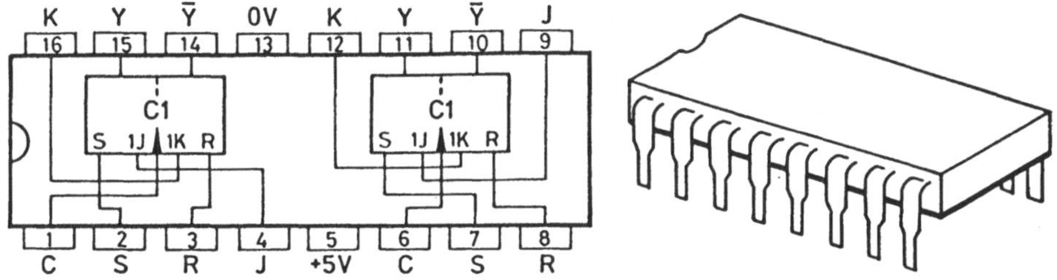

Bild 7.27. IC mit zwei JK-FF nach Bild 7.26a

7.3.3 D-Flipflop, T-Flipflop

D-Flipflop: Dieses FF besteht aus
einem getakteten RS-FF und einer
vorgeschalteten Negation nach
Bild 7.28. Je nachdem ob $D = 1$
oder $D = 0$, können am RS-FF nur
die Eingangsbelegungen $j = 2$
oder $j = 1$ auftreten. Nach den
Bildern 7.19 bis 7.21 werden
diese Eingangssignale jeweils bei

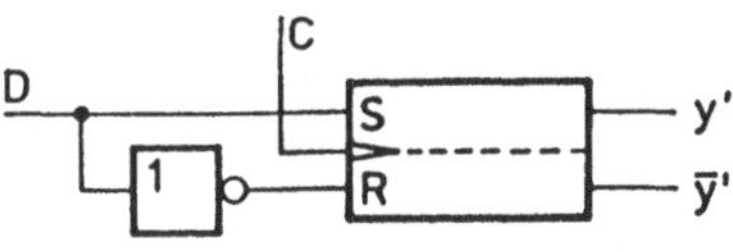

Bild 7.28. D-Flipflop

Flankenanstieg von C in das FF übernommen. Dadurch wird durch
einen Impuls bei D (einer Information) bei Flankenanstieg von
C das FF gesetzt und beim nächsten Taktimpuls wieder rückgesetzt. Wird anstelle des RS-FF ein JK-FF verwendet, dann besteht der einzige Unterschied darin, daß die Informationen
jeweils bei Flankenabfall übernommen werden (siehe z.B. Bild
7.39). Die Bezeichnung D-FF bedeutet Data-Flipflop (oder auch
Delay-Flipflop).

T-Flipflop: Dieses FF entsteht aus
einem MS-JK-FF, wenn beide Eingänge verbunden und somit gemeinsam
beaufschlagt werden. Dadurch sind
jeweils bei Flankenabfall von C
nur die Eingangsbelegungen j = 0
(J = 0, K = 0; speichernd) und
j = 3 (J = 1, K = 1; invertierend

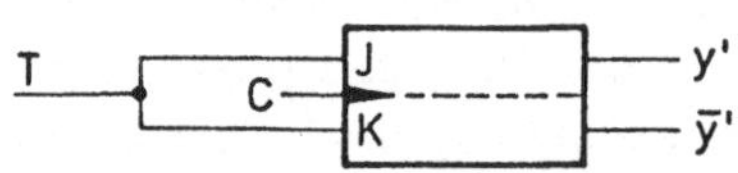

Bild 7.29. T-Flipflop

speichernd) möglich. Liegt am T-Eingang (Bild 7.29) 0-Signal
an, dann bleibt bei jedem Taktsignal das FF unverändert (gelöscht oder gesetzt). Wird am T-Eingang 1-Signal angelegt,
dann wird das FF "ausgelöst" ("getriggert") und kippt bei
jedem Takt in den entgegengesetzten Zustand. T-FF bedeutet **T**rigger-Flipflop (siehe Bild 7.33).

7.4 Schaltungen mit Flipflops

7.4.1 Realisierung beliebiger Speicherfunktionen
mittels RS-Flipflops

Im Abschnitt 7.2.4 wurde an einem Beispiel gezeigt, daß beliebige Speicherfunktionen jeweils in eine vorgegebene Speicherfunktion und in eine sog. Eingangskombinatorik aufgespalten
werden können. Dies ist von besonderer Bedeutung, weil dadurch
bei technischen Systemen ein einziges Speicherelement zur
Realisierung beliebiger Speicherfunktionen ausreicht. Oft wird
dafür ausschließlich das RS-FF verwendet, wobei gerade beim
RS-FF die Berechnung der Vorschaltkombinatorik besonders einfach ist. Diese vorgeschaltete kombinatorische Verknüpfung,
also die Setz- und Rücksetzfunktionen, können mit der in Abschnitt 7.2.4 besprochenen tabellarischen Methode genauso
einfach wie dort ermittelt werden. Dabei ist lediglich zu
beachten, daß für das RS-FF die Eingangsbelegung SR = 11
(1 = 3) nicht vorkommen darf. Für das im Abschnitt 7.2.4
behandelte Beispiel würde sich bei Verwendung eines RS-FF
dieselbe Setzfunktion wie dort, jedoch wegen des Nichtverwen-
dens von 1 = 3 eine etwas aufwendigere Rücksetzfunktion ergeben. Der Leser kann dies leicht nachvollziehen. Im übrigen ist
aber wegen des Wegfalls der Eingangsbelegung 1 = 3 beim RS-FF
die Verwendung der tabellarischen Methode aus Abschnitt 7.2.4
gar nicht erforderlich. Die Setzfunktion kann, wie schon am

Ende des Abschnitts 7.2.4 erwähnt, im K-Diagramm der zu realisierenden Speicherfunktion als Funktion μ_1 direkt abgelesen
werden, weil die setzende Menge M_1 des RS-FF mit jener des
dominierend setzenden Speichers übereinstimmt. Die Rücksetzfunktion kann ebenfalls im K-Diagramm der gesuchten Speicherfunktion als Funktion μ_0 direkt abgelesen werden. Dies wird
nachfolgend an einem Beispiel gezeigt.

Beispiel: Die Speicherfunktion

$$y' = \bar{x}_1 x_2 \ \vee \ x_1 \bar{x}_2 \bar{x}_3 \ \vee \ (x_2 \ \vee \ \bar{x}_1 x_3)y$$

soll mittels RS-FF realisiert werden. Die Setz- und Rücksetzfunktion sind zu bestimmen; sie können dem K-Diagramm
in Bild 7.30a entnommen werden und lauten

$$S = \mu_1 = \bar{x}_1 x_2 \ \vee \ x_1 \bar{x}_2 \bar{x}_3 \ ,$$

$$R = \mu_0 = \bar{x}_2 (\bar{x}_1 \bar{x}_3 \ \vee \ x_1 x_3).$$

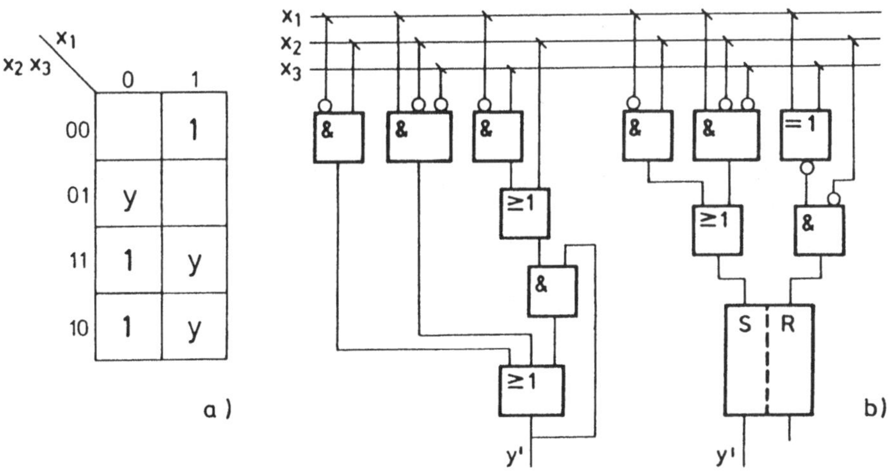

Bild 7.30. a) K-Diagramm einer Speicherfunktion,
b) Realisierungen als Selbsthaltekreis und mittels
RS-Flipflops

Im Bild 7.30b sind die ursprünglich gegebene, als Selbsthaltekreis aufgebaute Speicherfunktion und die Realisierung mittels RS-FF einander gegenüber gestellt.

7.4.2 Zählschaltungen, Frequenzteiler, Schieberegister

Zählschaltungen, aus einer Reihe zusammengeschalteter Flip-flops aufgebaut, werden nach verschiedenen Merkmalen unter-schieden:

- Asynchron, synchron: Bei einem asynchronen Zähler wird der zu zählende Impuls nur dem ersten FF zugeführt; die nach-folgenden FFs erhalten das C-Eingangssignal jeweils von den vorhergeschalteten FFs. Bei synchronen Zählern werden alle FFs vom Zählimpuls gleichzeitig angesteuert.

- Vorwärts-, Rückwärtszähler.

- Unterscheidung nach der Kodierung in der das Zählerergebnis ausgegeben wird (Binärcode, Dezimalcode, usw.). Ein asynchroner Zähler ist nur für den Binärcode geeignet.

Die Zählkapazität eines Zählers ergibt sich aus der Anzahl der Flipflops: Ein Zähler mit vier Flipflops kann bis $2^4 = 16$ zählen.

Es folgen zwei Beispiele für Zähler:

Asynchroner Zähler aus T-Flipflops für den Binärcode
(Vorwärts- und Rückwärtszähler):
Dieser Zähler besteht aus einer Reihe von T-FFs, die jeweils einen unabhängigen Rücksetzeingang besitzen. Nach Rücksetzen sind alle n Ausgänge $y_1, y_2, \ldots$ Null (Binärzahl: $\ldots$ 000) und alle n Ausgänge $\bar{y}_1, \bar{y}_2 \ldots$ sind Eins (Binärzahl: $\ldots$111 $= 2^n - 1$).

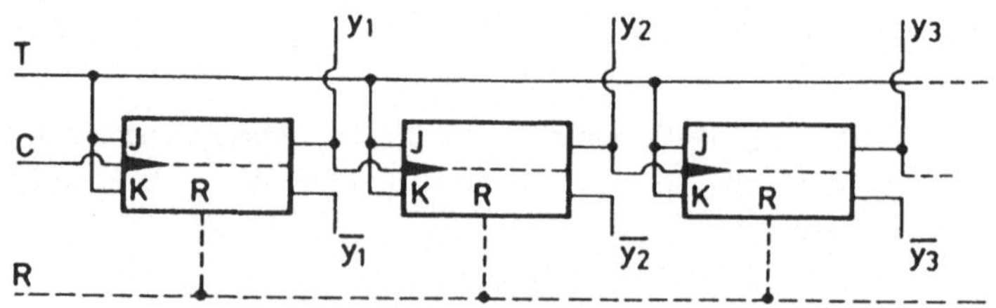

Bild 7.31. Asynchroner Vorwärts-Rückwärtszähler

Wenn bei T kein Signal anliegt, dann werden die bei C ankommenden Impulse nicht gezählt. Bei T = 1 werden die T-FFs ausgelöst (getriggert) und die Zählschaltung beginnt, die ankommenden Impulse zu zählen (solange T = 1). Dadurch, daß der nichtnegierte Ausgang eines FFs jeweils auf den C-Eingang der nachfolgenden FFs geschaltet ist, wird die Frequenz der Impulse von

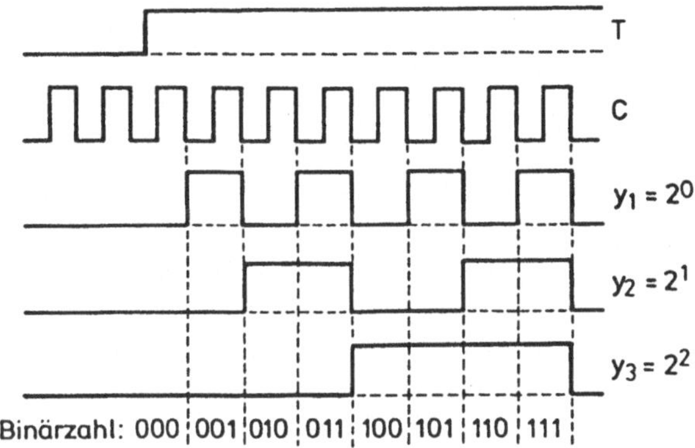

Bild 7.32. Schaltfolgediagramm für den Zähler in Bild 7.31

FF zu FF jeweils halbiert. Dies ist am besten aus dem Schaltfolgediagramm Bild 7.32 zu ersehen. In diesem Bild wird der Einfachheit halber angenommen, daß der Zähler nur aus drei T-FFs besteht und daher von 0 bis 7 sowie von 7 hinunter zu 0 zählen kann.

Synchroner Zähler aus JK-Flipflops für den Binärcode (Vorwärtszähler):

Am ersten Flipflop (als T-FF) wird J = K = 1 angelegt, wenn die Zählung beginnen soll. Dadurch kippt dieses FF bei jedem folgenden Takt. Der Zählimpuls C wird allen FFs zugeführt. Nach dem ersten Taktimpuls wird das erste FF gesetzt (y_1 = 1); dadurch erhält das zweite FF die Belegung J=K=1 und kippt beim zweiten Impuls. Beim zweiten Impuls wird aber das erste FF wieder rückgesetzt und gibt auf das zweite FF als speichernde Eingangsbelegung J=K=0. Das zweite FF bleibt dadurch gesetzt, usw. Es ergibt sich dasselbe Schaltfolgediagramm wie in Bild 7.32. Mit synchronen Zählschaltungen sind, je nach

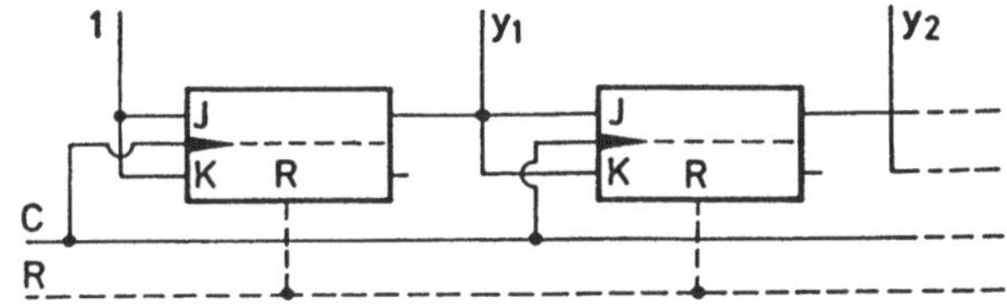

Bild 7.33. Synchroner Vorwärtszähler

mehr oder weniger komplizierten Verschaltungen, verschiedene Kodierungen sowie Vor- und Rückwärtszählung möglich.

Frequenzteiler:

Frequenzteiler bzw. Taktgeneratoren dienen dazu, aus einer periodischen Impulsfolge (die mit einem Oszillator erzeugt wird) eine Impulsfolge anderer Frequenz und u.U. anderer Impulsform (Impulsbreite) zu erzeugen. Diese Schaltungen werden für sämtliche synchronen Schaltungen benötigt. Ein T-Flipflop kippt bei jedem Takt; dadurch entsteht am Ausgang des FF eine Impulsfolge mit halber Frequenz. Ein T-FF für sich stellt also bereits einen Frequenzteiler 1:2 dar. Der Binärzähler nach Bild 7.31 bzw. Bild 7.33 liefert bei Verwendung als Frequenzteiler aus der Frequenz f_0 von C an den Ausgängen $y_1, y_2, \ldots$ Impulsfolgen mit jeweils halbierter Frequenz ($f_0/2$, $f_0/4, \ldots$ usw.). Diese Frequenzteiler, wozu alle Zählschaltungen verwendet werden können, werden daher als **geradzahlige Teiler** bezeichnet.

Ungeradzahlige Teiler haben die Aufgabe, Impulsfolgen z.B. mit $f_0/3$, $f_0/5$, usw. zu erzeugen. Als Beispiel soll ein einfacher Frequenzteiler, der lediglich die Frequenz $f_0/3$ erzeugen kann, aus einem vorgegebenen Schaltfolgediagramm (Bild 7.34) entwickelt werden; dies erfolgt wie von Leonhardt (1982) angegeben. Da die Periodendauer 3T von y_1 die dreifache Länge von C hat, wird eine Schaltung bestehend aus zwei FFs gebraucht; am zweiten FF soll sich ebenfalls eine Impulsfolge mit $f_0/3$ ergeben (y_2). Aus dem Schaltfolgediagramm Bild 7.34 wird die im Bild dargestellte Tabelle (die Kodierung) abgelesen;

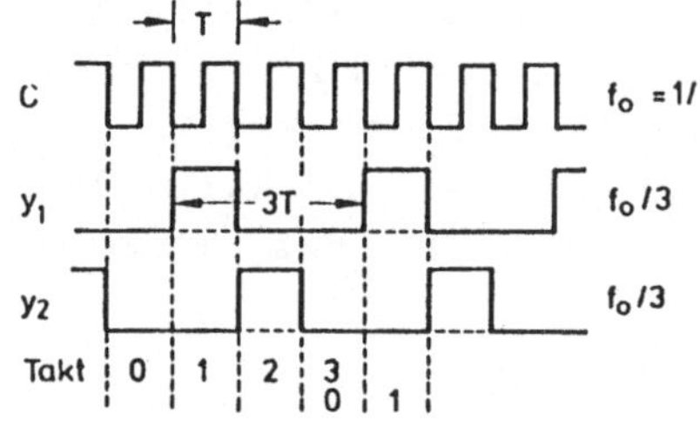

Takt	y_1	y_2	J_1	K_1	J_2	K_2
0	0	0	1	–	0	–
1	1	0	–	1	1	–
2	0	1	0	–	–	1
3	0	0	1	–	0	–

Bild 7.34. Schaltfolgediagramm und Funktionstabelle für den 1:3-Frequenzteiler

mittels der Schalttabelle eines JK-FF kann daraus angegeben werden, mit welchen Eingangsbelegungen der FFs diese Kodierungen erzeugt werden.

Bei den Eintragungen in der Schalttabelle muß zwischen y und y' unterschieden werden: Während des Taktes 0 ist z.B. $y_1 = 0$,

jedoch wird am Ende des Taktes 0 bei Flankenabfall von C der
Ausgang $y_1' = 1$; d.h. während des Taktes 0 muß der Setzeingang
$J_1 = 1$ und der Löscheingang $K_1 = 0$ oder $K_1 = 1$ sein. Während
des Taktes 1 ($y =1$; $y' = 0$) muß $J_1 = 0$ oder $J_1 = 1$ und $K_1 = 1$
sein, usw. Aus der Tabelle folgt, daß $K_1 = K_2 = 1$ geschaltet
werden kann. Aufgrund
dieser Überlegungen kön-
nen aus der Funktionsta-
belle in Bild 7.34 für
J_1 und J_2 die beiden K-
Diagramme von Bild 7.35
gezeichnet und diesen
die nötigen Verknüpfun-
gen für J_1 und J_2 entnommen werden.

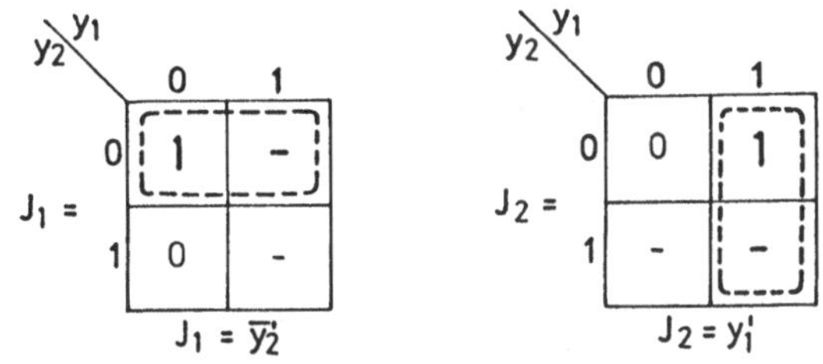

Bild 7.35. K-Diagramme für
den 1:3-Frequenzteiler

Damit hat man einen Fre-
quenzteiler entworfen,
der das Schaltfolgedia-
gramm Bild 7.35 reali-
siert; er ist im Bild
7.36 dargestellt.

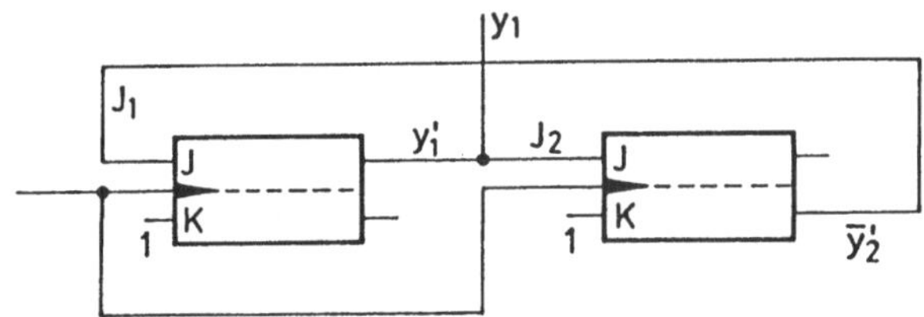

Bild 7.36. 1:3-Frequenzteiler

Schieberegister

Mit einem Speicher bzw. mit einem Flipflop kann ein Bit als
jeweilige Information gespeichert werden. Mit einer Anzahl von
n FFs können n Bits gespeichert werden. Dazu ist eine entsprechende Anordnung bzw. Verschaltung von FFs erforderlich,
in welche die in einem Binärcode vorliegende Information u.a.
hinein- bzw. herausgeschoben wird. Unter einem Schieberegister
versteht man eine kettenförmige Anordnung von Flipflops, vorwiegend JK-FFs auch mit unabhängigen Eingängen, wobei es
wesentlich ist, daß alle Stufen des Registers vom Taktsignal C
gleichzeitig angesteuert werden. Durch den Taktimpuls (Schie-
betakt) werden die in den einzelnen FFs gespeicherten Informationen jeweils um einen Schritt (in das nächste FF) nach
rechts oder links verschoben.

Die Informationseingabe und -ausgabe kann sowohl parallel als
auch seriell oder beides kombiniert erfolgen; der Registerin-

halt kann nach rechts oder nach links verschoben werden. Es
folgen dafür einige Beispiele.

**Rechtsschiebendes Register mit seriellem Eingang und Parallel-
und Serienausgang**

Die JK-Flipflops sind so verbunden, daß mit jedem Taktimpuls
die Information an das nachfolgende Flipflop weitergegeben
wird. Es werden alle Stufen gemeinsam angesteuert, die Ausgänge einer Stufe werden mit den Eingängen der folgenden Stufe
verbunden. Die nachfolgende Schalttabelle 7.4 demonstriert die
Funktionsweise. Zu Beginn der seriellen Eingabe (vor dem ersten Taktimpuls) sind alle Stufen rückgesetzt (die Rücksetz-
eingänge sind im Bild 7.37 nicht eingezeichnet); t_0 sei der
Zeitpunkt vor dem Eintreffen des ersten Taktimpulses C, t_1 der
Zeitpunkt nach dem ersten Taktimpuls, t_2 der Zeitpunkt nach
dem zweiten Taktimpuls usw. In der nachfolgenden Tabelle wird
als Beispiel die Eingabe einer 1-Belegung am Eingang E und
darauf folgende 0-Informationen dargestellt (Binärzahl
00001).

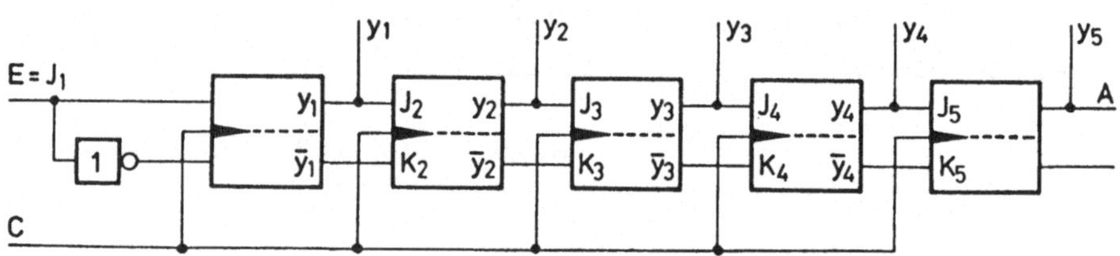

Bild 7.37. Rechtsschiebendes Register für 5 Bit;
serielle Eingabe, serielle und parallele Ausgabe

Nach dem ersten
Taktimpuls stellt
sich das erste FF
auf $y_1 = 1$, $y_1 = 0$
ein. Damit lautet
die Eingangsbele-
gung für das zwei-
te FF $J_2 = 1$ und
$K_2 = 0$. Beim näch-
nächsten Takt wird
das zweite FF ge-
setzt usw. Bei je-
dem Takt wird der
Inhalt eines je-

Tabelle 7.4. Schalttabelle
zum Register in Bild 7.37

	J_1	K_1	Y_1	Y_2	Y_3	Y_4	Y_5
t_0	1	0	0	0	0	0	0
t_1	0	1	1	0	0	0	0
t_2	0	1	0	1	0	0	0
t_3	0	1	0	0	1	0	0
t_4	0	1	0	0	0	1	0
t_5	0	1	0	0	0	0	1

Stelle nach rechts verschoben. Nach (in diesem Beispiel) fünf
Takten ist die Information 00001 im Register enthalten und
erscheint an den   parallelen Ausgängen $y_1,\ldots,y_5$. Sie kann
dann am Serienausgang A (y_5) um fünf Taktimpulse verzögert seriell entnommen werden. Es ist zu beachten, daß die serielle
Ein- und Ausgabe von Binärinformationen in der zeitlichen
Aufeinanderfolge 2^0, $2^1,\ldots,$ also in den Stellen von rechts
nach links erfolgt.

**Umschaltbares Rechts-Links-Schieberegister mit seriellem
Ein- und Ausgang**
Um einen Rechts- und Linksschiebebetrieb zu realisieren, muß
eine Umschaltung für die Schieberichtungen vorgesehen werden.
Soll eine Information von einer betrachteten Stufe nach
rechts verschoben werden, so wird die Steuerleitung R mit Eins
belegt; soll eine Information nach links durchgeschoben werden, so wird eine Steuerleitung L mit Eins belegt. Die
Funktion dieser Umschaltung ist aus dem Bild 7.38 zu erkennen.

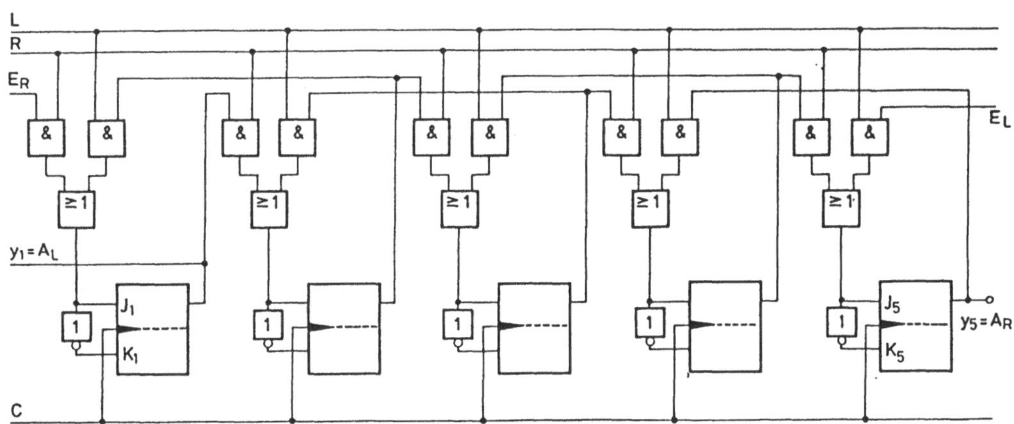

Bild 7.38. Umschaltbares rechts- linksschiebendes Register
für 5 Bit; serielle Ein- und Ausgabe

E_R ist der serielle Eingang für Rechtsschieben zum seriellen
Ausgang $A_R(y_5)$; E_L und A_L sind Ein- bzw. Ausgang für Links-
schieben.

Ein Schieberegister mit serieller Eingabe und paralleler
Ausgabe wird auch als **Serien-Parallel-Umsetzer** bezeichnet.
Umgekehrt spricht man von **Parallel-Serien-Umsetzer**; dafür
folgt in Bild 7.39 ein abschließendes Beispiel.

**Rechtsschiebendes Register mit Parallel- und Serieneingabe
und seriellem Ausgang (Parallel-Serien-Umsetzer)**
Vor Beginn einer Eingabe wird der Inhalt des Registers mit dem
statischen Rücksetzeingang gelöscht. Die serielle Ein- und
Ausgabe des 4-stufigen Registers lt. Bild 7.39 erfolgt wie
bereits anhand von Bild 7.37 beschrieben. Durch einen Impuls
bei C_P werden die bei E_{P1} bis E_{P4} parallel anliegenden Informationen in den FFs gespeichert, d.h. die entsprechenden FFs
werden durch die statischen S-Eingänge gesetzt. Mit dem Takt C
werden diese Informationen jeweils um eine Stelle nach rechts
verschoben und erscheinen am Serienausgang A um vier Taktimpulse verzögert. Bei Funktion als Parallel-Serienumsetzer
muß bei E_S Nullsignal anliegen.

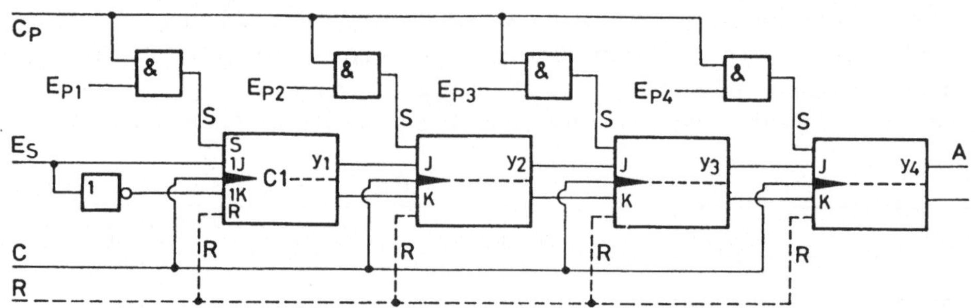

Bild 7.39. Rechtsschiebendes Register für 4 Bit;
parallele und serielle Eingabe, serielle Ausgabe

8 Zwangsfolgesteuerungen

8.1 Verbindungsprogrammierte Zwangsfolgesteuerungen

8.1.1 Allgemeines; Programmbeschreibung durch das vereinfachte Funktionsdiagramm

Der Begriff der Zwangsfolge- oder Ablaufsteuerung wurde bereits im Kapitel 1 definiert. Diese Steuerungsart ist dadurch gekennzeichnet, daß einzelne Vorgänge wie z.B. Bewegungen von pneumatischen Stellzylindern, Ein- und Ausschalten von Antrieben, Pumpen, Heizungen usw., Öffnen und Schließen von Ventilen oder vergleichbare Aktionen in ihrem zeitlichen Ablauf nach einem festgelegten Programm in zwangsweiser Abhängigkeit von erreichten Positionen oder jeweils abgeschlossenen Teilvorgängen schrittweise gesteuert werden. Bei solchen Steuerungen treten Rückmeldungen über "durchgeführte Befehle" als Eingangssignale entsprechend dem Programm in einer ganz bestimmten Reihenfolge auf. Die einschlägigen Richtlinien definieren daher diese Steuerungsart kurz als "eine Steuerung mit zwangsläufig schrittweisem Ablauf, bei der das Weiterschalten von einem Schritt auf den programmgemäß folgenden Schritt abhängig von Weiterschaltbedingungen erfolgt" (u.a. VDI/VDE 3683). Die Realisierung bzw. die Programmverwirklichung kann sowohl durch Verbindungsprogrammierung (VPS) als auch durch Speicherprogrammierung (SPS) erfolgen. Dieser Abschnitt ist jedoch ausschließlich den verbindungsprogrammierten Zwangsfolgesteuerungen gewidmet, die dann eine gewisse Sonderstellung einnehmen, wenn den einzelnen Programmschritten Speicherglieder (Flipflops) mit den für die Programmverwirklichung notwendigen kombinatorischen Verknüpfungen zugeordnet sind (siehe Bild 8.1). Durch kettenförmige Anordnung dieser Speicher entsteht ein sog. **Ablaufschaltwerk** für das u.a. auch die Bezeichnungen Ringzähler, Taktstufensteuerung und **Schrittregister** (engl. programmable sequence controller, programmable counter) gebräuchlich sind. Das Schrittregister (diese Bezeichnung wird weiterhin verwendet) unterscheidet sich vom Schieberegister, bei dem alle Stufen von einem Taktimpuls gleichzeitig ange-

steuert werden, dadurch, daß die einzelnen Registerstufen
nicht durch einen solchen Takt sondern durch die erwähnten
Weiterschaltbedingungen aktiviert werden. Man könnte das
Schrittregister auch als eine Art Schieberegister betrachten,
bei dem lediglich eine 1-Bit Information als Folge der Weiterschaltbedingungen durch das Register geschoben wird. Diese
Weiterschaltbedingungen können als Rückmeldesignale über voll-
zogene Teilvorgänge prozeßgeführt oder sie können zeitgeführt
sein. In diesem Fall erfolgt das Weiterschalten nicht nach
Vollzug eines bestimmten Teilvorgangs sondern nach Ablauf
einer bestimmten Zeit.

Schrittregister nehmen deshalb eine gewisse Sonderstellung
ein, weil sie zwar nicht wie fest verdrahtete VPS gänzlich
unflexibel, aber doch auch nicht uneingeschränkt flexibel wie
eine SPS sind. Sie sind baukastenmäßig aus einzelnen Moduln
aufbaubar, sehr einfach zu entwerfen (zu "programmieren") und
daher verhältnismäßig leicht an geänderte Aufgabenstellungen
anzupassen. Besonders bei pneumatischen Ablaufsteuerungen
haben sie sich deshalb für "kleine" Steuerungsaufgaben stark
durchgesetzt. Hier besteht der hauptsächliche Anwendungszweck
in der direkten Ansteuerung von pneumatischen Stellzylindern.
Schrittregister können aber selbstverständlich auch aus elektronischen Flipflop-Baustei-
nen (ICs) oder aus IC-Chips
mit implementierten Schiebe-
registern aufgebaut werden.
Auch sind Einschübe mit mehreren Schrittregistermoduln
am Markt verfügbar.

Wie schon erwähnt, besteht
ein Schrittregister aus einzelnen Registerstufen; eine
Stufe besteht im allgemeinen
aus einem Flipflop und je
einer Verknüpfungsschaltung
am Eingang und am Ausgang
des FF. In Bild 8.1 ist eine
solche Stufe schematisch
dargestellt. In der Regel
ist jede dieser Stufen für
einen bestimmten Programmschritt zuständig und ist

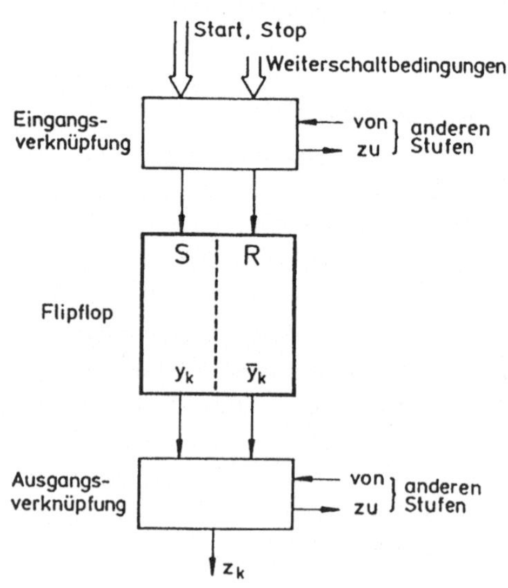

Bild 8.1. Stufe eines
Schrittregisters

daher nur zu bestimmten Zeitpunkten aktiv. Die Aktivierung geschieht durch ein Startsignal, durch Signale von anderen Stufen und vor allem durch die Weiterschaltbedingungen. Alle diese Signale sind in der Eingangsstufe entsprechend der jeweiligen Aufgabe verknüpft, wodurch das Setzsignal für das FF erzeugt wird. Das Speicherausgangssignal wird an andere Stufen gegeben und, wenn nötig, mit Signalen von anderen Stufen kombinatorisch verknüpft und das daraus resultierende Signal z_k löst den betreffenden Programmschritt aus. Nach Durchführung dieses Schrittes werden vom Prozeß her Signale als Weiterschaltbegingungen an die nächste Registerstufe gegeben.

Die Programmbeschreibung für Schrittregister kann auf verschiedene Weise erfolgen. Am gebräuchlichsten sind das **Funktionsdiagramm** (nach VDI 3260), vor allem aber der **Funktionsplan** (nach DIN 40719). In den folgenden Abschnitten (und dann auch in Abschnitt 8.2.1) werden wir zunächst eine vereinfachte Form des Funktionsdiagramms verwenden. Die Beschreibung durch den Funktionsplan wird dann später im Abschnitt 8.2.2 besprochen (siehe auch Abschnitt 10.3). Auch eine Beschreibung durch den **Kontaktplan** ist möglich und sie wird im Abschnitt 8.2.3 behandelt. Der Entwurf von Zwangsfolgesteuerungen und auch die Programmbeschreibung, vor allem durch den Funktionsplan, orientieren sich wesentlich an einer hardwaremäßigen Realisierung der Steuerung als (verbindungsprogrammiertes) Schrittregister. Dies ist auch dann noch zutreffend, wenn die Steuerung durch eine SPS erfolgt.

Zum Entwurf von Schrittregistern für die ausschließliche Ansteuerung von pneumatischen Stellzylindern ist am besten eine vereinfachte Version des Funktionsdiagramms geeignet; es entspricht im wesentlichen dem im Kapitel 7 mehrfach verwendeten Schaltfolgediagramm. Mit diesem Funktionsdiagramm wird im Bild 8.2 der Bewegungsablauf von zwei Zylindern beschrieben und anhand dieses Beispiels werden dann in den Abschnitten 8.1.2 bis 8.1.5 verschiedene Schrittregistertypen exemplarisch besprochen. Eine über diese Beispiele weit hinausgehende, sehr ausführliche Be-

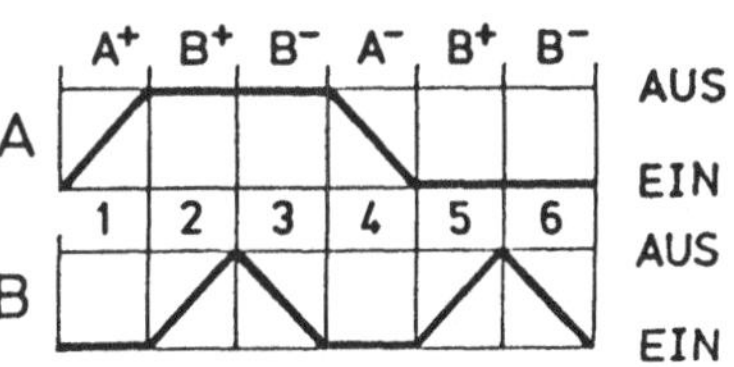

Bild 8.2. Funktionsdiagramm für zwei Stellzylinder

handlung der Schrittregister wurde in dem Buch von Pessen und
Hübl (1979) vorgenommen.

Bei Verwendung der Funktionsdiagrammdarstellung nach Bild 8.2
werden die einzelnen Programmschritte numeriert und die Zylinder mit großen Buchstaben A,B,... bezeichnet. Die Bewegungsabläufe "Kolben einfahren" bzw. "Kolben ausfahren" werden
durch entsprechende große Buchstaben mit hochgestellten Indi-
zes "-" oder "+" beschrieben, z.B. bedeutet "A^-" Einfahren des
Kolbens von Zylinders A. Die Ansteuerung der Zylinder kann
nicht unmittelbar durch die Signalverarbeitungsebene erfolgen,
sondern es werden zur Leistungsanpassung Arbeitsventile zwi-
schengeschaltet. Meist werden 3/2-Wegeventile als pneumatische
Impulsventile oder als Magnetventile eingesetzt. Pneumatische
Impulsventile oder auch Federrückstellventile werden bei pneumatischen Schrittregistern, Magnetventile bei elektronischen
Schrittregistern und bei SPS verwendet. Für die Kennzeichnung
der Ansteuersignale werden ebenfalls große Buchstaben verwendet. Diese erhalten den tiefgestellten Index 1 für den
Ansteuerbefehl, der das Ausfahren bewirkt und den Index 0 für
den Einfahrbefehl. Über Endlagenschalter wird die Stellung der
Kolben rückgemeldet. Die Endlagenschaltersignale erhalten
kleine Buchstaben mit tiefgestelltem Index 0 für den eingefah-
renen Zustand und den Index 1 für den ausgefahrenen Zustand
(Bild 8.3).

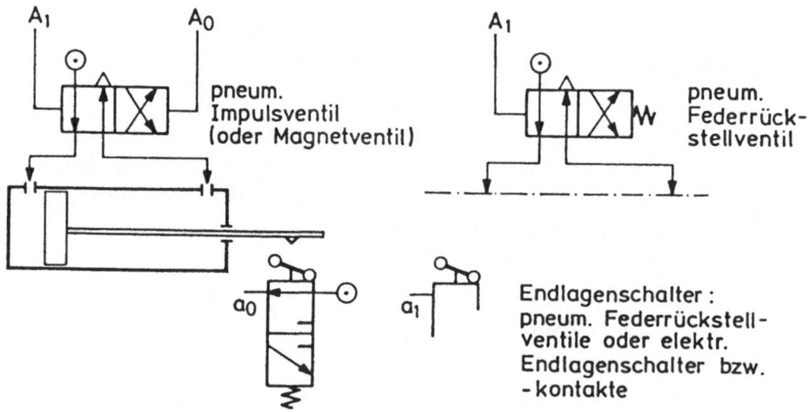

Bild 8.3. Pneumatische Stellzylinder mit
Arbeitsventilen und   Endlagenschaltern

Wie schon gesagt, werden Schrittregister immer noch vielfach
für kleine Automatisierungsaufgaben und da sehr häufig zur

Ansteuerung von pneumatischen Stellzylindern verwendet, wie es im Bild 8.3 angedeutet wird. Deshalb werden dieser Anwendung die folgenden Abschnitte gewidmet, wo für das in Bild 8.2 angegebene Beispiel verschiedene Lösungen gezeigt werden. Es werden Schrittregister mit unterschiedlicher Verschaltung (Kodierung) der Speicherstufen besprochen, deren jeweils zweckmäßige Verwendung sich nach der hardwaremäßigen Realisierung des Schrittregisters und nach den verwendeten Ventilen (Impulsventile mit oder ohne Federrückstellung) richtet.

8.1.2 Schrittregister mit (1 aus n)-Code

Bei diesem Schrittregistertyp ist jedem Programmschritt eine Registerstufe zugeordnet. Der Bewegungsablauf nach Bild 8.2 hat sechs Programmschritte, es wird also ein sechsstufiges Register benötigt. Die Stufen des Registers werden im Zuge der Ausführung der einzelnen Schritte nacheinander gesetzt und wieder rückgesetzt; das Register "zählt" die abgearbeiteten Programmschritte. Nach Beendigung des letzten Schrittes wird, bei einem diesbezüglichen Signal der sog. Bedienungseinheit (siehe Abschnitt 8.3), wieder mit der Ausführung des ersten Programmschrittes begonnen, da die erste Registerstufe mit der letzten Stufe verbunden ist. Aus dieser Struktur des Registers leitet sich die manchmal auch übliche Bezeichnung **Ringzähler** ab. Die Bezeichnung (1 aus n)-Code bzw. 1/n-Code rührt daher, daß von den für die n Schritte des Programms erforderlichen n Speichern in jedem einzelnen Programmschritt nur ein Speicher und zwar der für den k-ten Schritt zuständige k-te Speicher gesetzt ist.

Im folgenden Beispiel wird ein Schrittregister zunächst für Verwendung von pneumatischen Impulsventilen oder Magnetventilen entworfen. Dabei sind in der Ausgangsverknüpfung die Signale A_1 und A_0, B_1 und B_0 zu erzeugen.

Im .Bild 8.4 sind noch einmal das Funktionsdiagramm der zu entwerfenden Zylindersteuerung und darunter das Schaltfolgediagramm bei Verwendung eines Schrittregisters mit 1/n-Code gezeigt. Damit die erste Stufe des Registers gesetzt werden kann, muß die letzte Bewegung B^- ausgeführt sein, d.h. die Rückmeldung b_0 muß vorhanden sein. Die letzte Stufe des Registers ist noch gesetzt und bereitet damit die erste Stufe vor. Wird durch die Bedienungseinheit das Signal "Start" gegeben, so wird die erste Registerstufe gesetzt, die letzte Stufe gelöscht und damit der erste Bewegungsablauf A^+ ausgelöst. Nach Beendigung der ersten Bewegung wird das Rückmeldesignal a_1 gegeben, wodurch die durch y_1 vorbereitete Registerstufe 2 gesetzt wird. Gleichzeitig wird Stufe 1 gelöscht und Stufe 3 vorbereitet. Das y_2-Signal bewirkt das Ausfahren des Zylinders B, was nach Beendigung dieses Vorgangs durch Signal b_1 rückgemeldet wird. Sinngemäß werden die restlichen Stufen des Registers programmiert (siehe Bild 8.5). Tritt ein Ansteuersignal während des Zyklus mehrmals auf (hier B_1 und B_0), dann werden diese Signale durch ein ODER-Gatter verknüpft.

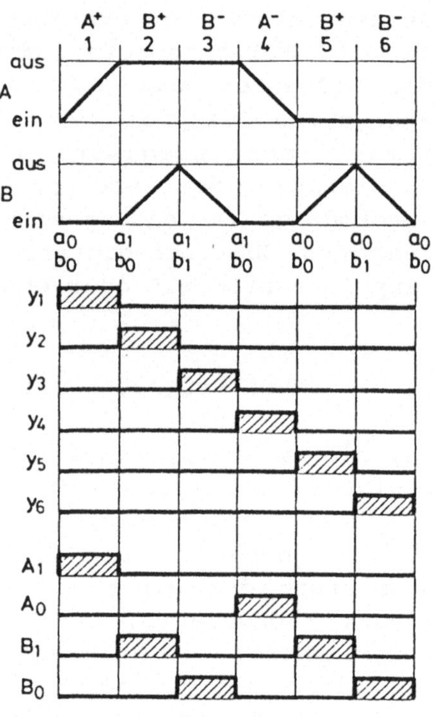

Bild 8.4. Funktionsdiagramm und Speicherbelegungen sowie Schaltfolgediagramm der Ansteuerbefehle für Impulsventile bei 1/n-Code

Bei der Darstellung in Bild 8.5 und bei den meisten der folgenden Bilder wurde als sog. Startbedingung vorausgesetzt, daß, wie vorher schon erwähnt, beim Start des Zyklus die letzte Registerstufe noch (oder bereits) gesetzt ist und daß bei Dauerbetrieb das Startsignal dauernd anliegt. Durch die Bedienungseinheit muß beim 1/n-Code die obige Startbedingung jeweils hergestellt werden. Wird bei der Schaltung nach Bild 8.5 während des Ablaufs eines Zyklus das Startsignal auf Null gesetzt, dann wird der Zyklus zu Ende durchlaufen und ein neuer Zyklus nicht begonnen. Für den Fall, daß zu Beginn des ersten Zyklus alle FF gelöscht sind, daß gesonderte Start- und Stop-Signale gegeben werden und daß die Herstellung der Startbedingung durch die Bedienungseinheit nicht vorgesehen ist, dann müßte die Eingangsverknüpfung (Setzbedingung) der ersten Registerstufe lauten:

$$S = (\text{Start} \vee y_6)\,b_0 \cdot \overline{\text{STOP}}$$

(siehe z.B. Bild 8.31). Bei dieser Schaltung genügt ein Start-
signal-Impuls; wird während eines Zyklus das Stop-Signal gegeben, dann muß dieses Signal bis zum Ende des Zyklus (bis zum
Stillstand) anstehen.

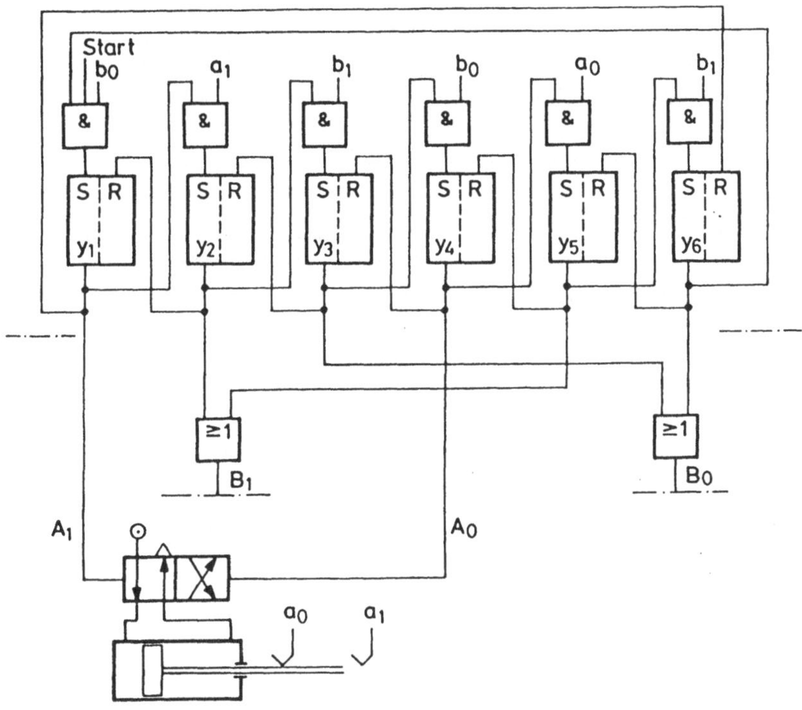

Bild 8.5. Schrittregister mit 1/n-Code bei Impulsventilen für das Beispiel aus Bild 8.2

Bei Verwendung von Federrückstellventilen sind die Signale A_0
und B_0 nicht erforderlich; die Signale A_1 und B_1 müssen dann
den im Bild 8.6 angegebenen zeitlichen Verlauf nehmen (der
Verlauf von B_1 ist, bedingt durch die vorliegende Aufgabenstellung, nur in diesem Beispiel unverändert geblieben).

Wie durch dieses, aber auch durch die folgenden Beispiele
gezeigt wird, bereitet der Aufbau eines Schrittregisters keine
Schwierigkeiten. Bei dem Register mit dem 1/n-Code nach Bild
8.4 und Bild 8.5 besteht jede Stufe aus einem FF mit einer
Konjunktion am Setzeingang. Diese Konjunktion als Eingangsverknüpfung ist notwendig, weil mehrmaliges Auftreten von Rück-
meldesignalen innerhalb eines Zyklus (hier sind dies b_0, b_1)

bei Fehlen der Konjunktion die entsprechende Stufe unmittelbar
setzen würde und somit nicht der geforderte Bewegungsablauf
erzeugt werden könnte. Außerdem verhindern die Konjunktionen
das Setzen von nicht vorbereiteten Registerstufen durch ev.
auftretende fehlerbedingte Rückmeldesignale. Um durch eine
übergeordnete Bedienungseinrichtung verschiedene "Betriebsarten" der Steuerung zu erzielen, sind an den Eingängen der
einzelnen Registerstufen noch weitergehende Verknüpfungen
erforderlich als in Bild 8.5 eingetragen (siehe Bild 8.34).

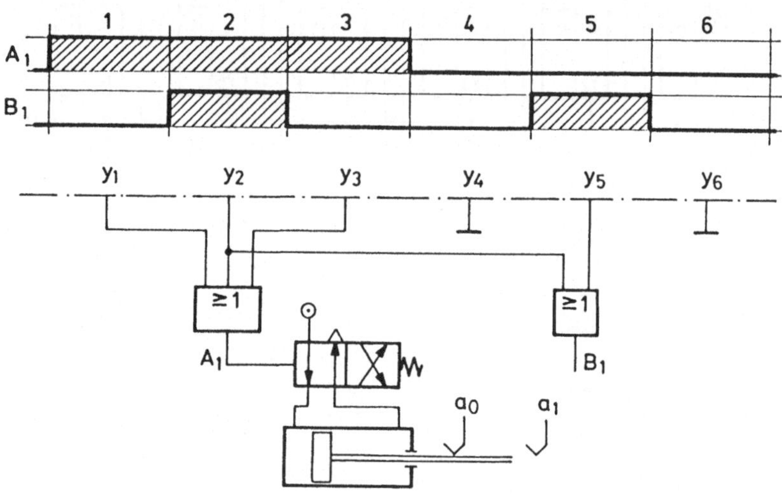

Bild 8.6. Ausgangsverknüpfungen des Schrittregisters
aus Bild 8.5 bei Verwendung von Federrückstellventilen

Die Anwendung von Schrittregistern mit 1/n-Code ist dann vorteilhaft, wenn Elemente nach dem Baukastenprinzip mit einheit-
lichen RS-FFs mit vorgeschalteten Konjunktionen verfügbar
sind. Auch bei Anwendung von elektronischen Schrittregistern
wird vorwiegend der 1/n-Code verwendet. In kommerziellen
Steuerungssystemen sind Karten mit 1/n-kodierten Schrittregistern vorhanden, wobei den Setz- und Rücksetzeingängen der
einzelnen Stufen bereits UND- und ODER-Gatter mit mehreren
Eingängen vorgeschaltet sind.

Ein weiteres Beispiel, bei dem der 1/n-Code verwendet
wird, soll ebenfalls den einfachen Entwurf einer Schrittregistersteuerung verdeutlichen. Für die im Bild 8.7 ange-
deutete Bohrstation, in der ein Werkstück nach dem anderen

gleichzeitig vier Bohrungen erhalten soll, werde ein pneum. Schrittregister gebraucht. Der Einfachheit halber soll nur die Ansteuerung der Zylinder entworfen werden. Es werden Federrückstellventile verwendet und es wird angenommen, daß die Motoren immer laufen. Bild 8.8 zeigt das Funktionsdiagramm; in Bild 8.9 sind die Zylinder, die Endlagenschalter und die Kontrollfühler schematisch dargestellt.

Am Beginn eines Zyklus wird von der Schleuse ein Werkstück freigegeben. Ist das obere Magazin leer (r = 0), so wird der Zyklus unterbrochen. Das Werkstück wird gespannt und bearbeitet. Der Vorschub der Zylinder A bis D erfolgt gleichzeitig. Nach der Bearbeitung wird ein neues Werkstück in die obere Schleuse

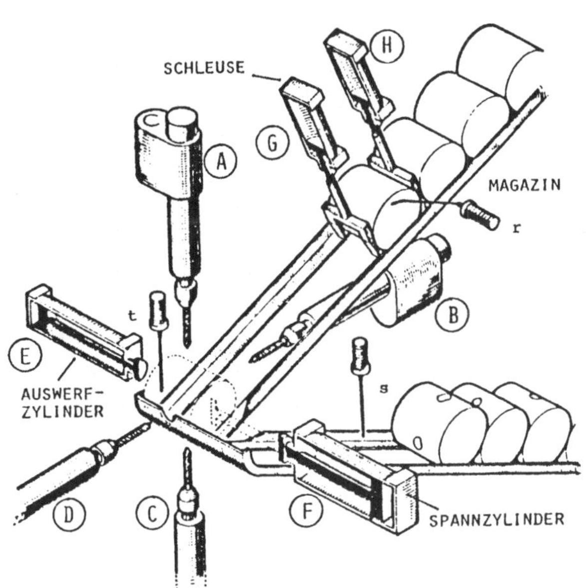

Bild 8.7. Beispiel einer einfachen Bearbeitungsstation. (Aus einer Druckschrift von TELEMECANIQUE)

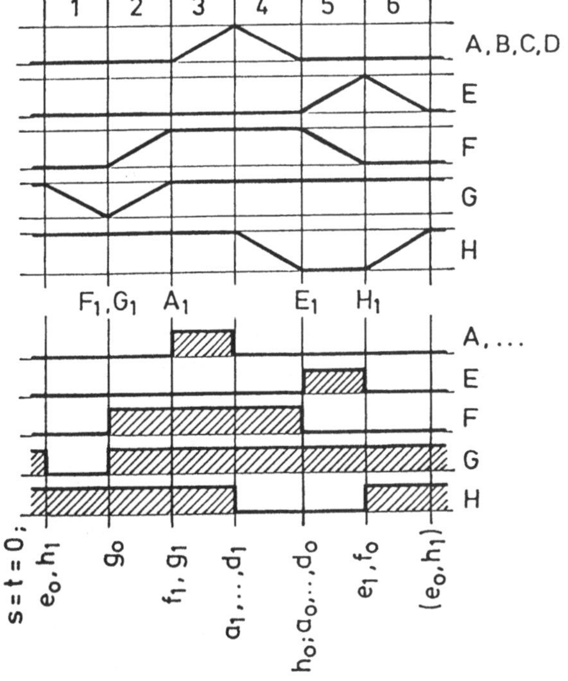

Bild 8.8. Funktionsdiagramm und Ansteuerbefehle für das Schrittregister

eingeführt, die Spannzylinder werden zurückgestellt und
das Werkstück wird ausgeschoben. Wenn sich kein Werkstück
in Bearbeitung befindet (t = 0) und wenn das untere
Magazin aufnahmefähig ist (s = 0), dann soll folgender
Zyklus ablaufen:

1: G^-;   2: F^+, G^+;   3: A^+, B^+, C^+, D^+;
4: A^-, B^-, C^-, D^-, H^-;   5: F^-, E^+;   6: E^-, H^+.

Im Bild 8.10 ist das nach dem 1/n-Code verschaltete Register dargestellt. Die Ausgangsverknüpfungen folgen aus dem
Schaltfolgediagramm Bild 8.8.

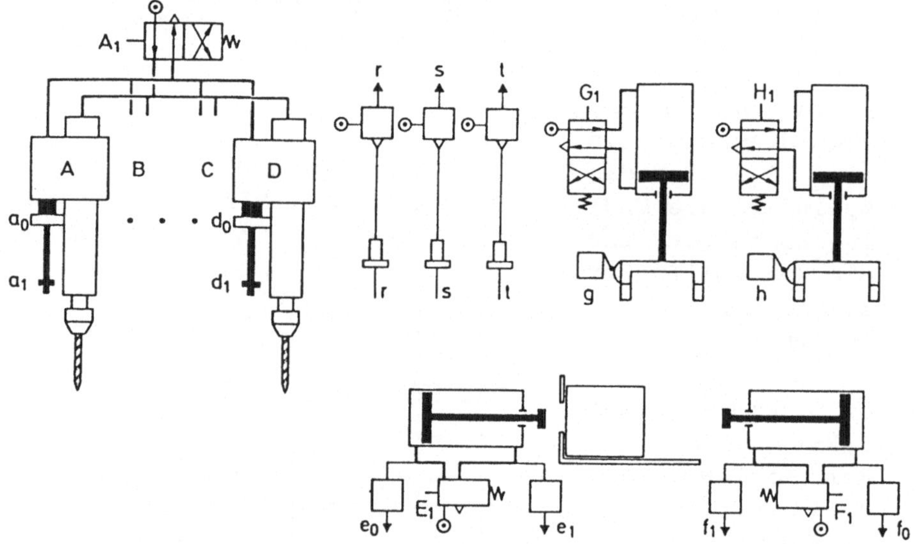

Bild 8.9. Arbeitszylinder und Rückmelder der
Bohrstation in Bild 8.7. (Nach TELEMECANIQUE)

8.1.3 Schrittregister mit summierendem Code

Bei diesem Registertyp wird nach Tabelle 8.1 ein sog. summierender Code verwendet. In jedem Programmschritt wird wieder
eine Registerstufe gesetzt und die nächste Stufe vorbereitet.
Im Unterschied zum Schrittregister mit 1/n-Code wird jedoch
die jeweils vorhergehende Stufe nicht gelöscht, sondern sie
bleibt gesetzt. Während der Ausführung des letzten Schrittes
sind dann alle Speicher gesetzt.

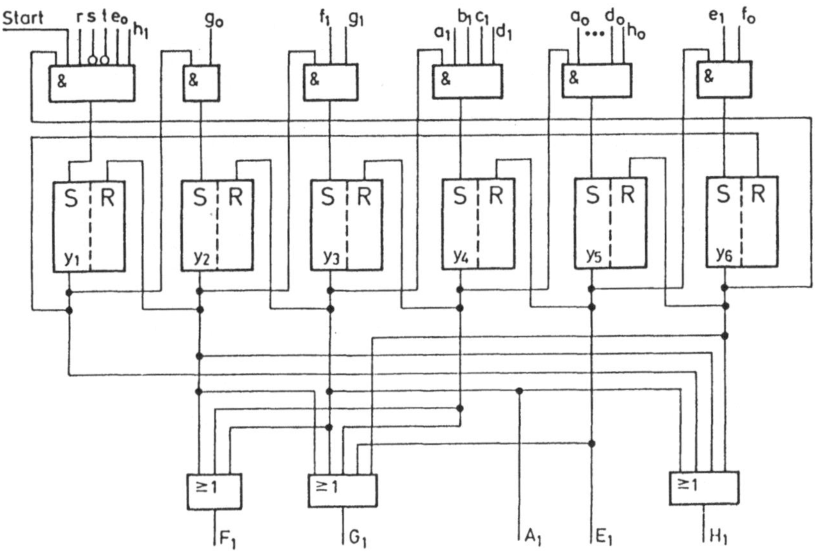

Bild 8.10. Schrittregister der Bearbeitungsstation Bild 8.7

Tabelle 8.1. Summierender Code

Schritt	y_1	y_2	y_3	y_4	y_5	y_6
1	1	0	0	0	0	0
2	1	1	0	0	0	0
3	1	1	1	0	0	0
4	1	1	1	1	0	0
5	1	1	1	1	1	0
6	1	1	1	1	1	1

Ist der Befehl der letzten Stufe ausgeführt, so kann mit dem
Rückmeldesignal x_6 und dem Ausgangssignal y_6 der letzten Stufe
das Register wieder gelöscht werden. Es ist möglich, ein für
alle Registerstufen gemeinsames Löschsignal vorzusehen oder
das Löschen der Stufen schrittweise vorzunehmen. Die letztere Möglichkeit ist im Bild 8.11 gezeigt. Nach Beendigung des
letzten Schrittes wird die erste Registerstufe gelöscht, d.h.
$\bar{y}_1$ wird Eins, löscht die zweite Stufe usw. Für einen neuen
Programmdurchlauf muß von der Bedienungseinheit das Startsignal gegeben werden. Bei der im Bild 8.11 dargestellten Konfi-
guration wird das Ausgangssignal y_k der Stufe k mit dem Aus-

gangssignal $\bar{y}_{k+1}$ der nachfolgenden Stufe konjugiert. Das bedeutet, daß z_k nur dann Eins ist, wenn die k-te Stufe gesetzt und die (k+1)-te Stufe noch nicht gesetzt ist. Soll ein z_k-Signal jedoch über mehrere Schritte hinweg Eins bleiben, so muß das $\bar{y}$-Signal an einer der auf die (k+1)te Stufe folgenden Stufen entsprechend der gewünschten Länge des z-Signals abgegriffen werden. Aus diesem Grund ist dieser Registertyp besonders dann vorteilhaft, wenn Federrückstellventile verwendet werden. Ein gewisser Nachteil der Register mit summierendem Code besteht darin, daß die einzelnen Stufen nicht unbedingt identisch sind wie beim 1/n-Code. Bild 8.13 zeigt schließlich das für die im Bild 8.2 gestellte Aufgabe gemäß Bild 8.12 programmierte Schrittregister.

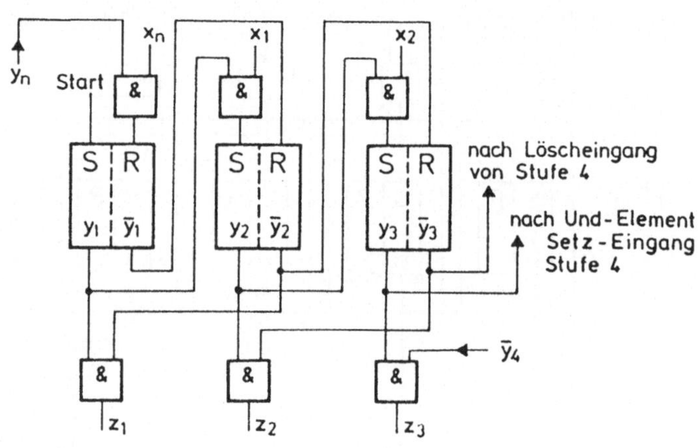

Bild 8.11. Löschen der Flipflops bei summierendem Code

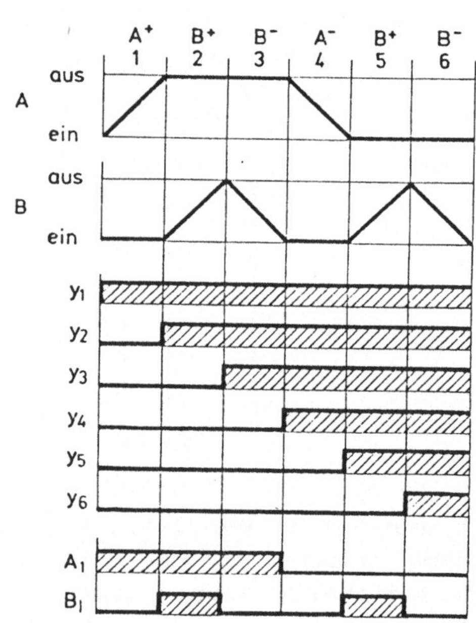

Bild 8.12. Funktionsdiagramm, Speicherbelegungen und Ansteuerbefehle für Federrückstellventile bei summierendem Code (Beispiel aus Bild 8.2)

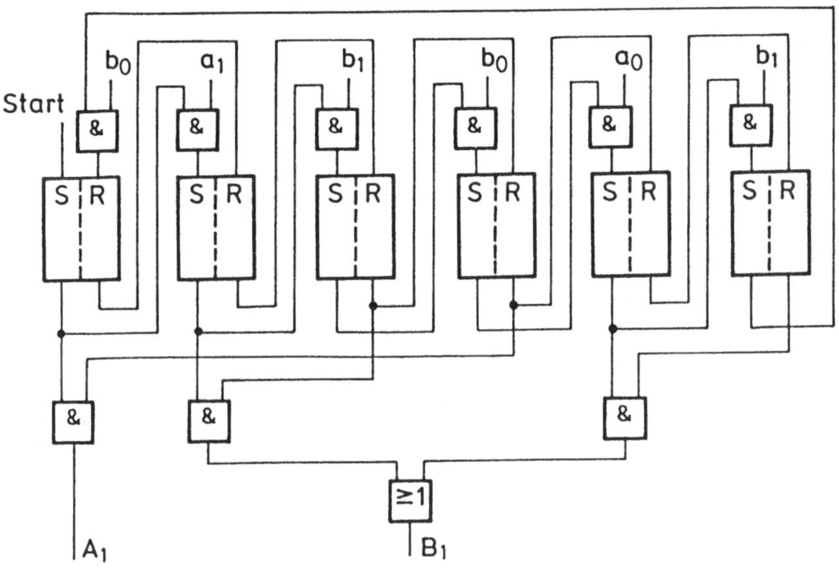

Bild 8.13. Schrittregister mit summierendem Code bei
Federrückstellventilen für das Beispiel aus Bild 8.2

8.1.4 Schrittregister mit Johnson-Code

Bei den bisher besprochenen beiden Registertypen wird für
jeden Programmschritt eine Registerstufe benötigt. Soll ein
Programm mit einer hohen Schrittzahl realisiert werden, so
kann es bei VPS vorteilhaft sein, die Anzahl der Registerstufen dadurch zu senken, daß die Informationen über ausgeführte
bzw. auszuführende Schritte kodiert gespeichert werden. Als
sehr günstig hat sich der sogenannte Johnson-Code erwiesen.

Tabelle 8.2. Johnson-Code

Schritt	y_1	y_2	y_3	Dekodierung
1	1	0	0	$y_1 \; \bar{y}_2$
2	1	1	0	$y_2 \; \bar{y}_3$
3	1	1	1	$y_1 \; y_3$
4	0	1	1	$\bar{y}_1 \; y_2$
5	0	0	1	$\bar{y}_2 \; y_3$
6	0	0	0	$\bar{y}_1 \; \bar{y}_3$

Für die Dekodierung werden nur Konjunktionen oder Disjunktionen benötigt. Allerdings ist der Aufwand an Gattern für die Eingangs- und Ausgangsverknüpfungen größer. Der Johnson-Code ist allerdings nicht der einzige derartige Code, mit dem Flipflops eingespart werden können.

Für zwei Programmschritte ist eine Registerstufe erforderlich, d.h. für einen n-schrittigen Bewegungsablauf werden n/2 Registerstufen benötigt, falls n eine gerade Zahl ist; ist n ungerade, dann sind (n+1)/2 Stufen notwendig. Für die sechs Bewegungsabläufe des Beispiels aus Bild 8.2 sind also drei Registerstufen erforderlich. Während der ersten n/2 Schritte werden die Registerstufen in gleicher Weise wie beim summierenden Code fortlaufend gesetzt und bleiben gesetzt, während bei den restlichen Schritten die Stufen wieder nacheinander gelöscht werden. Der prinzipielle Aufbau eines Schrittregisters mit Johnson-Code ist im Bild 8.14 gezeigt.

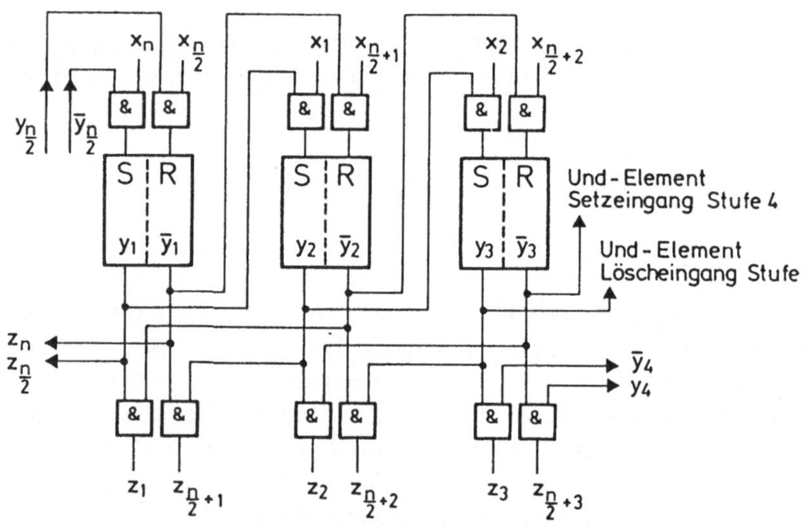

Bild 8.14. Aufbau eines Schrittregisters
mit Johnson-Code

Im Gegensatz zum Schrittregister mit summierendem Code wird dem Löscheingang der Registerstufen eine Konjunktion vorgeschaltet und auf der Ausgangsseite ist zur Dekodierung ebenfalls eine weitere Konjunktion notwendig. Die zur Kodierung erforderlichen Beziehungen werden folgendermaßen ermittelt: Es werden jene y_k-Signale, die im $(i-1)$-ten und im i-ten Schritt unterschiedlich sind sowie jene y_1-Signale, die im i-ten Schritt und im $(i+1)$-ten Schritt verschiedene Werte besitzen zum Ansteuersignal z_i konjunktiv verknüpft. Die Belegungen von y_k und y_1 sind identisch mit jenen im betrachteten Schritt i. Wird nach diesem Gesichtspunkt die Kodierung in der Tabelle 8.2 betrachtet, so zeigt sich z.B. für den Schritt 1, daß sich die Werte von y_1 im ersten Schritt und von y_1 im sechsten (vorherigen) Schritt unterscheiden; auch haben y_2 im ersten und y_2 im zweiten Schritt verschiedene Belegungen. Somit wird für die Kodierung des ersten Schrittes die Verknüpfung $y_1 y_2$ erhalten. Für die restlichen Schritte wird in analoger Weise verfahren. Das Bild 8.15 zeigt das Johnson-Register für den vorgegebenen Bewegungsablauf und in diesem Bild sind noch einmal die sechs Bewegungsvorgänge mit den Signalen (Befehle A_1, B_1, usw.) dargestellt.

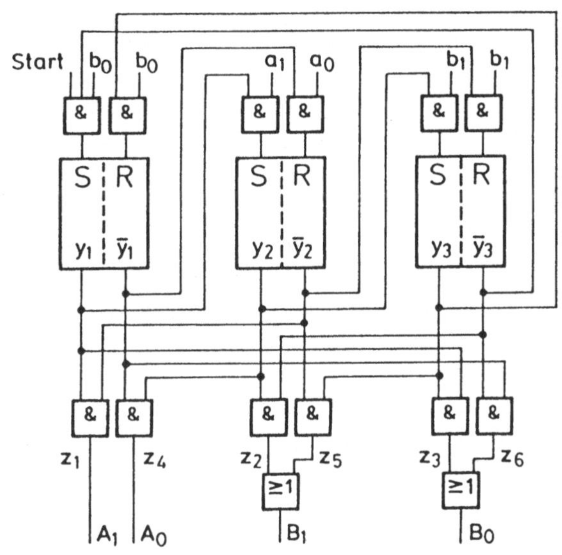

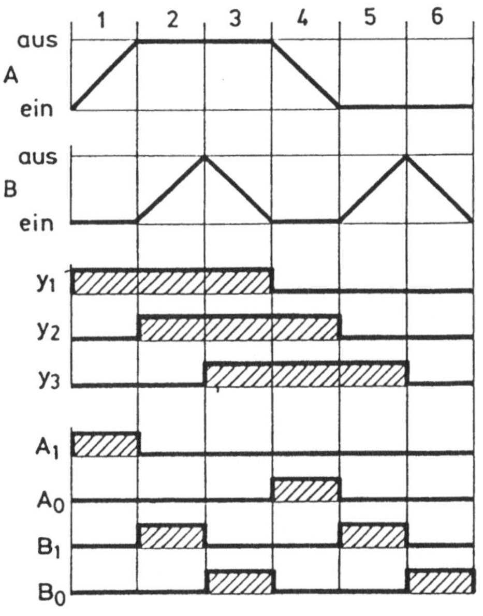

Bild 8.15. a) Schrittregister mit Johnson-Code für das Beispiel aus Bild 8.2 bei Verwendung von Impulsventilen, b) Speicherbelegungen und Ansteuerbefehle

Soll ein z-Signal über mehrere Programmschritte verfügbar sein
(z.B. bei Verwendung von Federrückstellventilen), so kann dies
beim Johnson-Register durch Verwendung von einem UND-Gatter
oder einem ODER-Gatter mit zwei Eingängen wie folgt erreicht
werden. Es sei m die Anzahl der aufeinanderfolgenden Schritte,
für die ein z-Signal Eins bleiben soll und n die Anzahl der
Stufen des Registers. Es können dann drei Fälle auftreten:
a) $m < n$, b) $m > n$, c) $m = n$. Im Fall a) ist ein UND-Gatter,
im Fall b) ein ODER-Gatter und im Fall c) kein Gatter erforderlich (das z-Signal ist identisch mit einem y-Signal). Die
Kodierungen in den Fällen a) und b) bzw. das y-Signal im Fall
c) werden nach dem vorhergehend beschriebenen Prinzip ermittelt. Nur werden hier nicht die y-Signale von zwei aufeinanderfolgenden Schritten verglichen, sondern die Signale im
ersten und letzten Programmschritt der betrachteten Schritt-
folge.

Für das hier behandelte Beispiel ist bei Ventilen mit Federrückstellung ein Verlauf von A_1 und B_1 lt. Bild 8.6 bzw. Bild
8.12 erforderlich. Während der Schritte 1 bis 3 gilt $A_1 = 1$,
d.h. $m = 3$. Das Register hat drei Speicher, d.h. $n = 3$. Es
ist also keine Verknüpfung zur Dekodierung von A_1
erforderlich. Es muß nur noch bestimmt werden, welches y-
Signal mit A_1 identisch ist. Dazu werden die Speicherausgänge
im ersten und dritten Schritt betrachtet (siehe Tabelle 8.2).
Daraus ergibt sich $A_1 = y_1$. Die Dekodierung für B_1 bleibt
unverändert: $B_1 = z_2 \vee z_5 = y_2\bar{y}_3 \vee \bar{y}_2 y_3$.

Die so gefundenen Beziehungen sind auch dann noch gültig, wenn
Ventile ohne Federrückstellung verwendet werden, weil ein
einmal in einen bestimmten Zustand gesetztes Wegeventil solange in diesem Zustand verbleibt, bis ein entgegengesetzt wir-
kender Befehl erfolgt. Z.B. wird das den Zylinder A ansteuern-
de Ventil im ersten Schritt durch A_1 gesetzt und bleibt im
zweiten und dritten Schritt gesetzt, obwohl der Zylinder A
schon ausgefahren ist. Die Befehle A_0 und B_0 werden dann durch
Negieren von A_1 und B_1 erzeugt. Damit könnte die im Bild 8.15
angegebene Ausgangsverknüpfung noch etwas vereinfacht werden.

Bild 8.16 zeigt zwei schon etwas ältere kommerzielle pneumatische Schrittregister nach dem Baukastenprinzip. Die einzelnen Elemente werden auf genormten Schienen montiert und die
Verbindungen werden entsprechend dem zu realisierenden Programm hergestellt.

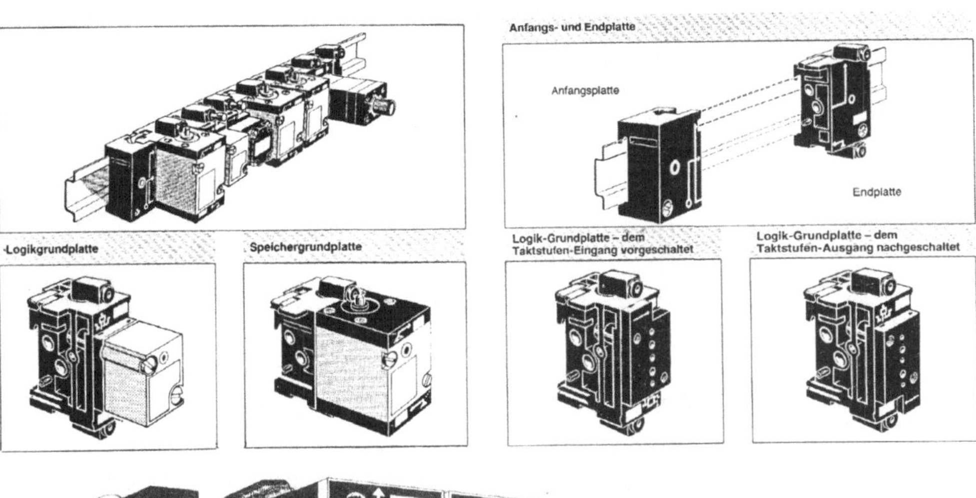

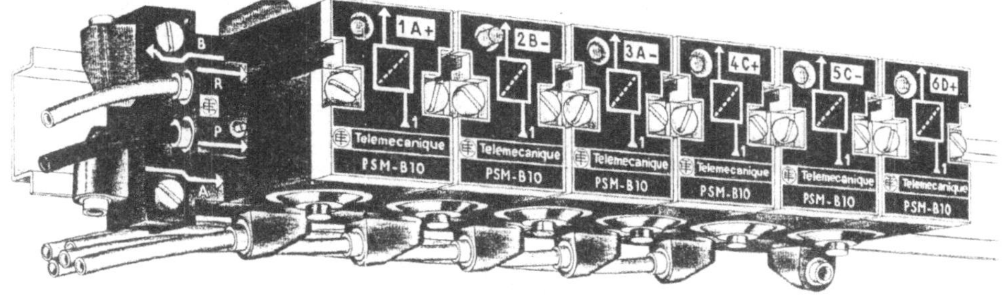

Bild 8.16. Pneumatische Schrittregister. Oben: Register
von HOERBIGER, unten: Register von TELEMECANIQUE

Es ist deutlich, daß bei solchen Schrittregistern die Programmierung z.B. nach dem Johnson-Code elementsparend und daher
vorteilhaft ist.

8.1.5 Schrittregister mit (2 aus n)-Code

Bei dieser von Pessen und Golan (1975) erstmals vorgeschlagenen Kodierung sind nach Tabelle 8.3 bei jedem Schritt zwei
FFs gesetzt. Um dies zu ermöglichen, besteht die Ausgangsverknüpfung aus je einer Konjunktion, die den jeweiligen FF-
Ausgang mit den Weiterschaltbedingungen zum betreffenden Ansteuersignal verknüpft. Das Ansteuersignal ist auch zugleich
Rücksetzsignal der vorhergehenden und Setzsignal der nachfolgenden Stufe. Bei diesem Schrittregister sind demnach alle

Tabelle 8.3. (2 aus n)-Code

Schritt	y_1	y_2	y_3	y_4	y_5	y_6
1	1	1	0	0	0	0
2	0	1	1	0	0	0
3	0	0	1	1	0	0
4	0	0	0	1	1	0
5	0	0	0	0	1	1
6	1	0	0	0	0	1

Stufen identisch; sie bestehen aus einem RS-FF mit einer
(passiven) Konjunktion am Ausgang. So wie beim 1/n-Code wird
der negierte Ausgang des FFs nicht verwendet. Bild 8.17 zeigt
das für die bisherige Aufgabe für Impulsventile nach dem 2/n-
Code programmierte Schrittregister. Die Programmierung besteht
darin, daß die Weiterschaltsignale an die betreffenden Konjunktionen geführt und die Ansteuersignale an den entsprechenden Stufen abgegriffen werden.

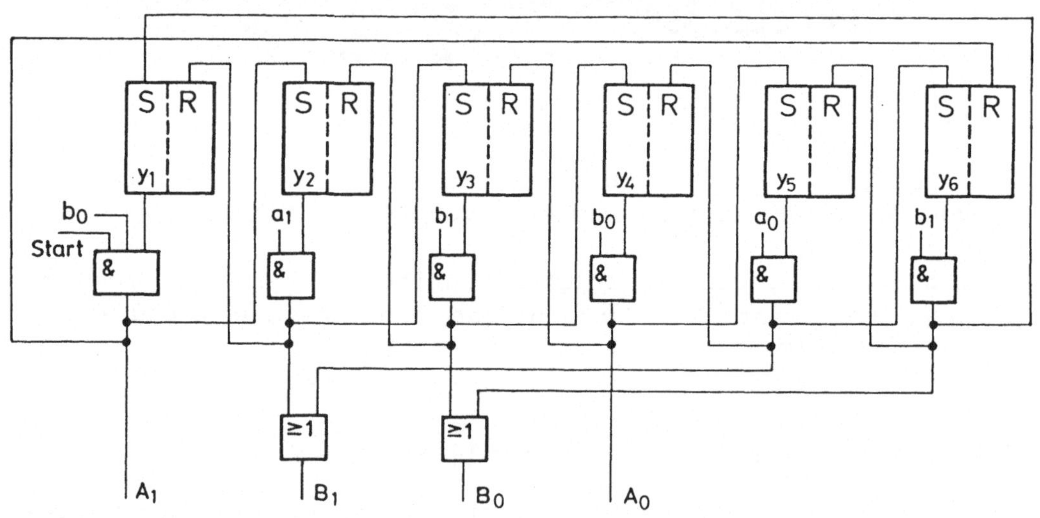

Bild 8.17. Schrittregister mit 2/n-Code bei
Impulsventilen für das Beispiel aus Bild 8.2

Der Vorteil dieser Kodierung liegt darin, daß ein pneumatisches oder hydraulisches 3/2-Wegeventil wegen seiner sog.

Lagespeicherung wie ein RS-FF wirkt und gleichzeitig die passive Konjunktion ermöglicht. Es kann also ein Schrittregister
aus solchen Wegeventilen einfachst aufgebaut werden, wie es
im Bild 8.18 dargestellt ist. Dies ist bei kleinen Automatisierungsaufgaben für "Do-it-yourself-Anwender" von gewisser
Bedeutung. Es müssen als Arbeitsventile Impulsventile ohne Federrückstellung verwendet werden. Da die einzelnen Registerstufen passiv, also ohne Hilfsenergiezufuhr .wirken, müssen
aktive Endlagenschalter verwendet werden, um so die Stellener-
gieversorgung zu ermöglichen.

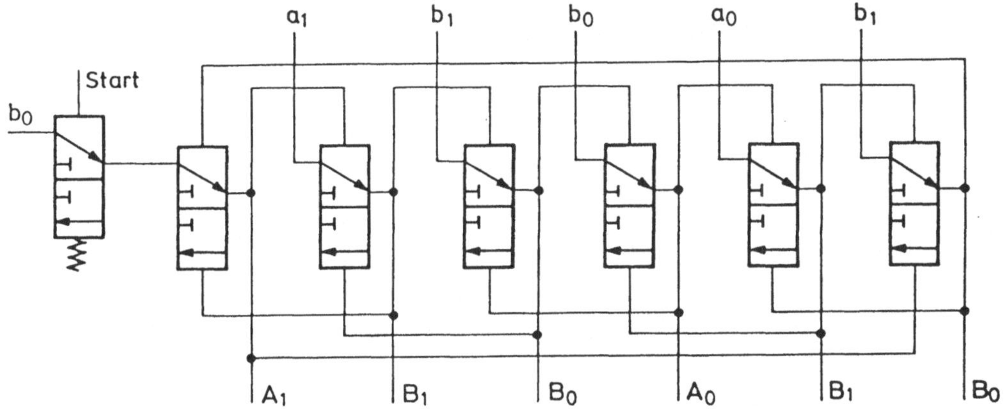

Bild 8.18. Schrittregister mit 2/n-Code aus Bild 8.17
realisiert durch (passive) 3/2-Wegeventile

8.2 Programmbeschreibungen bei Zwangsfolgesteuerungen für Fertigungsanlagen und Prozesse

Bei den im Abschnitt 8.1 behandelten Ablaufsteuerungen wurden
ausschließlich die Bewegungen von Arbeitszylindern ausgelöst
und die erreichten Positionen wurden als Weiterschaltbedingungen zurückgemeldet. Bei den einzelnen Teilvorgängen, vor allem
bei Prozeßsteuerungen, kann es sich aber, wie schon am Beginn
des Abschnitts 8.1.1 ausgeführt, auch um Öffnen und Schließen
von Ventilen (z.B. Schließen des Ventils nach Erreichen einer
gewissen durchgeströmten Menge), Ein- und Ausschalten von
Motoren, usw. handeln; eine Weiterschaltbedingung kann auch
z.B. der Ablauf einer vorgegebenen Zeit sein (Zeitbedingung).

Für diese Aufgabenstellungen ist die vereinfachte Form des Funktionsdiagramms, wie sie bisher verwendet wurde, nicht mehr ausreichend. Es werden dann Programmbeschreibungen verwendet, die unabhängig von der Steuerungsart sind und mit denen auch kompliziertere Verknüpfungen, Zeitfunktionen und Programmverzweigungen dargestellt werden können. Das nachfolgend besprochene **Funktionsdiagramm** ist eher für Bearbeitungs- und Fertigungsanlagen geeignet, wogegen die Programmbeschreibungen durch **Funktionsplan** (Abschnitt 8.2.2) und **Kontaktplan** (Abschnitt 8.2.3) allgemeiner anwendbar sind. Vor allem die beiden letztgenannten Beschreibungsarten werden neben Logikplan und anderen, im Kapitel 10 noch zu besprechenden Programmbeschreibungen vorwiegend für SPS verwendet.

8.2.1 Beschreibung durch das Funktionsdiagramm (FUD)

In der Richtlinie VDI 3260 werden die Darstellungsgrundsätze des Funktionsdiagramms und die zu verwendenden Symbole zusammengestellt. Hier sollen nur die wichtigsten Gesichtspunkte der Darstellung von Funktionsabläufen bzw. Funktionsfolgen besprochen werden.

Bei der Funktionsdiagrammdarstellung wird, wie schon bisher, der jeweilige Arbeitsablauf in einzelne Schritte aufgeteilt. In jedem Schritt erfolgen Änderungen von Zuständen; als Zustände werden z.B. die Positionen von Vorschubeinheiten, Bewegungen von maschinellen Komponenten (z.B. Motor läuft, Pumpe steht still, usw.) bezeichnet. Wie früher in Bild 8.2 werden die einzelnen Programmschritte numeriert; diese Angaben können auch durch Zeitangaben ergänzt werden, wodurch eine etwa zeitproportionale Schrittdarstellung möglich ist. Die einzelnen Schritte können natürlich auch sehr unterschiedliche Dauer haben. Relativ kurze Zeiten, wie z.B. Schaltzeiten von Schützen, werden im Funktionsdiagramm vernachlässigt. Die zeitliche Darstellung sowie die Darstellung der Zustandsänderungen sind nicht an Maßstäbe gebunden.

Ein wesentlicher Unterschied zu der früher verwendeten vereinfachten Form des Funktionsdiagramms (Bild 8.2) besteht darin, daß neben Bewegungsabläufen auch Signale, einfache logische Verknüpfungen dieser Signale sowie Signalgeber und Gerätekomponenten symbolisch dargestellt werden.

Bezeichnung der Komponenten: Wie bei der in Bild 8.2 verwendeten Darstellung, wo die einzelnen Stellzylinder mit Buchstaben bezeichnet wurden, werden hier zur besseren Verdeutlichung in den einzelnen Zeilen die Benennungen der jeweiligen Komponenten (u.U. ergänzt durch Kennziffern), Bezeichnungen der Zustände (z.B. "ein", "vor", "zurück", "oben") sowie ev. sonstige, zum besseren Verständnis beitragende Kommentare eingetragen (siehe Bild 8.22).

Darstellung von Bewegungen und Zuständen: Bewegungen und Zustände werden in den einzelnen Zeilen der Diagramme durch in der Richtung des Schrittablaufs eingetragene Funktionslinien dargestellt. Für die Ruhestellung der Bauglieder (z.B. Motor aus, Ventil unbetätigt, Kolben in Ausgangsstellung, usw.) werden dünne Linien und für die von der Ruhestellung abweichenden Zustände werden dicke Linien verwendet (siehe Bild 8.22).

Darstellung von Signalen:
Im Gegensatz z.B. zu Bild 8.4 werden die Rückmelde- bzw. Auslösesignale (Weiterschaltbedingungen) nicht mit Kleinbuchstaben am unteren Diagrammrand angegeben, sondern sie werden durch vorwiegend vertikale Signallinien dargestellt; die Signalflußrichtung wird durch Pfeile angedeutet. Diese Signallinien beginnen entweder an einer Funktionslinie an der Stelle des zeitlichen Ablaufs, wo das Signal z.B. durch Erreichen eines Endlagen-

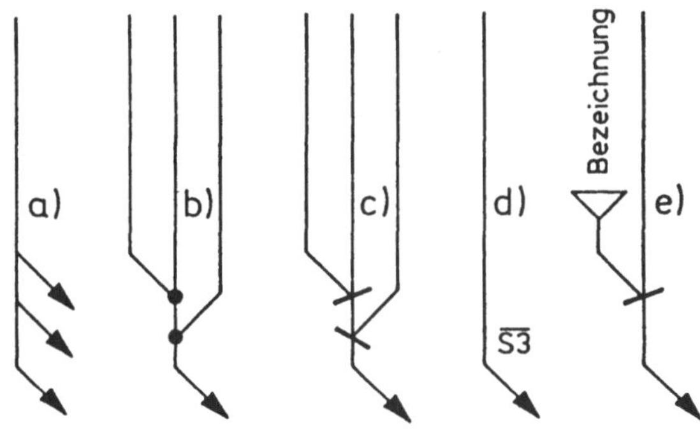

Bild 8.19. Darstellung von Signalen und Signalverknüpfungen im FUD. a) Verzweigung, b) Disjunktion, c) Konjunktion, d) Negation, e) Konjunktion mit einem Signal von einer anderen Steuerung

schalters ausgelöst wird oder an einem im betreffenden Programmschritt eingetragenen Symbol für einen Signalgeber. Die Signallinien enden an den Stellen, wo sie in der betreffenden Zeile eine Zustandsänderung einleiten (siehe Bild 8.22). Signalverzweigungen und Verknüpfungen nach den logischen Elementarfunktionen werden nach Bild 8.19 dargestellt.

Darstellung von Signalgebern und Komponenten: In Bild 8.20
werden   einige wenige Symbole für Signalgeber und Anzeigeglie-
der exemplarisch dargestellt.

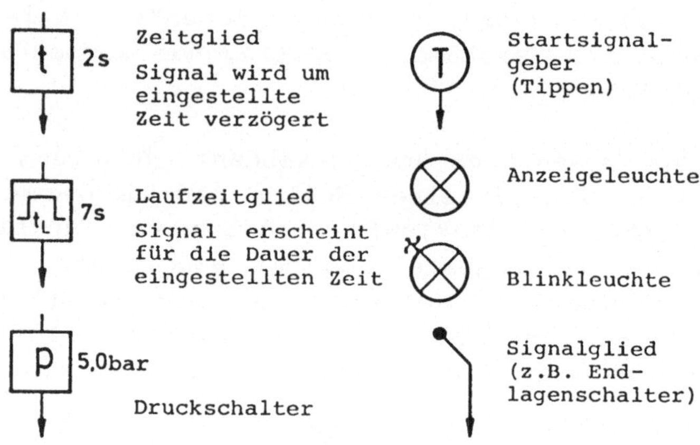

Bild 8.20. Einige Symbole zur Darstellung
von Komponenten im FUD

Das Funktionsdiagramm wird in Bild 8.22 anhand des einfachen
Beispiels der im Bild 8.21 schematisch dargestellten Bohrstation ausreichend genau erklärt (in Anlehnung an VDI/VDE 3683).

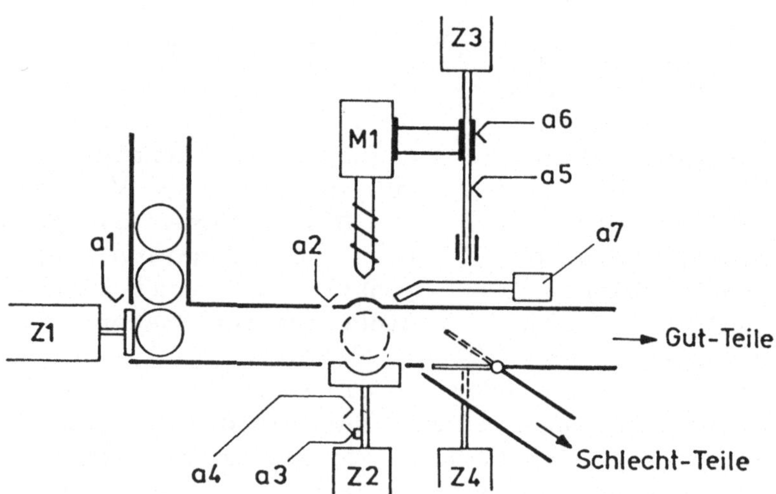

Bild 8.21. Prinzipbild einer Bohrstation

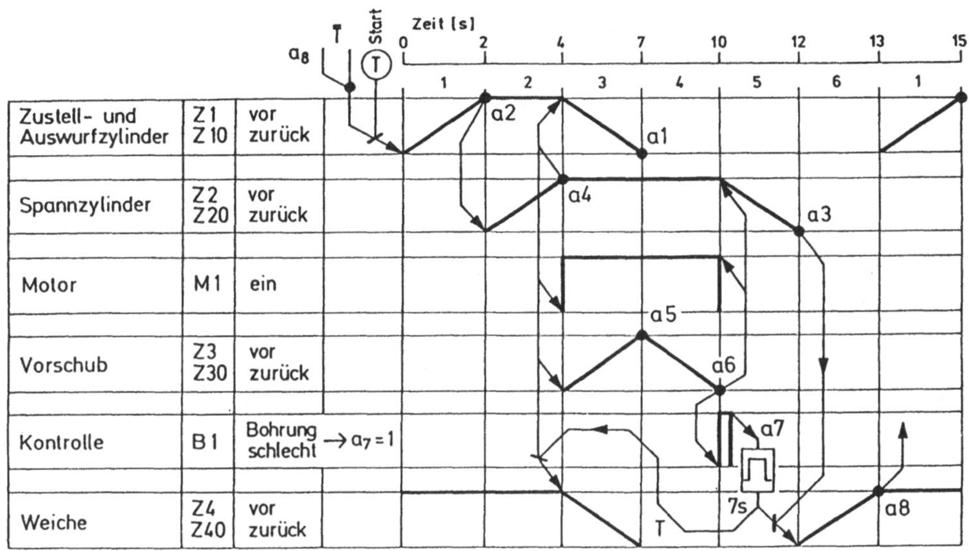

Bild 8.22. Funktionsdiagramm für die Steuerung
der Bohrstation aus Bild 8.21

Das Diagramm in Bild 8.22 läßt u.a. auch die Darstellung einer
Programmverzweigung bei als schlecht festgestellter Bohrung
erkennen. Allerdings ist die Darstellung von Programmverzweigungen nicht so übersichtlich darstellbar wie im Funktionsplan
(siehe Bild 8.25).

Das Funktionsdiagramm ist zur Programmierung von SPS weniger
geeignet und verliert auch bei komplexeren Aufgabenstellungen
etwas an Übersichtlichkeit. Diese Darstellungsart hat auch
den Nachteil, im wesentlichen nur für lineare Abläufe geeignet
zu sein und sie hat den Mangel, daß Signalverknüpfungen und
Programmverzweigungen doch nur unzureichend dargestellt werden
können. Nachträgliche Ergänzungen und Änderungen sind schwie-
rig. Diese Eigenschaften werden wohl dafür maßgebend sein, daß
den in den beiden folgenden Abschnitten besprochenen Programmbeschreibungen für Zwangsfolgesteuerungen immer mehr der
Vorzug gegeben wird (siehe auch Kapitel 10). Die hier kurz
behandelte FUD-Darstellung wird daher im weiteren Verlauf des
Buches auch nicht mehr angesprochen.

8.2.2   Beschreibung durch den Funktionsplan (FUP)

In VDI 2880, vor allem aber in DIN 40719 (Teil 6) wird die prozeßorientierte Darstellung der Steuerungsaufgaben durch den Funktionsplan sehr ausführlich festgelegt. In dieser Beschreibungsart wird jede Stufe eines Schrittregisters entsprechend der 1/n-Kodierung bzw. jeder einzelne Programmschritt symbolisch durch ein Kästchen (Bild 8.23) dargestellt, in das die Nummer des betreffenden Schrittes und ev. erklärende Hinweise eingetragen werden. Die bei jedem Schritt auszuführenden Befehle werden in den Zeilen des Rechtecks (Befehlssymbol) rechts vom Schrittsymbol textlich angegeben   (z.B. "Pumpe 1 ein"), wobei auch Angaben über die Art des Befehls gemacht werden können (z.B.: "S" gespeichert, "SD" gespeichert und verzögert, "NS" nicht gespeichert, "t" Zeitbedingung, u.s.w; siehe auch Bild 8.29).

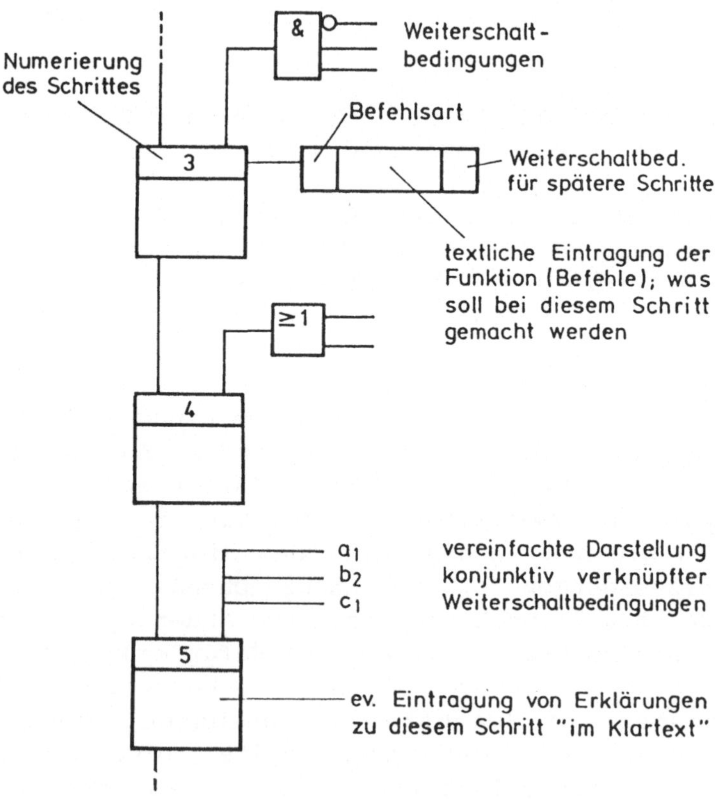

Bild 8.23. Aufbau des Funktionsplans

Die von dem betreffenden
Schritt abhängenden Weiterschaltbedingungen für den
nächsten oder für spätere
Schritte werden mit der
Befehlsbezeichnung, wie im
Bild 8.23 gezeigt, angegeben. Für die Verknüpfung
mehrerer Weiterschaltbedingungen werden die Verknüpfungssymbole oder auch eine
vereinfachte Darstellung
verwendet. Die einzelnen
Programmschritte werden
grundsätzlich untereinander
gezeichnet (siehe auch die
folgenden Beispiele in diesem Abschnitt).

Die Programmdarstellung im
Funktionsplan ist zwar zunächst an der Realisierung
durch ein Schrittregister
orientiert, sie ist aber im
Detail doch wieder völlig
unabhängig von der hard-
waremäßigen Realisierung
der Ablaufsteuerung: Der
Funktionsplan einer Ablaufsteuerung hat (ebenso wie
das Funktionsdiagramm) dasselbe Aussehen ob nun ein
pneumatisches Schrittre-
gister mit Impulsventilen
oder Federrückstellventilen, ob ein elektronisches Schrittregister mit Magnetventilen oder ob eine speicherprogrammierbare
Steuerung verwendet wird.

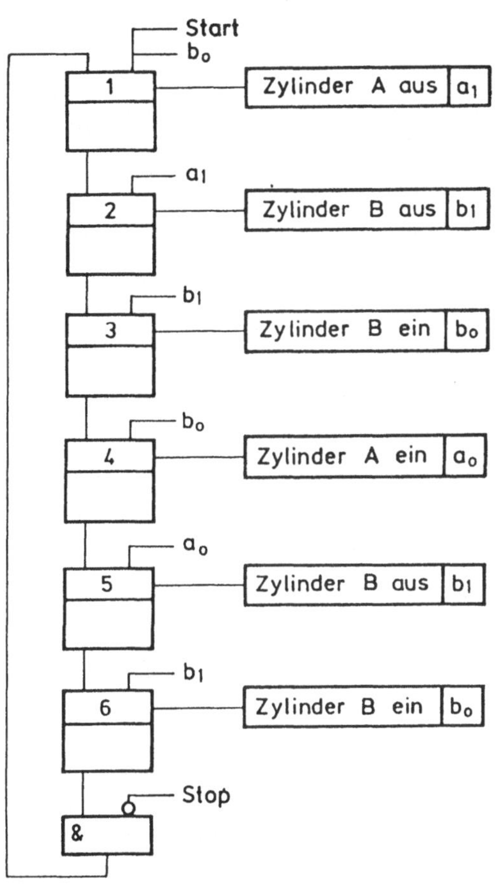

Bild 8.24. Funktionsplan
für die Zylindersteue-
rung aus Bild 8.2

Zum Vergleich mit der früher benutzten Darstellung des vereinfachten Funktionsdiagramms für Zylindersteuerungen wurde
zunächst in Bild 8.24 der Funktionsplan für das wiederholt
verwendete Beispiel aus Bild 8.2 gezeigt (siehe auch Bild 8.4
bzw. Bild 8.5; der Stop-Befehl ist dort nicht angegeben).

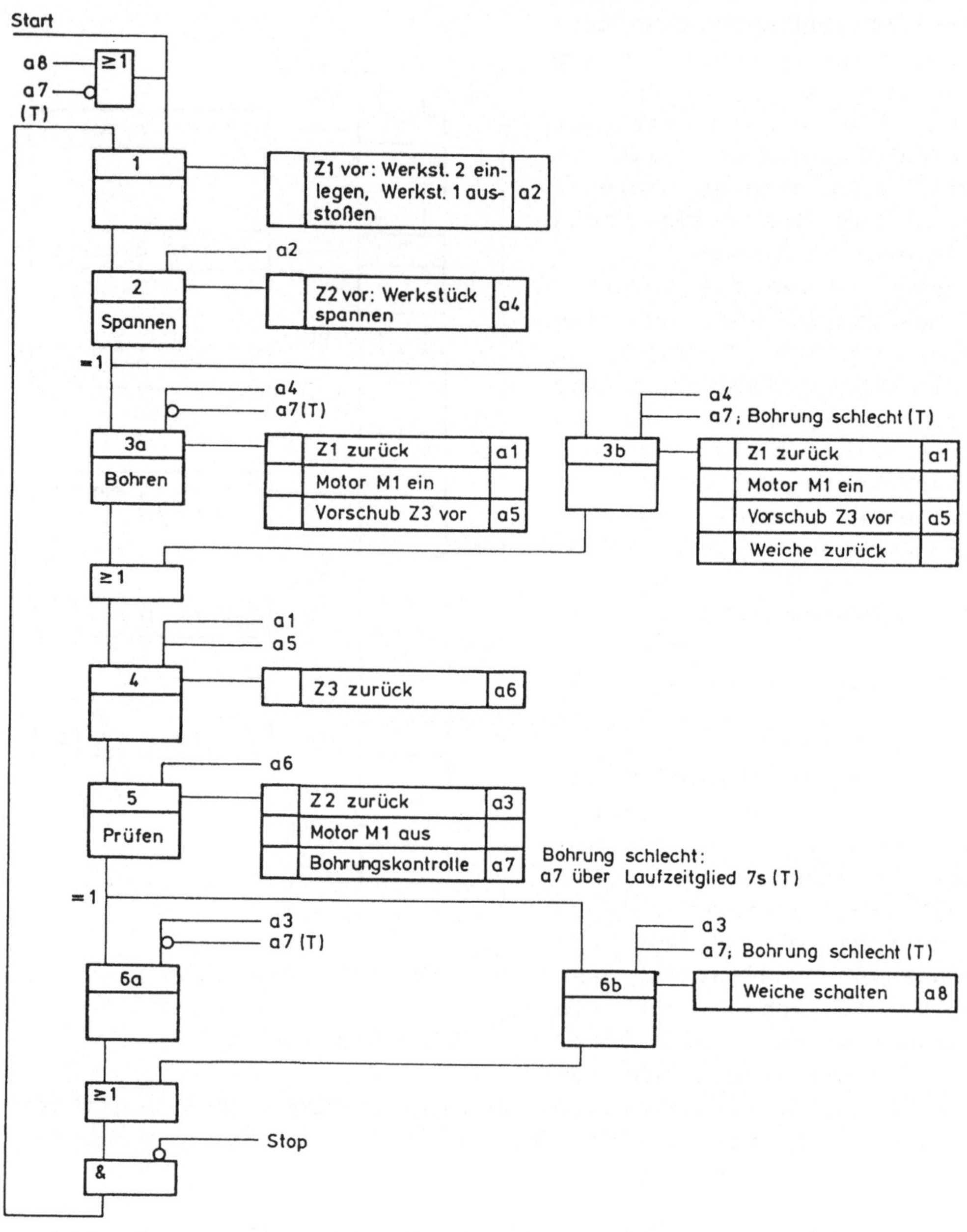

Bild 8.25. Funktionsplan für die Steuerung der Bohrstation aus Bild 8.21

Um auch einen Vergleich mit der im Abschnitt 8.2.1 besprochenen Programmbeschreibung durch das Funktionsdiagramm zu ermöglichen, ist im Bild 8.25 der Funktionsplan für die Steuerung der in Bild 8.21 dargestellten Bohrstation gezeigt (vgl. mit Bild 8.22 und auch mit Bild 8.33). In diesem Bild ist auch die hier viel bessere Darstellung einer Programmverzweigung erkennbar. Es handelt sich in Bild 8.25 um Exklusiv-ODER-Verzweigungen, d.h. es wird entweder der eine oder der andere Programmzweig durchlaufen, je nachdem ob die Bedingung "a7: Bohrung schlecht" erfüllt ist oder nicht. Die Verzweigungsstelle einer Exklusiv-ODER-Verzweigung wird durch "=1" gekennzeichnet. Im Gegensatz dazu steht eine UND-Verzweigung was bedeutet, daß ab dieser Stelle mehrere parallele Programmzweige durchlaufen werden. Eine solche Verzweigungsstelle wird durch "&" gekennzeichnet.

Die Verzweigungsstelle einer Exklusiv-ODER-Verzweigung kann gemeinsam mit den betreffenden Verzweigungsbedingungen auch etwas anders als in Bild 8.25, und zwar nach Bild 8.26 dargestellt werden. Wenn parallele Programmzweige zu umfangreich sind, um nebeneinander in einem Funktionsplan gezeichnet zu werden, dann kann die Darstellung der Verzweigung nach Bild 8.26 verwendet werden, wobei dann zur Erhöhung der Übersichtlichkeit die parallelen Zweige gesondert gezeichnet werden. Die in Bild 8.26 gezeigte Verzweigung ist wie folgt zu verstehen: Wenn Bedingung 1 erfüllt ist, dann folgt auf den Schritt n der erste Schritt des Programmzweiges 1 ("1A" bedeutet Anfang des Zweiges 1); sind

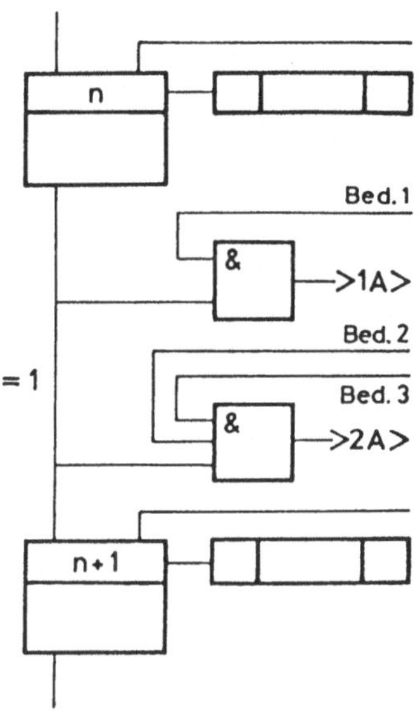

Bild 8.26. Darstellung der Exklusiv-ODER-Verknüpfung im Funktionsplan

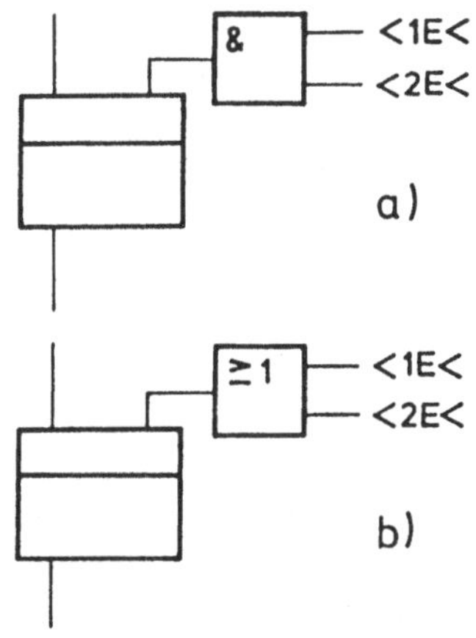

Bild 8.27. Zusammenführen von Programmzweigen. a) Konjunktiv, b) disjunktiv

die Bedingungen 2 und 3 erfüllt, dann wird der Zweig 2 durchlaufen. Ist keine der Bedingungen 1,2,3 erfüllt, dann folgt der Schritt n+1, sobald dessen Weiterschaltbedingungen erfüllt sind.

Parallele Programmzweige werden nach Bild 8.27 wieder zusammengeführt. Die Darstellung in Bild 8.27a bedeutet, daß der folgende Schritt gesetzt wird, sobald die Zweige 1 und 2 voll durchlaufen sind ("1E" bedeutet Ende des Zweiges 1). Hingegen bedeutet die Darstellung in Bild 8.27b, daß der folgende Schritt gesetzt wird, wenn der letzte Schritt entweder des Zweiges 1 oder des Zweiges 2 erfolgt ist.

Abschließend soll die Darstellung einer Prozeßsteuerung im Funktionsplan noch durch ein ausführlicheres **Beispiel** vorgeführt werden. Es handelt sich um die Ablaufsteuerung eines Stofflösers nach Bild 8.28; seine Funktion bzw. die für die Steuerung notwendige Aufgabenstellung wird zunächst wie folgt beschrieben. (Dieses Beispiel und die Aufgabenbeschreibung sind der Firmendruckschrift AEG-TELEFUNKEN (1976) entnommen). In dem Stofflöser soll die genau dosierte

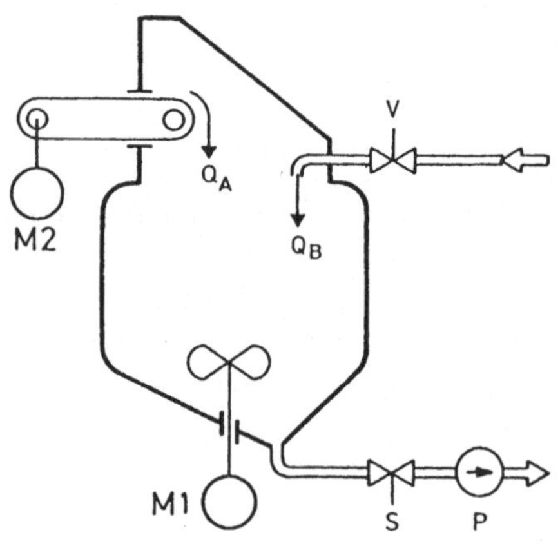

Bild 8.28. Skizze eines Stofflösers

Menge Q_A eines Stoffes gelöst werden. Dieser Stoff wird durch ein über den Motor M2 angetriebenes Transportband zugeführt. Eine Löserflüssigkeit wird vor Einbringen des zu lösenden Stoffes über das Ventil V eingefüllt und die nötige Menge Q_B wird mit einem Durchflußmesser über ein Zählwerk dosiert. Das Zählwerk gibt bei Erreichen des Voreinstellwertes Q_B ein Signal solange ab, bis es durch ein Rückstellsignal auf den Zählerstand Null zurückgesetzt wird. Der Dosiervorgang soll daraufhin überwacht werden, daß er innerhalb einer einstellbaren Überwachungszeit t_0 abgeschlossen ist. Wird diese Bedingung nicht eingehalten, soll eine Störungsmeldung erfolgen. Mit dem Beginn des Dosiervorgangs ist das Rührwerk (Motor M1) einzuschalten.

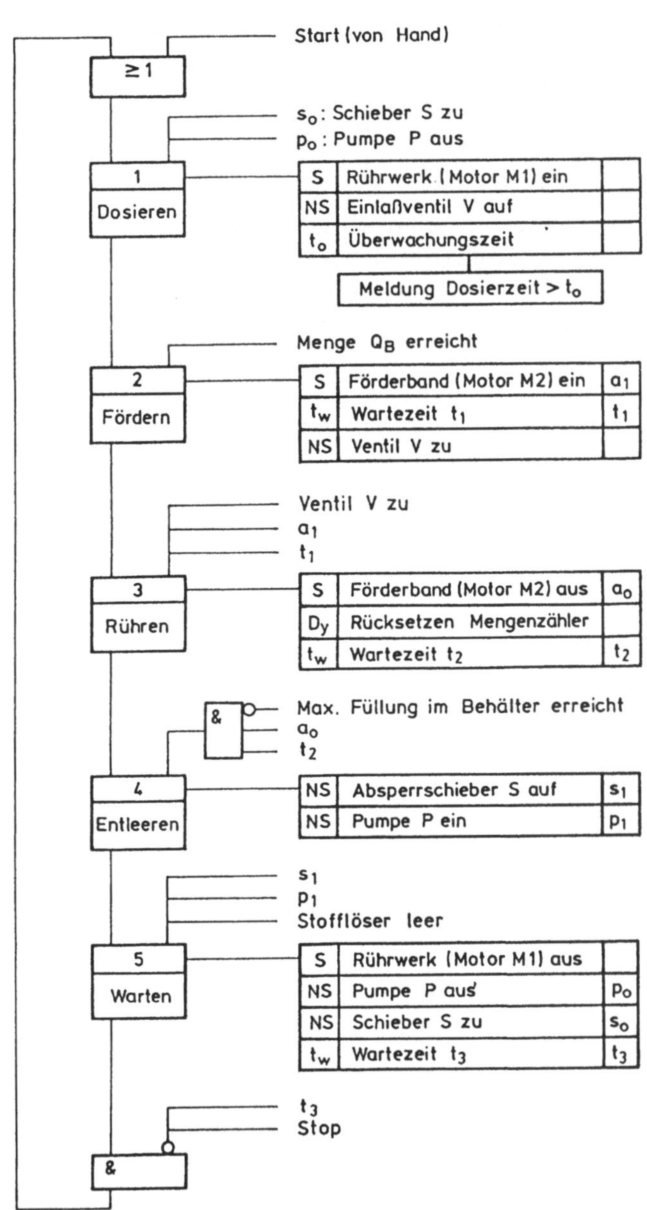

Bild 8.29. Funktionsplan zur Steuerung des Stofflösers

Nach beendeter Dosierung soll der zu lösende Stoff zugeführt werden. Hierzu ist das Förderband (Motor M2) für eine einstellbare Zeit t_1 einzuschalten. Nach Abschalten des Förderbandes wird eine Wartezeit t_2 benötigt, damit sich der Stoff (unter Rühren) vollständig auflösen kann. Erst nach Ablauf dieser Wartezeit t_2 kann durch Öffnen des Schiebers S und Einschalten der Pumpe P der Löser in einen Behälter entleert werden. Voraussetzung dafür ist, daß ein Signalgeber, der den Flüssigkeitsstand in diesem Sammelbehälter überwacht, diese Entleerung nicht sperrt. Dieser Grenzsignalgeber ist so eingestellt, daß die zu entleerende Charge des Stofflösers im nachfolgenden Sammelbehälter mit Sicherheit noch Platz findet. Ein Geber, der den minimalen Flüssigkeitsstand des Stofflösers signalisiert, soll dessen Entleerung und damit den Lösungsvorgang beenden. Der Programmzyklus für den Lösungsvorgang wird nach erteiltem Startsignal so lange wiederholt, bis ein Stop-Befehl die zyklische Wiederholung beendet.

Der Funktionsplan entsprechend dieser "im Klartext" gegebenen Aufgaben- bzw. Programmbeschreibung ist in Bild 8.29 dargestellt. Anhand der Programmbeschreibung kann der Leser den Aufbau dieses Funktionsplans leicht nachvollziehen.

In der Richtlinie VDI/VDE 3683 findet sich ein weiteres, sehr ausführliches Beispiel für Aufgabenbeschreibung und Funktionsplandarstellung der Steuerung einer verfahrenstechnischen Anlage (siehe auch Prins und Stäheli, 1978).

8.2.3   Beschreibung durch den Kontaktplan (KOP)

Die Kontaktplandarstellung kombinatorischer Schaltungen wurde bereits im Abschnitt 3.2 grundsätzlich besprochen. In gleicher Weise ist auch die Darstellung von Zwangsfolgesteuerungen (Ablaufsteuerungen) und natürlich auch von Freifolgesteuerungen (siehe Kapitel 9) möglich. Neben Logikplan und Funktionsplan ist der Kontaktplan ebenfalls eine sehr häufig verwendete Schaltungsbeschreibung.

Zur Beschreibung sequentieller Steuerungen ist in erster Linie die Speicherdarstellung auch im Kontaktplan erforderlich. Mittels der Kontaktsymbole kann z.B. nach Bild 8.30a

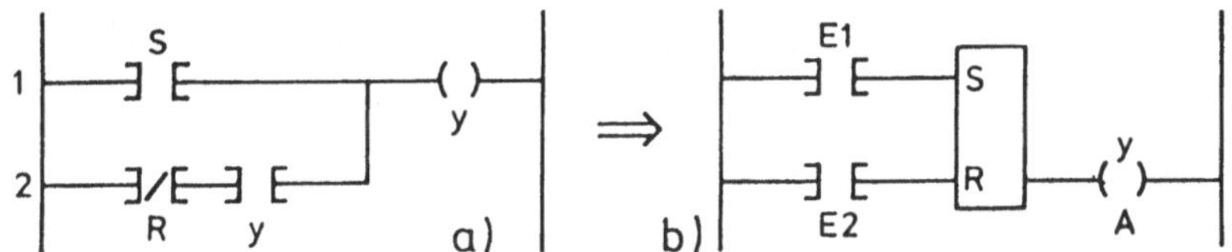

Bild 8.30. Darstellung des RS-FF im Kontaktplan.
a) als Selbsthalteschaltung, b) durch Symbol

ein RS-FF als Selbsthalteschaltung dargestellt werden: Wenn im
"Strompfad" 1 das Setzsignal S = 1, dann wird der Ausgang
y' = 1, wodurch entsprechend der setzenden Eingangsbelegung
S = 1, R = 0 der "Kontakt" y im disjunktiven "Strompfad" 2
geschlossen wird. Folgt sodann die speichernde Belegung S = 0,
R = 0, dann bleibt das FF gesetzt. Bei R = 1 erfolgt Rücksetzen. Zur Vereinfachung der Darstellung wird jedoch für das
RS-FF auch im Kontaktplan ein dem Speichersymbol ähnliches
Symbol nach Bild 8.30b verwendet, bei dem in der Regel nur der
nichtnegierte Ausgang eingetragen wird. Die Kontaktplandarstellung ist also nicht auf die Verwendung der Kontaktsymbole
für die Elementarverknüpfungen eingeschränkt. Neben dem FF-
Symbol werden darüber hinausgehend, dann ebenfalls nicht mehr
unter Verwendung der Kontaktsymbole, Darstellungen z.B. von
Zeit- und Zählfunktionen und anderen digitalen Funktionen
durch kompakte Symbole nach DIN 19239 verwendet (siehe Bild
8.33).

Grundsätzlich ist festzuhalten, daß der Kontaktplan nicht den
hardwaremäßigen Aufbau aus Gattern, Schaltern, usw. sondern
eher schematisch die Funktionen innerhalb der einzelnen
Schritte einer Zwangsfolgesteuerung darstellt, ähnlich wie im
Funktionsplan aber offensichtlich doch etwas weniger übersichtlich als dort. Der mit zunehmender Komplexheit einer
Steuerung zunehmende Mangel an Übersichtlichkeit ist eben ein
gewisser Nachteil der Kontaktplandarstellung.

Beim Entwurf eines Kontaktplanes ist es sehr hilfreich, von
der Aufgabenbeschreibung durch das Funktionsdiagramm nach
Abschnitt 8.2.1 auszugehen; bei einfachen Zylindersteuerungen
genügt die Darstellung durch das vereinfachte FUD nach Abschnitt 8.1. Man entwirft für jeden einzelnen Schritt einen
"Strompfad" (ein Netzwerk) und ordnet darin die Verknüpfungs-

symbole, die zum Auslösen des jeweils nächsten Schrittes erforderlich sind, entsprechend an. Dabei muß jeweils darauf
geachtet werden, daß jedes neu hinzugefügte Element die vorhergehenden Schritte nicht beeinflußt.

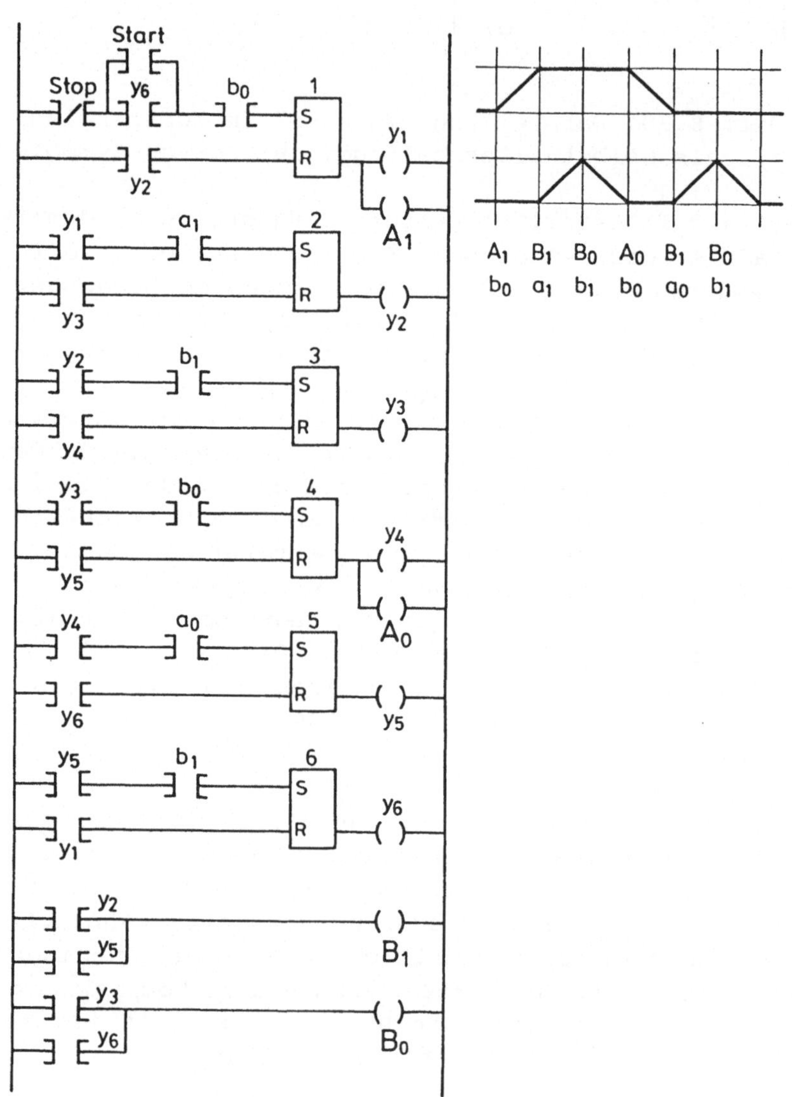

Bild 8.31. Kontaktplan der Zylindersteuerung nach Bild 8.2
bei Verwendung von Impulsventilen

Aus RS-FFs werden Schrittregister aufgebaut und so kann man,
sinngemäß in gleicher Weise wie im Abschnitt 8.1 dargestellt,
ausgehend vom vereinfachten FUD, mittels des im Bild 8.30
eingeführten Symbols für das RS-FF die Kontaktpläne für
Schrittregister entwickeln. Als Beispiel dafür sind in den
Bildern 8.31 und 8.32 die Kontaktpläne für eine Ablaufsteuerung entsprechend der früheren einfachen Aufgabe der Zylindersteuerung nach Bild 8.2 dargestellt.

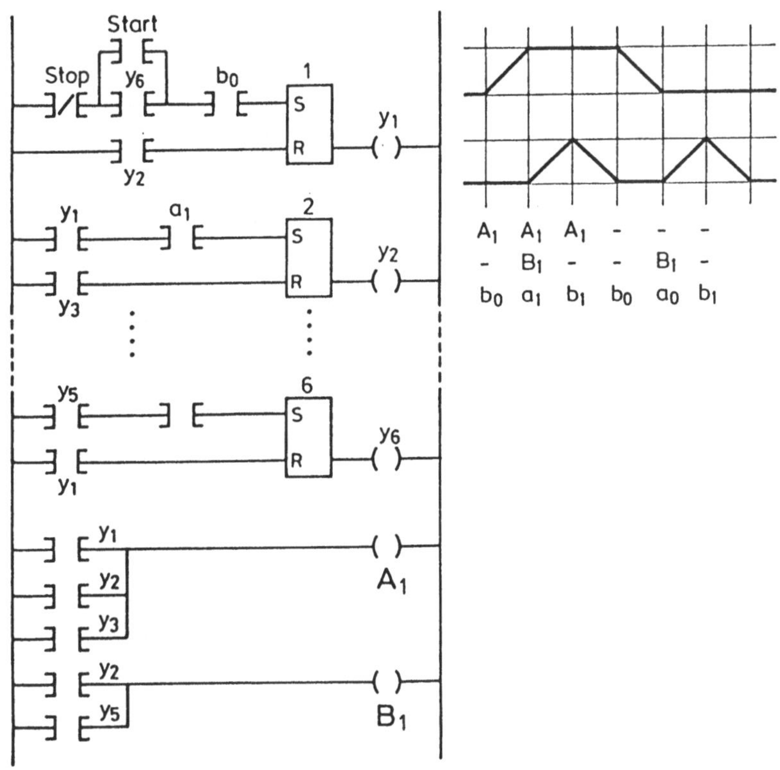

Bild 8.32. Kontaktplan der Zylindersteuerung nach Bild 8.2
bei Verwendung von Federrückstellventilen

Aus den Bildern 8.31.und 8.32 ist ersichtlich, daß grundsätzlich der 1/n-Code verwendet wird. Im Bild 8.31 ist der Kontaktplan für die Ablaufsteuerung bei Verwendung von pneumatischen Impulsventilen oder Magnetventilen ohne Federrückstellung (vgl. mit Bild 8.5) und im Bild 8.32 ist der Kontaktplan für dieselbe Steuerung bei Ventilen mit Federrückstellung dargestellt (vgl. mit Bild 8.6). Aus diesen Bildern

ist die Beschreibung von Zwangsfolgesteuerungen im Kontaktplan
schon genügend verständlich.

Zur weiteren Verdeutlichung soll auch noch der Kontaktplan für
die Steuerung der Bohrstation aus Bild 8.21 dargestellt werden, für die bereits das Funktionsdiagramm in Bild 8.22 und
der Funktionsplan in Bild 8.25 gezeigt wurde. Wie gesagt
empfiehlt es sich, den Entwurf des Kontaktplans anhand eines
Funktionsdiagramms vorzunehmen. So kann man auch Bild 8.33
mit der Aufgabenbeschreibung im Bild 8.22 gut vergleichen.

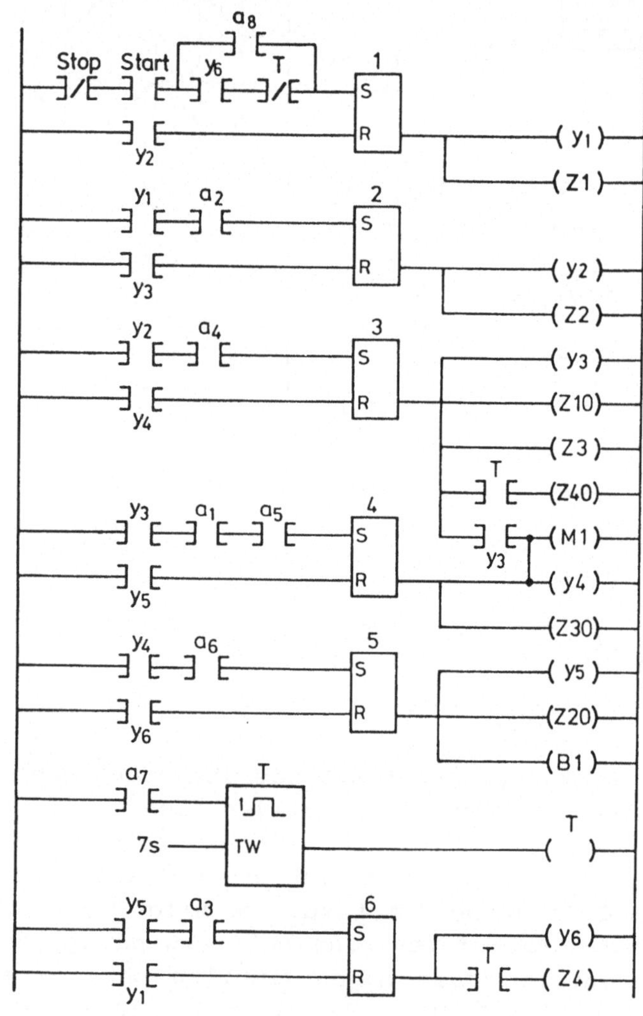

Bild 8.33. Steuerung der Bohrstation aus Bild 8.21

Die Kontaktpläne werden seit längerer Zeit in USA zur Beschreibung elektromechanischer Relaisschaltungen verwendet und haben auch darin ihren Ursprung. Relaissteuerungen sind in USA, im Gegensatz zu Europa, immer noch verbreitet. Daher ist der Kontaktplan, auch für Steuerungen die nicht mehr mittels Relais aufgebaut werden, dort die am meisten verwendete Darstellungsart für Schaltfunktionen. Wenn auch in Europa und vor allem in Deutschland die Kontaktplandarstellung häufig verwendet wird, so fällt auf, daß über systematische Entwurfsmethoden mittels Kontaktplanes sehr wenig bekannt ist. Im Gegensatz dazu gibt es verständlicherweise in USA zahlreiche Literatur und es sind Methoden bekannt, nach denen z.B. die Steuerungen nach den Bildern 8.31 bis 8.33 trotz Verwendung des 1/n-Codes mit weniger Flipflops als hier realisiert werden können. Sehr ausführliche Darstellungen dieser Möglichkeiten finden sich bei Pessen (1988). Allerdings ist auch hier wieder das Problem der Reduktion der Zahl von Flipflops d.h. der Schaltungsminimierung von untergeordneter Bedeutung sobald speicherprogrammierbare Steuerungen verwendet werden (siehe auch Abschnitt 9.3).

8.3 Betriebsarten, Bedienungseinrichtungen

Dem signalverarbeitenden Teil einer Zwangsfolgesteuerung, der z.B. als Schrittregister ausgeführt sein kann, ist eine weitere kombinatorische Steuerung überlagert, mit deren Hilfe verschiedene Arten des Betriebs der Steuerung vorgenommen werden können. Diese überlagerte Steuerung hat die Bezeichnung Bedienungssteuerung, Bedienungseinheit öder Bedienungseinrichtung. Die verschiedenen Betriebsarten sind u.a. in VDI/VDE 3683 festgelegt; die wichtigsten sollen hier kurz angeführt werden.

8.3.1 Betriebsarten

Automatik: Außer den Signalen für **Start**, **Stop** oder **Not-Aus** sind in den Ablauf der Programmzyklen keine anderen Eingriffe durch den Bediener vorgesehen. Bei dieser Betriebsart wird noch weiter zwischen Dauerlauf und Einzelzyklus unterschieden. Bei **Dauerlauf** wird, wie aus der Bezeichnung hervorgeht, der Zyklus solange wiederholt, bis ein Stop-Signal gegeben wird.

Die Bedeutung der Betriebsart **Einzelzyklus** geht ebenfalls aus dem Namen hervor; aufgrund des Start-Signals wird der Zyklus nur einmal durchlaufen.

Teilautomatik: Bei dieser Betriebsart sind entweder nur einzelne Teile einer komplexeren Steuerung in Betrieb oder es wird jeweils mit Dauerlauf oder Einzelzyklus nur ein Teil eines Zyklus durchlaufen. Dabei ist denkbar, daß z.B. im Sinne einer Programmverzweigung unter bestimmten Bedingungen eine Anzahl von Schritten übersprungen wird.

Hand: Es können durch den Bediener die einzelnen Ausgänge der Steuerung und dadurch einzelne Stellglieder aktiviert werden. Dabei sind die jeweiligen Sicherheitsvorkehrungen (Verriegelungen) wirksam. Bei einer ähnlichen, als **Einrichten** bezeichneten manuellen Betriebsart, kann der Bediener alle Stellglieder unter Umgehung der Verriegelungen einzeln ansteuern.

Für Ablaufsteuerungen werden in DIN 19237 noch zwei weitere Betriebsarten festgelegt:

Schrittsetzen: In dieser Betriebsart kann der Bediener ganz nach Belieben einzelne Schritte innerhalb eines Zyklus anwählen und dann nur diesen einen Schritt aktivieren (setzen). Dies kann erfolgen entweder ohne daß die zu dem betreffenden Schritt gehörenden Weiterschaltbedingungen erfüllt sind oder nur dann, wenn die Bedingungen erfüllt sind.

Tippen (Einzelschritt): Manche Bedienungseinrichtungen haben für diese Betriebsart einen eigenen Druckknopf, bei dessen Betätigung jeweils der programmgemäß nächstfolgende Schritt innerhalb des Zyklus ausgelöst wird.

Einschaltbedingung Start: Durch die Bedienungseinrichtung wird ein manuell (durch Druckknopf) ausgelöstes Start-Signal an die Steuerung entweder als Impuls oder als dauernd anstehendes Signal gegeben. Das Start-Signal kann auch durch eine übergeordnete Steuerung oder durch die Steuerung einer anderen Anlage ausgelöst werden.

Bei Schrittregistern kann es von Bedeutung sein, z.B. nach Energieausfall oder nach Stoppen eines Zyklus sog. **Startbedingungen** herzustellen. Abgesehen von gewissen Sicherheitsbedingungen im Hinblick auf den zu steuernden Prozeß gehört dazu,

je nach dem zur Programmierung verwendeten Code, alle Flipflops des Schrittregisters zu löschen bzw. einzelne zu löschen
und andere zu setzen. Z.B. sind beim 1/n-Code alle bis auf das
letzte FF zu löschen oder beim 2/n-Code sind das erste und
letzte FF zu setzen, die anderen zu löschen.

Ausschaltbedingung **Stop**: Betätigen der Stop-Taste bewirkt eine
sofortige Unterbrechung des Zyklus. Außer der Stop-Taste muß
oft noch eine sog. Gefahrenschaltung vorhanden sein, die durch
Auslösen eines **Not-Aus**-Signals alle Gefahren für Menschen und
Schäden an der Anlage vermeiden soll. Dafür sind in der Regel
strenge individuelle Sicherheitsvorschriften vorhanden.

Bei Stop- oder Not-Aus-Signal müssen u.U. alle Ausgänge der
Steuerung von der zu steuernden Anlage getrennt werden. Im
Zusammenhang mit einem Stop-Signal und den verschiedenen Möglichkeiten für die Realisierung von Zwangsfolgesteuerungen ist
zu beachten, ob ein Wiederanfahren des Programms von derselben
Stelle der Programmunterbrechung möglich ist, oder ob das
Programm von Beginn an wiederholt werden muß. Weitere Gesichtspunkte im Zusammenhang mit einem Stop-Befehl sind, wie
bereits erwähnt, die Trennung von Steuer- und Stellebene bzw.
die Art der Speicherung des Stop-Signals. Darüberhinaus gibt
es noch Gesichtspunkte, welche die Bewegung eines Stellgliedes
bei Auftreten eines Stop-Signals selbst betreffen: Bestimmte
Stellglieder nehmen vorgegebene Positionen ein; in Bewegung
befindliche Stellglieder setzen ihre Bewegung bis zum Erreichen von Endlagen fort; in Bewegung befindliche Stellglieder
kehre ihre Bewegung um; Stellglieder, die sich in Endpositio-
nen befinden, verharren in dieser Position.

Zur Realisierung dieser Stop-Bedingungen und auch zur Realisierung der Start-Bedingungen ist eine eigene Schaltung erforderlich, die in die Bedienungsrichtung integriert wird. Es
ist einzusehen, daß auch hier der Einsatz von SPS nur Vorteile
bringen kann.

8.3.2 Bedienungseinrichtungen

Spezielle Bedienungseinrichtungen sind hardwaremäßig nur für
verbindungsprogrammierte Zwangsfolgesteuerungen erforderlich.
Bei Verwendung einer SPS wird diese Einrichtung natürlich zu

einem Teil des Rechnerprogramms, der ebenso wie bei der hardwaremäßigen Realisierung entsprechend entworfen werden muß.

Da die einzelnen Betriebsarten normiert sind, können für die
Bedienungseinrichtungen standardisierte Schaltungen entwickelt
werden. Wie schon erwähnt, handelt es sich im wesentlichen um
kombinatorische Schaltungen. Um durch kurzen Tastendruck für
die einzelnen Betriebsarten jeweils dauernd anstehende Signale
zu erzeugen, werden dazu in der Regel Flipflops verwendet.

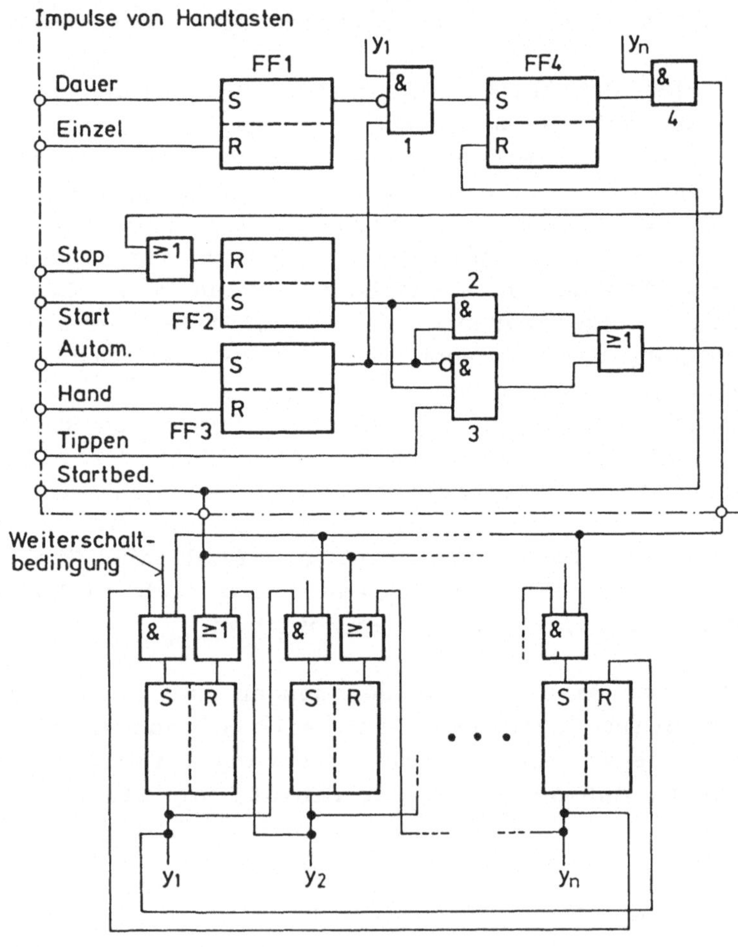

Bild 8.34. Beispiel einer Bedienungseinrichtung
für Schrittregister mit 1/n-Code

In Bild 8.34 ist als repräsentatives Beispiel eine mögliche Schaltung für eine einfache Bedienungseinrichtung einer Schrittregistersteuerung mit 1/n-Code dargestellt. Diese Bedienungseinrichtung ermöglicht die Herstellung der Startbedingung, die Befehle Start und Stop sowie die Ausführung der Betriebsarten Automatik-Dauerlauf, Automatik-Einzelzyklus und Hand-Tippen (Einzelschritt).

Sobald die Tasten **"Automatik"** und **"Dauerlauf"** gedrückt wurden, sind FF1 und FF3 gesetzt und damit die Inhibitionen 1 und 3 gesperrt. Sodann wird die Handtaste "Startbedingung" gedrückt, wodurch ev. gesetzte Stufen des Registers (mit Ausnahme der letzten Stufe) und das ev. gesetzte FF4 rückgesetzt werden. Durch jetzt erfolgendes Drücken der Start-Taste wird FF2 gesetzt und über die Konjunktion 2 liegt an allen Konjunktionen der Setzeingänge der Registerstufen Eins-Signal an. Dadurch wird der Programmzyklus im Dauerbetrieb abgefahren und kann nur durch den Stop-Befehl unterbrochen werden. Bei Stop setzen die durch die k-te Stufe gerade betätigten Stellglieder ihre Bewegungen fort bis zum Erreichen ihrer Endlagen; die (k+1)-te Stufe kann dann nicht mehr gesetzt werden. Bei abermaligem Betätigen der Start-Taste wird der Zyklus an der Stelle der Programmunterbrechung fortgesetzt. Soll jedoch nach Stop der Zyklus wieder mit dem ersten Schritt beginnen, dann muß vor der Start-Taste die Taste "Startbedingung" betätigt werden.

Nach Betätigen der Tasten **"Automatik"** und **"Einzelzyklus"** sind FF3 gesetzt und FF1 rückgesetzt. Die Inhibition 1 ist damit vorbereitet. Durch Drücken der Tasten "Startbedingung" und "Start" wird wie vorher der Zyklus durchlaufen. Nach Setzen der ersten Registerstufe wird jedoch über die Inhibition 1 das FF4 durch den Speicherausgang y_1 gesetzt und damit die Konjunktion 4 vorbereitet. Sobald die letzte Registerstufe gesetzt ist, wird durch den Speicherausgang y_n über die Konjunktion 4 der Stop-Befehl ausgelöst. Das Schrittregister verbleibt im Zustand der Startbedingung. Will man erneut einen Einzelzyklus starten, dann muß vorher die Taste "Startbedingung" betätigt werden, um das FF4 rückzusetzen.

Zur Ausführung der Betriebsart **Tippen** wird durch Drücken der Taste "Hand" das FF3 rückgesetzt. Dadurch werden die Implikation 1 und die Konjunktion 2 gesperrt und die Implikation 3 vorbereitet. Sobald die Start-Taste gedrückt wurde, liegt nach

dadurch gesetztem FF2 am zweiten Eingang der Implikation 3
dauernd Eins-Signal an. Wird nun nach Herstellen der Startbedingung die Taste "Tippen" kurz gedrückt, so wird dadurch die
erste Registerstufe gesetzt und somit der erste Programmschritt ausgeführt. Der zweite und alle folgenden Schritte
können nur durch jeweils abermaliges Betätigen der Taste "Tippen" gesetzt werden.

Die Betriebsarten Automatik und Tippen sind durch die Verschaltung der Gatter 2 und 3 gegeneinander verriegelt. D.h.
bei Automatik kann die irrtümlich betätigte Tippen-Taste und
bei Tippen kann ein durch irrtümlichen Start-Befehl gesetztes
FF2 die jeweils andere Betriebsart nicht stören. Wenn auf
Tippen eine der beiden Automatik-Betriebsarten oder wenn auf
Einzelzyklus die Betriebsart Dauerlauf folgen und erst beim
Startsignal beginnen soll, dann muß zunächst das FF2 rückgesetzt werden. Dies kann durch Betätigen der Stop-Taste oder
durch die Taste "Startbedingung" erfolgen, wenn deren Impuls
auch auf die Disjunktion des Rücksetzeingangs des FF2 geführt
wird.

9 Das Entwurfsverfahren von Huffman

Es wäre zu erwarten, daß sich dem vorherigen Kapitel über Zwangsfolgesteuerungen jetzt ein Kapitel anschließt, dessen Überschrift auf den ausschließlichen Entwurf von Freifolgesteuerungen hinweist. Im wesentlichen wird in diesem Kapitel auch der Entwurf dieser Steuerungsart besprochen, denn das jetzt im Mittelpunkt stehende Verfahren wurde von D.A.Huffman zunächst nur für asynchrone verbindungsprogrammierte Freifolgesteuerungen entworfen, wobei die Verwendung von Relais im Vordergrund stand. Es kann das Huffmansche Verfahren aber auch zum Entwurf von Zwangsfolgesteuerungen angewandt werden und es kann, in einer stark vereinfachten Form, auch zum Entwurf beider Steuerungsarten herangezogen werden, wenn diese mittels SPS realisiert werden. All dies wird in diesem Kapitel besprochen; der Schwerpunkt wird aber im Entwurf der Freifolgesteuerungen liegen.

9.1 Entwurf von asynchronen verbindungsprogrammierten Freifolgesteuerungen

In Ergänzung der Ausführungen im einführenden ersten Kapitel soll zunächst der Begriff der Freifolgesteuerung doch noch einmal ausführlich in Erinnerung gebracht werden. Wenn sich die Eingangsbelegungen einer Steuerung in beliebiger **freier** Folge ändern können, die Schaltung also die Aufgabe hat, eine bestimmte oder auch mehrere Sequenzen innerhalb aller möglichen Folgen von Eingangsbelegungen zu erkennen, dann spricht man von einer **Freifolgesteuerung**. Das Grundprinzip der Beschreibung jeder Freifolgesteuerung ist demnach die eindeutige Zuordnung von Ausgangsbelegungen zu bestimmten Eingangssequenzen. Dies ist auch die Grundlage der in diesen Abschnitt beschriebenen Synthesemethoden; dafür wird u.a. bei Beschränkung auf eine einzige Ausgangsvariable die folgende Definition benötigt: Eine Folge von Eingangsbelegungen, deren letzte

Eingangsbelegung die Ausgangsbelegung z = 1 impliziert, wird
als Eingangswort bezeichnet. Die Länge eines Eingangswortes
ist die Anzahl der im betreffenden Eingangswort auftretenden
Eingangsbelegungen. Sind mehrere Eingangswörter zur Beschreibung einer Schaltung notwendig, so wird im Prinzip für jedes
Eingangswort eine Teilschaltung berechnet, wobei die teilweise
Gleichheit von Eingangswörtern zur Vereinfachung verwendet
werden kann. Die einzelnen Teilschaltungen werden durch eine
Ausgangsverknüpfung zusammengefaßt.

Zunächst soll anhand von zwei ganz einfachen Beispielen dargestellt werden, was im Sinne der obigen Definition unter einer
Freifolgesteuerung zu verstehen ist.

Beispiel 1 (Drehrichtungserkennung):   Es soll die Drehrichtung einer Welle durch eine Abtastanordnung und eine
entsprechende Steuerung derart erfaßt werden, daß bei
Drehung im Uhrzeigersinn die Ausgangsvariable z = 1 und
bei entgegensetzter Richtung z = 0 ist. Eine Änderung der
Drehrichtung soll dabei spätestens nach einer 1/8 Umdrehung die Änderung der Ausgangsbelegung zur Folge haben.
Bild 9.1 zeigt das Prinzip einer möglichen Anordnung zur
Erfüllung der gestellten Aufgabe. Es sind zwei Sensoren in
einem Winkel von ca. 30° angeordnet, die vier auf dem
Umfang der Scheibe angeordnete Segmente abtasten. In der
gezeichneten Stellung sind die Steuersignale x_1 = 0 und
x_2 = 1, was für die zu berechnende Steuerung die Eingangsbelegung 01 ergibt. Dreht sich die Welle im Uhrzeigersinn,
so tritt als nächste Eingangsbelegung 00 auf, während bei
entgegengesetzter Drehrichtung die Eingangsbelegung 11
auftritt. Zwei aufeinanderfolgende Eingangsbelegungen reichen demnach aus, um die Drehrichtung festzustellen.

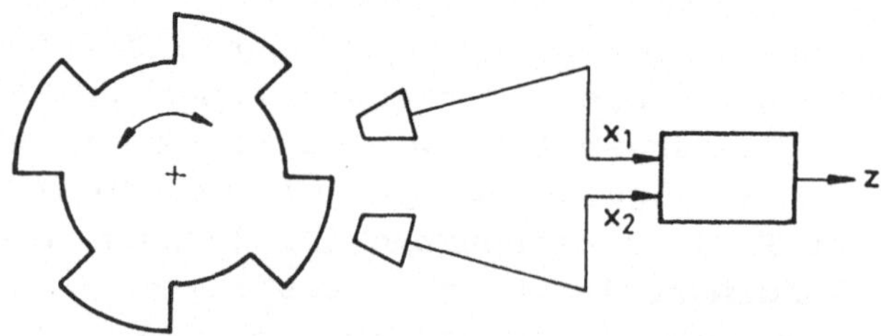

Bild 9.1. Beispiel für eine Freifolgesteuerung: Drehrichtungserkennung

Bei einer Viertelumdrehung im Uhrzeigersinn, von der gezeichneten Stellung aus, ergeben sich folgende Eingangsbelegungen: 01, 00, 10, 11, 01. Je zwei aufeinanderfolgende Eingangsbelegungen stellen ein Eingangswort der Länge
2 dar, wodurch man die folgenden Eingangsworte erhält:
EW1: (01,00); EW2: (00,10); EW3: (10,11); EW4: (11, 01).
Die vier Segmente am Umfang der Scheibe sind notwendig,
damit eine Änderung der Drehrichtung spätestens nach einer
1/8 Umdrehung erkannt wird. Die konkrete Aufgabe lautet:
Es soll eine Schaltung entworfen werden, die dann und nur
dann am Ausgang $z = 1$ ergibt, wenn eines der vier obigen
Eingangsworte (Eingangssequenzen) auftritt. Die Schaltung
muß also diese vier Eingangssequenzen erkennen (siehe
die Lösung einer ähnlichen Aufgabe im Anhang 2).

Beispiel 2 (Schlittenbewegungsdetektor): Es soll die Bewegungsrichtung eines Objektes, z.B. eines Werkzeugschlit-
tens, festgestellt werden, wofür eine ähnliche Abtastanordnung wie beim ersten Beispiel notwendig ist (Bild 9.2).
Die zu berechnende Steuerung soll dann und nur dann das
Ausgangssignal $z = 1$ abgeben, wenn sich das Objekt vollständig von links
nach rechts an den
beiden Sensoren vor-
beibewegt hat, ohne
inzwischen die Bewe-
gungsrichtung geän-
dert zu haben. Dabei
ergibt sich das Ein-
gangswort (00, 10,
11, 01, 00). Bei der
letzten dieser Ein-
gangsbelegungen soll

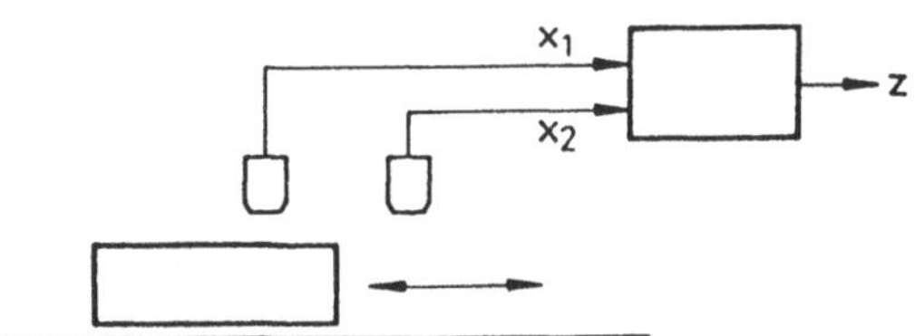

Bild 9.2. Beispiel für eine
Freifolgesteuerung: Schlit-
tenbewegungserkennung

$z = 1$ werden. Es muß also ein Eingangswort der Länge 5
erkannt werden. Soll jedoch nur die Bewegungsrichtung
erkannt werden, dann ergibt sich eine ganz ähnliche Aufgabe wie vorher und es muß auf Eingangsworte der Länge 2
reagiert werden (siehe die Lösung einer ähnlichen Aufgabe
im Anhang 2).

Sind derartige, bzw. in den meisten Fällen wesentlich komplexere Freifolgesteuerungen als asynchrone VPS zu entwerfen,
dann erfordert dies eine Methode, die im Vergleich zu den
bisher besprochenen Verfahren doch etwas anspruchsvoller ist.

9.1.1 Beschreibung einer asynchronen sequentiellen Steuerung

Es wurde schon früher festgestellt, daß sequentielle Schaltungen u.a. aus kombinatorischen Grundfunktionen und aus Speicherfunktionen aufgebaut werden können. Die Speicherfunktionen sind nötig, weil ja die Schaltung ein aus Speichern bestehendes "Gedächtnis" braucht, um Eingangsworte zu erkennen. Lange Zeit konnten sequentielle Schaltungen weder eindeutig dargestellt noch systematisch entworfen werden. Es gelang schließlich Huffman (1954), diese Aufgabe von der Analyse ausgehend zu lösen. Die Huffmansche Methode war lange Zeit hindurch die einzige Methode zum Entwurf asynchroner sequentieller Schaltungen und sie ist, abgesehen von einer Reihe weniger bekannter, insgesamt lange nach Huffman veröffentlichter Verfahren immer noch die wesentliche "klassische" Methode. Eine große Anzahl von im Laufe der Jahre erschienenen Veröffentlichungen stellen entweder mehr oder weniger Varianten der Huffmanschen Methode dar bzw. sie behandeln Teilaspekte. Ein übersichtlicher und kritischer Vergleich zwischen dem Huffmanschen Verfahren und fünf weiteren Methoden wurde von Zahn (1976) und wesentlich ausführlicher dann von Pessen (1984) angestellt. Wegen der vielleicht langsam aber doch sicher stark zurückgehenden Bedeutung der Entwurfsverfahren für asynchrone verbindungsprogrammierte Steuerungen beschränken wir uns auf den Klassiker Huffman. Seine Methode ist aber aus einer Einführung in die Steuerungstechnik nach wie vor ebensowenig wegzudenken wie der Entwurf bzw. die Minimierung von kombinatorischen Schaltungen mittels Karnaugh Diagramms.

Zunächst soll anhand eines immer noch einfachen Beispiels die Beschreibung einer asynchronen, sequentiellen Steuerung besprochen werden. Dies ist deshalb nötig, weil auch Huffman bei der Entwicklung seiner Synthesemethode von der Analyse ausging. Es muß also zunächst eine eindeutige Darstellung einer asynchronen sequentiellen Steuerung möglich sein; dabei müssen auch die durch die asynchrone Arbeitsweise bedingten Erscheinungen behandelt werden. Ist dies geschehen, dann kann, sozusagen in umgekehrter Richtung, von der Aufgabenstellung ausgegangen und die Schaltungsdarstellung durch eine Reihe von systematischen Entwurfsschritten gefunden werden.

Das **Beispiel** lautet: Gegeben sei eine Schaltung mit zwei Eingangsvariablen x_1, x_2 und einer Ausgangsvariablen z. Die Ausgangsvariable soll dann Eins werden, sobald beide Eingangsvariablen Eins sind jedoch nur dann, wenn zuerst x_1 und dann x_2 Eins geworden sind. Die Schaltung hat demnach die Aufgabe, unter den möglichen Sequenzen, wie z.B. (00, 01, 11), (00, 11), (00, 01, 10, 11), das einzig richtige Eingangswort, nämlich (00, 10, 11) zu erkennen und darauf mit z = 1 zu reagieren.

Bild 9.3 zeigt eine Schaltung, die der Aufgabenstellung des Beispiels entspricht. Es soll zunächst gezeigt werden, daß sie diese Aufgabe auch tatsächlich erfüllt. Man erkennt, daß die Konjunktion am Ausgang nur dann Eins liefert, wenn x_1 und x_2 Eins sind und wenn gleichzeitig auch der Ausgang des Speichers y = 1 ist. Der Speicher kann jedoch nur gesetzt werden, wenn x_1 ansteht und wenn die Implikation Eins liefert, d.h. wenn x_2 zunächst Null ist. Damit ist die Aufgabe erfüllt.

Anmerkung: Für denjenigen Leser, der eventuell aufgrund der späteren Ausführungen dieses Beispiel nachrechnet, sei folgendes festgestellt: Nach Durchlaufen des Eingangswortes (00,10,11) ist der innere Speicher gesetzt und z = 1. Folgt jedoch auf diese Sequenz die Eingangsbelegung 10, dann wird z = 0, der Speicher bleibt jedoch gesetzt. Folgt darauf abermals die Eingangsbelegung 11, dann wird wiederum z = 1. Diese Schaltung erkennt demnach auch das Eingangswort (00,10,11,10,11,...), sie kann also in die aufgabengemäß vorgeschriebene Sequenz zurückkommen. Soll dies vermieden werden, dann wird die Schaltung aufwendiger und braucht zwei Speicher. Das Beispiel in Bild 9.3 wurde als einfachst mögliche Schaltung mit einem Speicher hier nur zur einführenden Erklärung der Schaltungsbeschreibung gewählt.

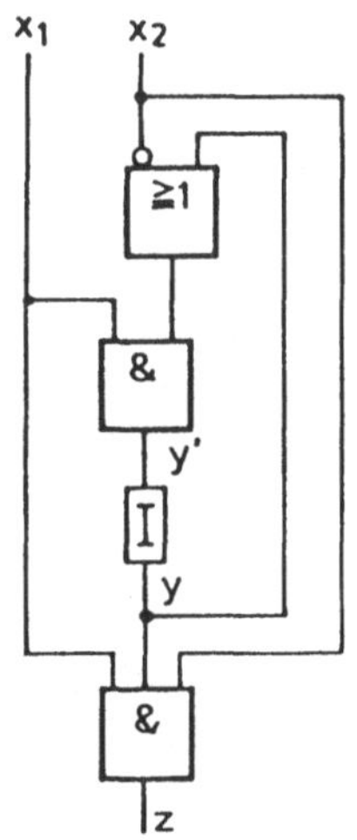

Bild 9.3. "Eins vor Zwei" Schaltung mit einem Speicher

Dieses Beispiel macht den prinzipiellen Unterschied sowohl zu den früher als sequentielle Grundschaltungen behandelten Speicherfunktionen als auch zu den verbindungsprogrammierten Zwangsfolgesteuerungen deutlich. Es fällt nämlich auf, daß die Schaltung in zwei getrennte Teile aufgespaltet werden kann, und zwar in einen Speicher und in einen nachgeschalteten kombinatorischen Teil, in diesem Fall die Konjunktion. Die innerhalb von asynchronen sequentiellen Schaltungen vorhandenen Speicher nennt man **innere Speicher**. Für die zwei Teile der im Bild 9.3 dargestellten Schaltung kann man die folgenden Gleichungen ablesen:

$$y' = x_1(\bar{x}_2 \vee y) \ ,$$
$$z \ = x_1 x_2 y \ .$$

Die erste dieser Gleichungen, die Speichergleichung, wird **Zustandsgleichung** genannt; die zweite Gleichung ist die **Ausgangsgleichung**. Die Gleichungen zeigen, daß sowohl die Speichervariable y als auch die Variable z von den beiden Eingangsvariablen x_1, x_2 und von der verzögerten Speichervariablen y abhängig sind. Allgemein wird geschrieben:

$$y' = f(x_1, \ x_2, \ y), \qquad\qquad (9.1a)$$
$$z \ = g(x_1, \ x_2, \ y). \qquad\qquad (9.1b)$$

Aus dem Logikplan Bild 9.3 ist ersichtlich, daß sowohl das an den kombinatorischen Teil weitergeleitete Speichersignal, als auch das an den Eingang der Implikation rückgeführte Speichersignal als verzögerte Signale aufgefaßt werden. Diese in der mathematischen Modellvorstellung nicht unbedingt nötige Verzögerung berücksichtigt die Schaltzeiten der verwendeten Gatter; sie wurde von Fasol und Vingron (1975) ausführlich diskutiert (dort in Abschnitt 11.1) und wird hier aus Gründen der Bequemlichkeit zunächst beibehalten, in den späteren Bildern jedoch nicht mehr gezeichnet. Dadurch, daß das an den kombinatorischen Teil weitergeleitete Speichersignal als verzögert aufgefaßt wird, soll verhindert werden, daß man die Zustandsgleichung in die Ausgangsgleichung einsetzt und durch Anwenden des distributi-

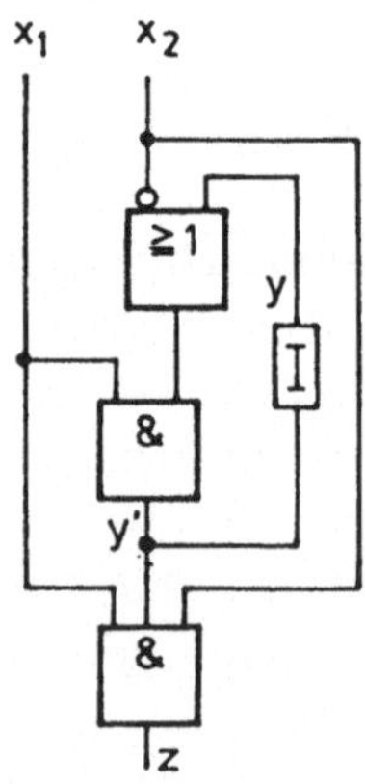

Bild 9.4. Unzulässige Anordnung der fiktiven Verzögerung in der Schaltung nach Bild 9.3

ven Gesetzes den Speicher "herauskürzt". Es ist daher wichtig, das Verzögerungselement wie in Bild 9.3, jedoch nicht wie in Bild 9.4 in der Rückführung angeordnet zu denken. Würde nämlich der Schaltungsbeschreibung fälschlich das Bild 9.4 zugrundegelegt, dann könnte man aus diesem Bild ablesen:

$$y' = x_1(\bar{x}_2 \vee y), \quad z = x_1 x_2 y'.$$

Durch Einsetzen der Zustandsgleichung in die Ausgangsgleichung ergäbe sich dann

$$z = x_1 x_2 (x_1(\bar{x}_2 \vee y)) = x_1 x_2 \, y \, .$$

Diese Gleichung wäre nicht mehr als Beschreibung einer sequentiellen Schaltung deutbar, denn die eigentliche Speicherfunktion kommt in ihr nicht mehr vor. Über solche und andere Fragen der Modellvorstellungen von asynchronen sequentiellen Schaltungen (sequentiellen Automaten) wird in den Werken der Automatentheorie sehr viel diskutiert. In Anbetracht des angestrebten ingenieurmäßigen Charakters dieses Buches soll jedoch die eben angestellte, eher triviale Überlegung genügen.

Bei dem betrachteten Beispiel waren nur zwei Eingänge und ein Ausgang gegeben. Darüber hinaus war zur Realisierung der Aufgabe nur ein einziger Speicher nötig. Welche Gestalt nehmen aber die Gleichungen einer sequentiellen Schaltung an, wenn mehrere Eingangsvariable $x_1,\ldots,x_n$ und mehrere Ausgangsvariable $z_1,\ldots,z_m$ gegeben sind, und wenn mehrere Speichervariable $y_1,\ldots,y_l$ benötigt werden? Es stellt sich im allgemeinen Fall heraus, daß jede Speichervariable außer von den Eingangsvariablen noch von allen rückgeführten Speichervariablen abhängt. Somit erhält man für den allgemeinen Fall folgende Darstellung:

Durch das System der **Zustandsgleichungen**

$$y'_\lambda = f_\lambda (x_1, x_2, \ldots, x_n; y_1, y_2, \ldots, y_l) \tag{9.2a}$$

und das System der **Ausgangsgleichungen**

$$z_\mu = g_\mu (x_1, x_2, \ldots, x_n; y_1, y_2, \ldots, y_l) \tag{9.2b}$$

mit $\lambda = 1, 2, \ldots, l; \quad \mu = 1, 2, \ldots, m$

wird eine asynchrone sequentielle Schaltung allgemein und
vollständig beschrieben. Dieses Gleichungssystem wird durch
Bild 9.5 verdeutlicht.

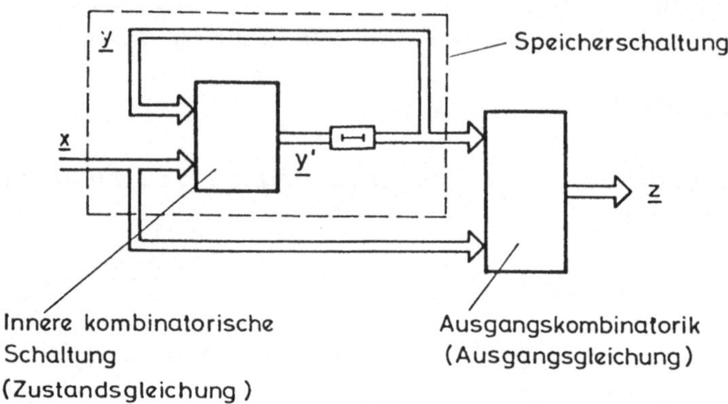

Bild 9.5. Modell der asynchronen sequentiellen Schaltung

Bei der theoretischen Analyse einer verbindungsprogrammierten
asynchronen sequentiellen Steuerung soll insbesondere festgestellt werden, ob das **innere Verhalten** richtig und ohne Gefahr
für das Auftreten eines falschen Ausgangsverhaltens der Steuerung abläuft. Das innere Verhalten wird durch sogenannte **innere Zustände** (states) y_i' repräsentiert, wobei in diesen inneren Zuständen die Information über die Vergangenheit, d.h.
über vorangegangene Eingangsbelegungen enthalten ist. Einem
inneren Zustand y_i entspricht dabei eine Kombination der Belegungen der Speichervariablen. Als **Gesamtzustand** (total state)
einer Schaltung wird die Kombination aus augenblicklicher
Eingangsbelegung und innerem Zustand bezeichnet.

Durch die Einführung einer Verzögerung im Modell einer asynchronen sequentiellen Schaltung und durch die auch formale
Unterscheidung zwischen den Zustandsvariablen vor und nach der
Verzögerung (y_i' bzw. y_i) können die Gln.(9.2) in der aus
Kapitel 7 gewohnten Weise auch in K-Diagrammen dargestellt
werden. Man trägt zweckmäßigerweise in der einen Achsrichtung
die unabhängigen Eingangsvariablen x_i und in der anderen
Achsrichtung die rückgeführten Zustandsvariablen y_i auf. Ein
derartiges Diagramm für drei Eingangsvariable und zwei Zustandsvariable hat dann das Aussehen nach Bild 9.6. In diese
K-Diagramme können entweder die Werte der unverzögerten Zustandsvariablen (y_i') oder die Werte der Ausgangsvariablen
(z_i) eingetragen werden. Es kann für jede Variable ein eigenes

Diagramm gezeichnet
werden, oder es kön-
nen jeweils alle Zu-
stands- und jeweils
alle Ausgangsvariable
in je ein gemeinsames
Diagramm gezeichnet
werden. Ein Diagramm,
das die Werte sämtli-
cher Zustandsvaria-
blen enthält, nennt
man **Zustandstabelle**
und ein K-Diagramm,
das die Werte sämtlicher Ausgangsvariablen enthält, bezeichnet
man als **Ausgabetabelle** oder **Ausgangstabelle**.

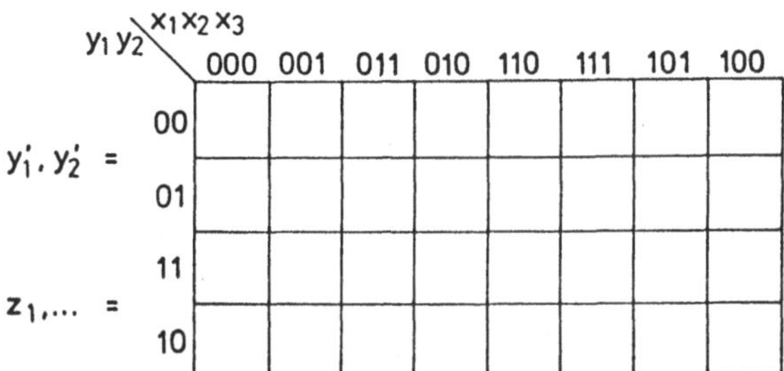

Bild 9.6. Anordnung der Zustands-
und Ausgabetabelle

9.1.2 Schaltungsanalyse

9.1.2.1 Zustandstabelle, stabile und instabile Zustände

Für das früher beschriebene Beispiel der "Eins vor Zwei"
Schaltung (Bild 9.3) wird die Zustandsgleichung

$$y' = x_1(\overline{x}_2 \vee y)$$

durch die in Bild 9.7 angegebene Zustandstabelle dargestellt.
Die Werte von y sind gegenüber y' um ein sehr kleines Δt
verzögert, wobei zu beachten ist, daß y nach der Zeit Δt stets
den Wert von y' annimmt. Bezogen auf die Zustandstabelle z.B.
in Bild 9.6 oder 9.7 bedeutet dies, daß überall dort wo der am
linken Diagrammrand eingetragene
Wert von y_i nicht identisch mit
einer Feldeintragung y_i' ist, nach
Δt eine Änderung von y_i eintreten
muß. Eine derartige Eintragung bezeichnet man als **instabil**, bzw. da
jede Eintragung in der Zustandstabelle einen bestimmten Zustand darstellt, bezeichnet man dies als
einen **instabilen Zustand.** Zum besseren Verständnis der Zusammenhänge
zwischen y und y' und der damit
verbunden Problemen soll die durch

y \\ x_1x_2	00	01	11	10
0	0	0	0	1
1	0	0	1	1

$y' =$

Bild 9.7. Beispiel für
eine Zustandstabelle:
Zustandsgleichung der
Schaltung aus Bild 9.3

die Zustandstabelle in Bild 9.7 beschriebene Schaltung eines
inneren Speichers die im Bild 9.8 dargestellte willkürlich
angenommene Sequenz von Eingangsbelegungen durchlaufen.

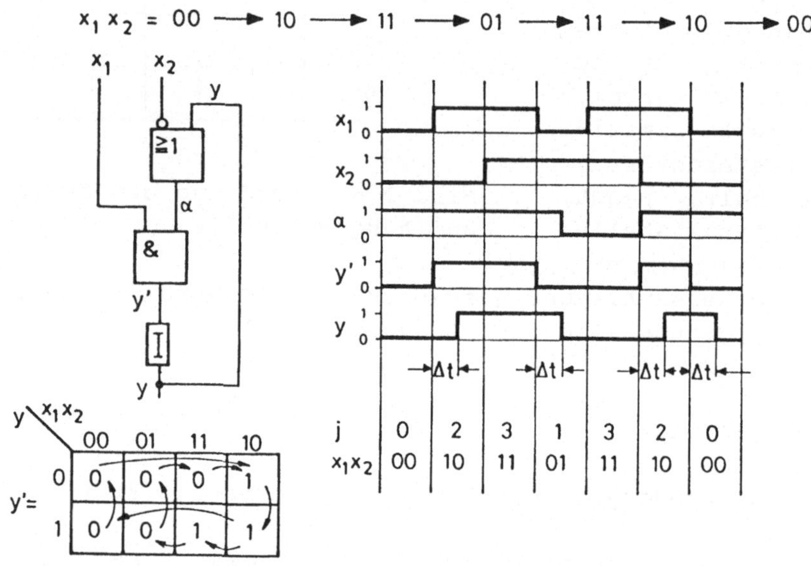

Bild 9.8. Stabile und instabile Zustände
des Speichers aus Bild 9.3 und Bild 9.7

Das Schaltfolgediagramm zeigt den zeitlichen Verlauf der Variablen x_1, x_2, y' und y bei Durchlaufen des angenommenen
Eingangswortes. Zur besseren Übersicht wurde auch das Zwi-
schensignal α in das Diagramm eingetragen. Unter der Voraussetzung, daß die Eingangsbelegungen $(x_1, x_2) = (00)$ länger als
die Schaltzeit Δt angestanden hat, haben Eingangs- und Ausgangssignal des Verzögerungselementes den gleichen Wert, in
diesem Fall $y' = y = 0$. Man sagt, die Schaltung befindet sich
in einem **stabilen Zustand**. In der Tabelle wird dieser Gesamtzustand durch das Feld $(x_1, x_2; y) = (00; 0)$ beschrieben. Wird
nun $x_1 = 1$ gesetzt, dann wird $y' = 1$ und nach der Verzögerungszeit Δt wird auch $y = 1$. Während der dazwischenliegenden
Zeit ist $y' = y$, d.h. der Speicher nimmt einen instabilen
Zustand ein. Nach Ablauf der Verzögerungszeit befindet sich
die Schaltung wieder in einem stabilen Zustand $(y = y' = 1)$,
der solange erhalten bleibt, wie die Eingangsbelegung (x_1, x_2)
= (10) ansteht. In der Zustandstabelle wird der instabile
Zustand durch das Feld $(x_1, x_2; y) = (10; 0)$ beschrieben, der

stabile Zustand durch das Feld (10;1). Der Leser möge alle weiteren, in Bild 9.8 eingetragenen Übergänge mit den gleichen Überlegungen nachvollziehen.

Der eben ausführlich besprochene Übergang wird noch einmal in Bild 9.9. dargestellt. Durch die Pfeile sind zwei Teilvorgänge angedeutet: Der Gesamtzustand ist zunächst (00;0); dann ändert sich die Eingangsbelegung von 00 auf 10 (es bleibt zunächst kurzzeitig y = 0); in der ersten Zeile stimmen dann die Eintragungen im betreffenden Feld des Diagramms (y'= 1) mit der Randbeschriftung nicht

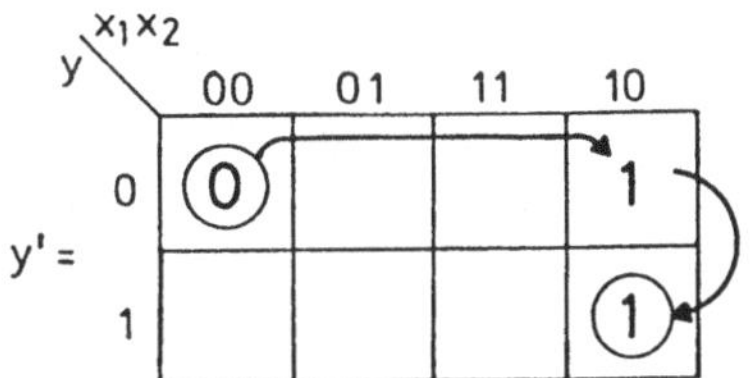

Bild 9.9. Zur Erklärung eines Übergangs zwischen zwischen zwei Zuständen

mehr überein; der so erkennbare instabile Gesamtzustand (10;0) muß in den stabilen Zustand (10;1) ("innerhalb der Spalte für 10") übergehen. Bei anderen Übergängen innerhalb der ersten Zeile würden stets stabile Zustände direkt erreicht.

Nochmals: Wenn also der einem Feld der Zustandstabelle eingeschriebene Wert y' nicht mit dem am linken Tabellenrand angeschriebenen Wert von y übereinstimmt, dann befindet sich die Schaltung in einem instabilen Zustand; wenn beide Werte übereinstimmen, wenn also y den Wert von y' angenommen hat, dann ist der Zustand stabil. Schaltungen mit 1 inneren Speichern befinden sich nur dann in einem stabilen Zustand, wenn für eine bestimmte Eingangsbelegung gilt:

$$y_1' = y_1, \; y_2' = y_2, \; \dots , \; y_1' = y_1 \; .$$

Wegen der Bedeutung der stabilen und instabilen Zustände für den Schaltungsentwurf wurde diese eingehende, wenn auch sich z.T. wiederholende Darstellung als notwendig erachtet.

9.1.2.2 Flußtabelle, Oszillationen und Wettläufe

Die als stabil definierten Zustände werden im K-Diagramm gekennzeichnet. Wie bereits in Bild 9.9 geschieht dies durch Einkreisen sowohl in der Zustandstabelle (Bild 9.10a) als auch in der sog. **Flußtabelle** nach Bild 9.10b.

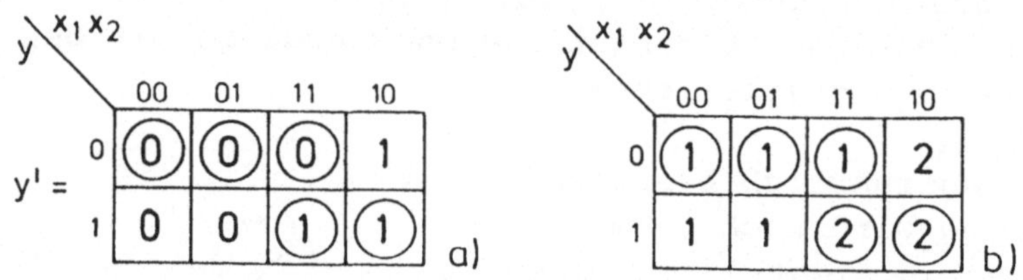

Bild 9.10. a) Zustandstabelle, b) Flußtabelle

Was ist der Unterschied zwischen diesen beiden Darstellungen?
Eigentlich keiner; nur: In diesem Abschnitt wird ja die Analyse d.h. die Beschreibung einer Schaltung besprochen. Ziel ist
jedoch letztlich die Synthese d.h. der Entwurf einer
Schaltung, wobei von der verbalen Aufgabenbeschreibung ausgegangen wird und sich als Resultat des Entwurfs schließlich die
Zustands- und Ausgangsgleichungen ergeben sollen. Auf dem Weg
dahin wird man als Zwischenlösung eine Tabelle nach Bild 9.10b
erhalten; in dieser Flußtabelle sind den Eingangsbelegungen
stabile und instabile Zustände zugeordnet. Es liegt aber
zunächst noch nicht fest, wie die Randbezifferungen für y bzw.
$Y_1, Y_2, \ldots$ und damit auch die Eintragungen für $y_1', y_2', \ldots$ lauten. Diese Eintragungen werden sich erst im letzten Schritt
des Entwurfsverfahrens ergeben (siehe Abschnitt 9.2.3). Die
Zustände werden daher zunächst willkürlich, z.B. durch Nume-
rieren 1,2,3,... gekennzeichnet. In die Tabelle werden an den
Stellen stabiler Zustände dieselben Nummern wie jeweils am
Rande eingetragen. Den instabilen Zuständen werden dieselben
Nummern zugeordnet wie jenen stabilen Zuständen, in welche die
instabilen Zustände übergehen.

Die Flußtabelle nach Bild 9.10b dient zur Beschreibung der
möglichen Zustandsübergänge. Im Zusammenhang mit den Ausgangsbelegungen, die den einzelnen stabilen Zuständen zugeordnet
sind, ist sie bereits eine vollständige Darstellung einer
asynchronen sequentiellen Steuerung. Befindet sich z.B. die
Steuerung im Zustand ① bei der Eingangsbelegung 00 und
wechselt x_1 von Null auf Eins, so erfolgt zunächst ein Übergang innerhalb der ersten Zeile von der ersten in die vierte
Spalte. Dadurch wird der instabile Zustand 2 erreicht und es
erfolgt unmittelbar darauf ein Übergang innerhalb der letzten
Spalte in den stabilen Zustand ② (durch Rückführen der
Werte der Speichervariablen an den Eingang des Speicherteils).
Ändert nun auch x_2 seinen Wert von Null auf Eins, so erfolgt

ein Übergang innerhalb der zweiten Zeile von der vierten in
die dritte Spalte. Da wieder ein stabiler Zustand erreicht
wird, erfolgt kein weiterer Übergang innerhalb der Spalte
(11). Jeder Wechsel zwischen zwei Spalten setzt einen Wechsel
der Eingangsgrößen voraus und erfolgt innerhalb einer Zeile.
Man wechselt dabei von einem stabilen Zustand dieser Zeile in
einen anderen stabilen oder instabilen Zustand.

Bedingt durch die asynchrone Arbeitsweise können in einer
solchen Schaltung Erscheinungen auftreten, die als Fehlverhalten vermieden werden müssen und die in der Flußtabelle erkannt
werden können. Es sind dies Oszillationen einzelner Speicher
sowie sog. Wettlauferscheinungen.

Oszillationen: Diese Erscheinung soll anhand eines ganz einfachen Beispiels, nämlich eines Oszillators erklärt werden.
Gegeben sei eine Schaltung nach Bild 9.11; im Bild sind auch
Gleichung und Speicherdiagramm angegeben. Der einzige stabile
Zustand dieser Schaltung ist der des Feldes (x;y) = (0;0). In
der zweiten Spalte kommt kein stabiler Zustand vor, so daß der
instabile Zustand der ersten Zeile dieser Spalte in den ebenfalls instabilen Zustand der zweiten Spalte überführt und
umgekehrt: Dadurch kommt es, sobald x = 1, zu einem dauernden
Oszillieren des Signals y', und zwar mit einer Frequenz, die
dem Kehrwert der Verzögerungszeit Δt entspricht.

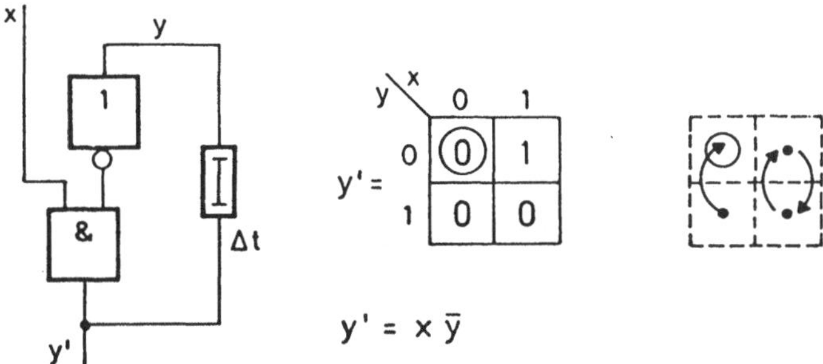

Bild 9.11. Logikplan und Speichergleichung eines Oszillators

Oszillationen können natürlich auch dann auftreten, wenn eine
Steuerung mehrere Speicher enthält. Man erkennt die Schwin-
gungsmöglichkeit daran, daß in einer bestimmten Spalte der Zustandstabelle wie im Bild 9.11 zunächst in einer Zeile am Rand
y_i = 0 und im Feld y_i'= 1 und in einer anderen Zeile am Rand

$y_i = 1$ und im Feld $y_i' = 0$ eingetragen sind. Der Entwurf der Schaltung muß dann an dieser Stelle entsprechend geändert werden (siehe auch Bild 9.12).

Wettlauferscheinungen: Die Schaltungen der bisher behandelten Beispiele enthielten jeweils nur eine Zustandsvariable. Untersucht man aber Schaltungen mit zwei oder mehreren Zustandsvariablen, dann stellt man fest, daß es zu sogenannten Wettlauferscheinungen kommen kann. Diese treten infolge geringfügig unterschiedlicher Schaltzeiten der einzelnen Speicher dann auf, wenn beim Übergang von einem instabilen zum zugehörigen stabilen Zustand zwei oder mehr Zustandsvariable ihre Werte ändern müssen. Da Wettläufe zu einem völligen Versagen der Schaltung führen können, ist ein Verständnis dieser Erscheinung besonders wichtig.

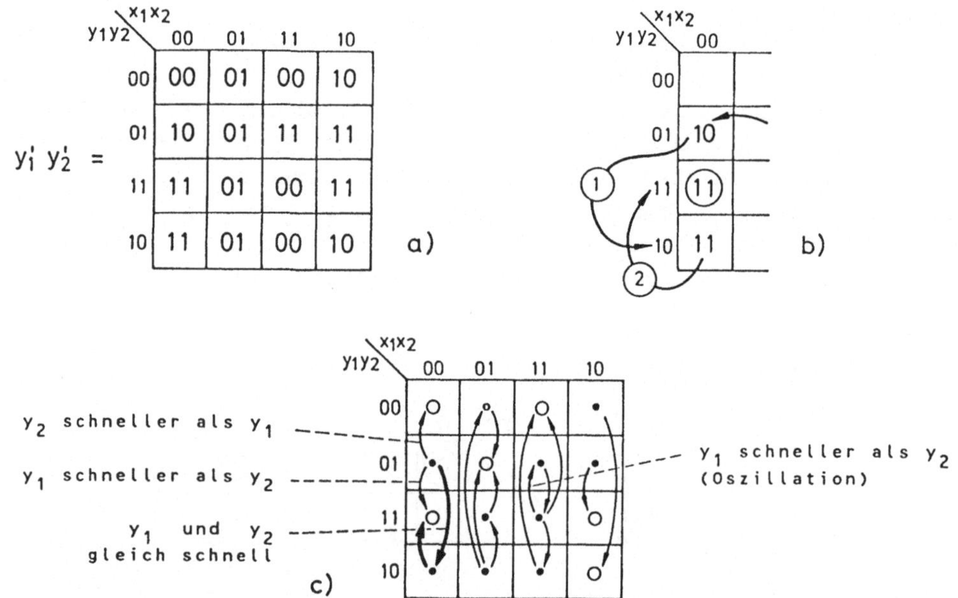

Bild 9.12. Zur Erklärung von Wettläufen: a) Zustandstabelle, b) Übergang vom Zustand (01;01) zu (00;11), c) mögliche Übergänge

Gegeben sei z.B. nach Bild 9.12a die Zustandstabelle einer sequentiellen Schaltung mit zwei Eingangsvariablen x_1, x_2 und zwei Zustandsvariablen y_1, y_2. Die Werte für y_1' und y_2', die in dieser Tabelle eingetragen sind, stellen, wie man jetzt weiß, dann einen stabilen Zustand dar, wenn die im Feld eingetragenen Werte mit den links am Rand stehenden Werten für y_1 und y_2 übereinstimmen. Damit also in einem bestimmten Feld Stabilität herrscht, muß für dieses Feld $y_1' = y_1$ und $y_2' = y_2$ gelten. Im Bild 9.12b sind die stabilen Felder durch Kreise und die instabilen Felder durch Punkte angedeutet. Die Pfeile geben alle möglichen Übergänge innerhalb der einzelnen Spalten an.

Zunächst soll der Gesamtzustand (00;01), d.h. das Feld in der ersten Spalte und zweiten Zeile untersucht werden. Da $(y_1'y_2')$ = (10) ungleich der Randbezeichnung (y_1y_2) = (01) ist, handelt es sich um einen instabilen Zustand. Es sei angenommen, daß dieser instabile Zustand, der durch einen Wechsel der Eingangsbelegung vorübergehend zustande gekommen ist, letztlich in den stabilen Zustand (00;11) übergehen soll. Dies kann aber nur in zwei Schritten vor sich gehen. Entsprechend der Eintragung im Feld der zweiten Zeile, nämlich $(y_1'y_2')$ = (10), soll der instabile Zustand zunächst in den der letzten Zeile zugeordneten Zustand (y_1y_2) = (10) übergehen. Es müssen sich dabei beide Speicherausgänge, d.h. beide Zustandsvariable exakt gleichzeitig ändern. Hat dies stattgefunden, was vorläufig angenommen werde, dann wurde ein nächster instabiler Zustand, nämlich (y_1y_2) = (10) und $(y_1'y_2')$ = (11) erreicht. Aus der Eintragung im Feld dieser Zeile ist zu erkennen, daß nun der Übergang auf den stabilen Gesamtzustand (00;11) in der dritten Zeile zu erfolgen hat.

Bei der Einarbeitung in die Methode kann diese Überlegung erfahrungsgemäß vielleicht Schwierigkeiten machen. Man muß sich nämlich angewöhnen, das K-Diagramm der Zustandstabelle in jeweils aufeinanderfolgenden Zeitabschnitten Δt zu betrachten. Dies ist im Bild 9.12b durch die beiden mit 1 und 2 bezeichneten Pfeile erklärt. Also nochmals: Die Schaltung sei "innerhalb der zweiten Zeile" durch Eingangsbelegungswechsel in den vorhin genannten instabilen Zustand gekommen. (y_1y_2) ist noch kurzzeitig (01), soll aber (10) werden; dieser Übergang erfolge nun: Pfeil 1. Dieser jetzt erreichte "nächste" Zustand wird aber im nun zu betrachtenden nächsten Zeitabschnitt Δt zum "jetzigen" Zustand. Im Feld der vierten Zeile ist $(y_1'y_2')$ = 11 eingetragen; (y_1y_2) ist also noch (10), soll aber (11) werden; dieser Übergang ist durch den

Pfeil 2 verdeutlicht, wodurch der stabile Soll-Zustand (00;11) erreicht wurde. Dieser, durch die Aufgabenstellung bedingte, gewünschte Übergang ist im Bild 9.12c durch dick gezogene Pfeile hervorgehoben.

Nun ist es aber keineswegs sicher, daß sich, wie zunächst angenommen, im ersten Schritt des ausführlich diskutierten Übergangs beide Zustandsvariable exakt gleichzeitig ändern. Infolge geringfügig unterschiedlicher Schaltzeiten der einzelnen inneren Speicher gibt es, ausgehend vom instabilen Zustand (00;10), noch zwei weitere Möglichkeiten:

1. y_1 ändert sich schneller als y_2,
2. y_2 ändert sich schneller als y_1.

Im ersten Fall erfolgt ein Übergang von der zweiten in die dritte Zeile; der stabile Zustand $(y_1'y_2') = (11)$ wird im Gegensatz zu dem vorher besprochenen zweistufigen Übergang sofort erreicht. Dies würde also ebenfalls der Aufgabenstellung entsprechen. Kritischer ist aber der obige zweite Fall, wenn sich y_2 schneller als y_1 ändert. Dann tritt nämlich als "nächster" Zustand $(y_1'y_2') = (00)$ auf, wodurch der Zustand in der ersten Zeile erreicht wird; und dies ist ein stabiler Zustand. Es ist allerdings ein anderer stabiler Zustand als es der Aufgabenstellung entspricht. Da in der ersten Spalte der Zustandstabelle im Bild 9.12a zwei stabile Zustände vorhanden sind, die je nach erfolgten Signalwechseln erreicht werden können, wird der obige zweite Fall als **kritischer Wettlauf** bezeichnet. Er muß später beim Schaltungsentwurf vermieden werden. Meist bezeichnet man alle solche Wettläufe in einer Spalte mit mehreren stabilen Zuständen als' kritisch.

Betrachtet man die Übergänge in der zweiten Spalte der Zustandstabelle, so tritt dort nur ein einziger stabiler Zustand auf, in den letztlich alle instabilen Zustände übergehen. Dadurch sind alle auftretenden Wettläufe **unkritisch**.

Etwas abweichend von den Übergängen in der zweiten Spalte können sich Übergänge in der dritten Spalte des Diagrammes verhalten, obwohl auch in dieser Spalte nur ein stabiler Zustand auftritt. Dies kommt daher, weil vom instabilen Zustand (11;01) in der zweiten Zeile nicht ein Übergang auf den stabilen Zustand in der ersten Zeile erfolgt, sondern wieder ein Übergang auf den instabilen Zustand in der dritten

Zeile (11;11). Von diesem instabilen Zustand in der dritten Zeile wiederum soll nun ein Übergang auf den Zustand der ersten Zeile, jedoch mit doppeltem Signalwechsel erfolgen. Ist nun, wie im Bild besonders gekennzeichnet, der Wechsel der Zustandsvariablen y_1 schneller als der von y_2, so wird wieder der instabile Zustand in der zweiten Zeile erreicht. Von diesem wiederum erfolgt sofort ein Übergang mit einfachem Signalwechsel zurück in den Zustand der dritten Zeile; die Schaltung oszilliert. Die Möglichkeit einer Oszillation ist, wie im Bild 9.11, durch die beiden gegenläufigen Pfeile zwischen den beiden instabilen Zuständen der dritten Spalte erkennbar. Natürlich können auch mehrere instabile Zustände an der Oszillation teilnehmen, sofern diese durch einen geschlossenen Weg von Pfeilen miteinander verbunden sind.

Die beiden Übergänge in der vierten Spalte, nämlich vom instabilen Zustand in der zweiten Zeile auf den stabilen Zustand in der dritten Zeile bzw. vom instabilen Zustand in der ersten Zeile auf den stabilen Zustand in der vierten Zeile, erfolgen nur durch einfachen Signalwechsel, d.h. es treten keine Wettläufe auf.

Ein Entwurfsverfahren für asynchrone sequentielle Steuerungen muß so beschaffen sein, daß kritische Wettläufe und Oszillationen grundsätzlich erkannt und vermieden werden. Auch sollte darauf geachtet werden, daß die inneren Speicher nach Abschnitt 7.2.2 möglichst hazardfrei gemacht werden. Es ist daher sinnvoll, für die Speicherfunktionen RS-FFs nach Abschnitt 7.4.1 zu verwenden. Darauf soll noch zurückgekommen werden.

9.1.2.3 Ausgabetabelle (Ausgangstabelle), statische Hazards

Ebenso wie es bei mehr als einem inneren Speicher die Möglichkeit von Wettläufen und Oszillationen geben kann, was in der Zustandstabelle erkennbar und zu vermeiden ist, kann die Ausgangskombinatorik zu statischen Hazards neigen. Diese Hazardmöglichkeit kann bei gleichzeitiger Betrachtung von Ausgabetabelle und Zustandstabelle oder Flußtabelle einfach erkannt werden. Es wird dies am besten wieder anhand eines Beispiels vorgeführt: Die Ausgangsgleichung einer einfachen sequentiellen Schaltung habe sich bei einem Entwurfsvorgang zu

$$z = \bar{x}_2 \vee x_1 \bar{y}$$

ergeben. Diese Gleichung ist als Ausgabetabelle in Bild 9.13b dargestellt. Im Bild 9.13a ist als Beispiel eine zugehörige Zustandstabelle angegeben. Die Schaltung möge sich zunächst in dem stabilen Gesamtzustand (10;0) befinden und durch Änderung der Eingangsvariablen auf 11 in den stabilen Zustand (11;1) übergehen. Dabei durchläuft das System die Folge von Gesamtzuständen: (10;0), (11;0), (11;1), wobei mit diesen Zuständen die Ausgangssequenz $z = (1, 1, 0)$ verbunden ist. Die Ausgangsvariable wechselt also von Eins auf Null. Betrachtet man hingegen ausgehend vom Gesamtzustand (01;0) einen Wechsel der Eingangsbelegung von 01 auf 11, so tritt dabei die Gesamtzustandsfolge (01;0), (11;0), (11;1) auf. Bei dieser Folge ergibt sich die Ausgangssequenz $z = (0, 1, 0)$, d.h. für einen kurzen Augenblick kann am Ausgang ein Einssignal auftreten. Derartige Impulse sind im allgemeinen unerwünscht und im konkreten Fall kann dies dadurch verhindert werden, daß dem instabilen Zustand 2 bei der Eingangsbelegung 11 eine Ausgangsbelegung Null statt Eins zugeordnet wird. Dies ist möglich, weil durch die Aufgabenstellung immer nur die Werte der Ausgangsvariablen bei stabilen Zuständen festgelegt sind. Die Änderung der Ausgangsbelegung von ursprünglich Eins auf Null hat in dem besprochenen Fall keine Bedeutung für den vorher betrachteten Übergang vom Zustand (01;0) auf den Zustand (11;1), denn es ist gleichgültig, ob sich die Ausgangssequenz zu $z = (1, 1, 0)$ oder $z = (1, 0, 0)$ ergibt. Alle möglichen Übergänge müssen auf diese Weise untersucht werden. Die Werte der Ausgangsvariablen bei den instabilen Zuständen werden so festgelegt, daß sich eine minimierte Ausgangsschaltung ergibt, die frei von Hazards ist.

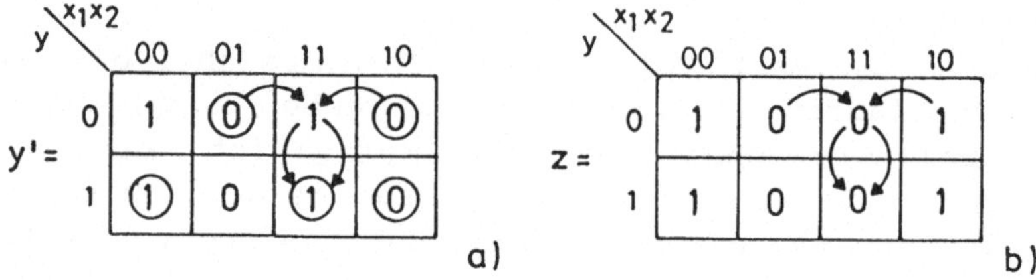

Bild 9.13. Zur Erklärung der statischen Hazards in der Ausgangskombinatorik: a) Flußtabelle, b) Ausgabetabelle

9.1.3 Schaltungsentwurf nach Huffman

Nach den vorhergehenden vorbereitenden Ausführungen kann sich nun dieser Abschnitt mit dem Entwurf asynchroner, sequentieller Schaltungen beschäftigen, die im wesentlichen durch VPS realisiert werden. Dabei wird zunächst aus der verbal gegebenen Aufgabenstellung eine Flußtabelle abgeleitet. Durch die Umkehrung des bei der Analyse beschrittenen Weges wird dann aus dieser Flußtabelle die gewünschte Steuerung entwickelt. Das Syntheseverfahren muß eine Steuerung liefern, die keine kritischen Wettläufe, keine Oszillationen und keine Hazards enthält und die die gestellte Aufgabe (Ausgangsverhalten) genau erfüllt. Darüber hinaus sollen die Schaltungen natürlich mit möglichst geringem gerätetechnischen Aufwand realisiert werden können. Hier wird aber später in diesem Abschnitt ein gravierender Mangel des Huffmanschen Syntheseverfahrens zutage treten. Mit Hilfe des Verfahrens ist es nämlich zwar möglich, Schaltungen mit einer minimalen Anzahl von Speichern zu entwerfen, die Anzahl der kombinatorischen Verknüpfungen und auch der Gatteraufwand für die einzelnen Speicher kann jedoch mit Hilfe dieses Verfahrens allein nicht minimiert werden. Dies wird später in diesem Abschnitt deutlich.

Entgegen einer allgemein gehaltenen Darstellung des Verfahrens ist es zweckmäßiger weil verständlicher, die Synthemethode anhand von konkreten einfachen Beispielen zu besprechen, was anschließend geschehen soll.

Am Beginn der Synthese steht die verbal ("im Klartext") formulierte Aufgabenstellung. Diese muß in eine Form gebracht werden, aus der schließlich Flußtabelle und Ausgabetabelle entwickelt werden können. Diese Formulierung der Aufgabe geschieht mittels einer Tabelle, die **einfache** oder **primitive Flußtabelle** genannt wird. Das Aufstellen dieser Tabelle ist der erste und beinahe der wichtigste Schritt des Entwurfsverfahrens und bereitet dem Anfänger oft Schwierigkeiten. Es werden daher drei verschiedene Beispiele für die primitive Flußtabelle besprochen. Das erste dieser Beispiele wird dann dazu benutzt, die weiteren Schritte des Syntheseverfahrens darzustellen.

9.1.3.1 Aufstellen der primitiven Flußtabelle

Beispiel 1: Eine Schaltung mit zwei Eingängen x_1, x_2 und zwei Ausgängen z_1, z_2 soll so beschaffen sein, daß die bei einer gegebenen Eingangsbelegung j vorhandene Ausgangsbelegung zahlenmäßig mit der vorhergehenden Eingangsbelegung übereinstimmt. Es wird vorausgesetzt, daß jeweils nur eine Eingangsvariable ihren Wert ändern darf. Die nächste Änderung darf erst stattfinden, wenn die Reaktionen aufgrund einer vorhergehenden Signaländerung abgeschlossen sind.

Die primitive Flußtabelle besitzt in jeder Zeile nur einen stabilen Zustand; in zusätzlichen Spalten wird die zu jedem stabilen Zustand gehörende Ausgangsbelegung eingetragen. Die Spalten für die Eingangsbelegungen werden in der Regel, einer Gewohnheit und hier nicht einer Notwendigkeit gehorchend, wie in Bild 9.14 entsprechend dem K-Diagramm angeordnet. Zu Beginn ist meist nicht zu ersehen, wieviele Zustände die zu entwickelnde Flußtabelle besitzen wird, was aber bedeutungslos ist. Unter irgend einer Eingangsbelegung (zumeist für j = 0) nimmt man als erstes einen stabilen Zustand an, von dem man nach Möglichkeit auch die entsprechende Ausgangsbelegung kennt. Diesen Zustand bezeichnet man mit der Nummer (1) und untersucht von diesem Zustand ausgehend alle möglichen Wechsel der Eingangsbelegungen und dadurch Übergänge auf weitere Zustände. Diese weiteren Zustände werden einfach in der Reihenfolge ihres Auftretens durchnumeriert. Wie dies erfolgt ist willkürlich und für das Ergebnis nicht bedeutsam.

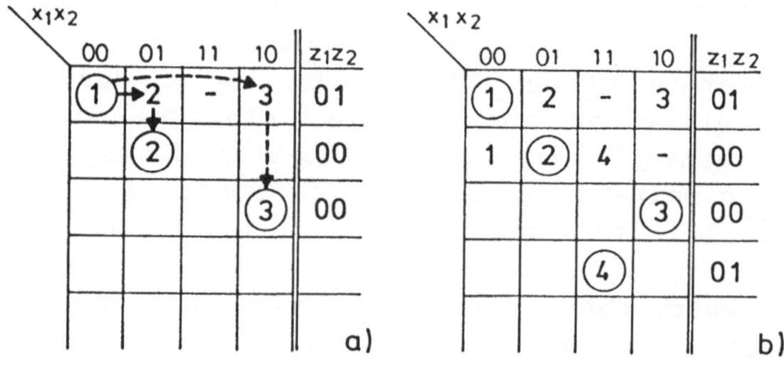

Bild 9.14. Zwei Situationen beim Ausfüllen der primitiven Flußtabelle für das Beispiel 1

Zur Beschreibung der Aufgabenstellung des Beispiels 1 wird in der ersten Zeile bei der Eingangsbelegung (00) der stabile Zustand ① eingetragen. Die zugehörige Ausgangsbelegung soll nach der Aufgabenstellung identisch sein mit der vorher anstehenden Eingangsbelegung. Bei einfachem Signalwechsel der Eingangsbelegungen kann vor der Eingangsbelegung (00) entweder die Eingangsbelegung (01) oder die Eingangsbelegung (10) aufgetreten sein. Nimmt man willkürlich an, daß vor dem Übergang auf den Zustand ① die Eingangsbelegung (01) vorhanden gewesen ist, so tritt beim Zustand ① die Ausgangsbelegung (01) auf. Es ist unmittelbar einzusehen, daß es bei der Eingangsbelegung (00) noch einen weiteren stabilen Zustand geben muß, bei dem die Ausgangsbelegung (10) auftritt. Es sollen jedoch zunächst alle Übergänge vom Zustand ① ausgehend betrachtet werden. Wechselt x_2 seinen Wert von Null auf Eins, so erfolgt ein Übergang innerhalb der ersten Zeile von der ersten in die zweite Spalte. Hier wird zunächst ein instabiler Zustand mit der nächsten Nummer, nämlich 2 eingeführt, von dem ein Übergang innerhalb der zweiten Spalte auf den entsprechenden stabilen Zustand in der nächsten Zeile stattfinden soll. Entsprechendes gilt, wenn x_1 seinen Wert von Null auf Eins ändert, weshalb in der letzten Spalte der ersten Zeile eine instabile 3 und in derselben Spalte, aber in der nächsten freien Zeile, in der noch kein stabiler Zustand auftritt (in jeder Zeile darf nur ein stabiler Zustand stehen), der stabile Zustand ③ eingetragen wird. Die Zustände ② und ③ werden durch einen Wechsel von der Eingangsbelegung (00) aus erreicht, weshalb bei beiden Zuständen als Ausgangsbelegung (00) auftritt. Damit hat die primitive Flußtabelle den Stand nach Bild 9.14a erreicht.

Es ist zweckmäßig, nun vom zweiten stabilen Zustand aus alle möglichen Übergänge zu untersuchen. Da doppelter Signalwechsel der Eingangsvariablen ausgeschlossen wurde, kann von ② aus kein Wechsel auf die Eingangsbelegung (10) erfolgen. Dies wird durch einen Strich in der entsprechenden Spalte gekennzeichnet. Ändert die Eingangsvariable x_2 ihren Wert von Eins auf Null, so wird wieder die erste Spalte erreicht, in der sich bereits der stabile Zustand ① befindet. Nun ist zu überprüfen, ob ein Übergang in den bereits vorhandenen Zustand ① stattfinden soll, oder ob ein neuer Zustand (nächste freie Nummer) eingeführt werden muß.

Wie bereits erwähnt, ist in der primitiven Flußtabelle jedem
stabilen Zustand eine bestimmte Ausgangsbelegung zugeordnet.
Daher besteht das Kriterium, ob beim Übergang auf eine
andere Eingangsbelegung ein neuer Zustand eingeführt werden
muß oder ob ein bereits vorhandener Zustand verwendet werden
kann u.a. in der Beantwortung der Frage: Stimmt die Ausgangsbelegung des bereits vorhandenen Zustands mit der durch die
Aufgabenstellung geforderten Belegung überein ? Bei Nicht-
übereinstimmung muß ein neuer Zustand eingeführt werden.

Bei dem gewählten Beispiel soll beim Übergang von der Eingangsbelegung (01) auf die Eingangsbelegung (00) die Ausgangsbelegung gleich der vorhergehenden Eingangsbelegung sein, d.h.
(01). Dem Zustand ① ist bereits diese Ausgangsbelegung
zugeordnet, weshalb ein Übergang vom Zustand ② aus erfolgen
kann. Dies wird durch die Eintragung des instabilen Zustands
1 in der ersten Spalte erreicht. Wechselt x_1 seinen Wert von
Null auf Eins, so wird vom Zustand ② aus die dritte Spalte
der Tabelle erreicht, in der noch kein stabiler Zustand auftritt, weshalb hier ein stabiler Zustand mit der nächsten
freien Nummer (4) eingeführt wird. Dem stabilen Zustand ④
wird aufgrund der Aufgabenstellung die Ausgangsbelegung (01)
zugeordnet. Die zweite Zeile der Flußtabelle ist nun vollständig ausgefüllt (Bild 9.14b).

Nun werden ausgehend vom stabilen Zustand ③ weitere Übergänge eingetragen. Wechselt x_2 seinen Wert von Null auf Eins, so
wird die dritte Spalte mit der Eingangsbelegung (11) erreicht
und es muß entschieden werden, ob ein Übergang auf den dort
bereits vorhandenen Zustand ④ stattfinden darf oder nicht.
Bei einem Übergang vom Zustand ③ aus muß laut Aufgabenstellung beim Folgezustand die Ausgangsbelegung (10) auftreten.
Dem Zustand ④ ist aber die Ausgangsbelegung (01) zugeordnet,
weshalb in dieser Spalte ein neuer Zustand ⑤ eingeführt
werden muß. Ähnliches gilt für den ebenfalls von ③ aus
möglichen Übergang auf einen Zustand in der ersten Spalte.
Auch dort muß ein neuer Zustand eingeführt werden, da beim
Zustand ① die Ausgangsbelegung (01) auftritt, jedoch, wie
bereits erwähnt, bei einem Übergang von ③ aus die Ausgangsbelegung (10) auftreten muß. Man ist damit zu einem Stadium
der Tabelle lt. Bild 9.15a gekommen. Füllt man auf die bisher
beschriebene Weise nacheinander die einzelnen Zeilen der primitiven Flußtabelle aus, so kommt man schließlich zur Situa-
tion, wo keine neuen Zustände mehr eingeführt werden müssen

und dadurch die Tabelle vollständig ausgefüllt ist. Diese
Tabelle zur Formulierung der gestellten Aufgabe ist schließlich in Bild 9.15b zu sehen.

a)

$x_1 x_2$				
00	01	11	10	$z_1 z_2$
①	2	–	3	01
1	②	4	–	00
6	–	5	③	00
	④			01
	⑤			10
⑥				10

b)

$x_1 x_2$				
00	01	11	10	$z_1 z_2$
①	2	–	3	01
1	②	4	–	00
6	–	5	③	00
–	7	④	8	01
–	7	⑤	8	10
⑥	2	–	3	10
1	⑦	4	–	11
6	–	5	⑧	11

Bild 9.15. Primitive Flußtabelle für das Beispiel 1:
a) drei Zeilen sind vollständig. b) vollständige Tabelle

Beim Ausfüllen der Tabelle im vorhergehenden Beispiel wurde
als ein Kriterium für das Einführen neuer Zustände die
Untersuchung der Ausgangsbelegungen beachtet. Allgemein ist es
jedoch auch sehr wichtig darauf zu achten, daß man beim Ausfüllen der Tabelle bei Wechsel der Eingangsbelegung nicht in
die bereits z.T. durchlaufene Sequenz zurückkommt. Dadurch
würde auch ein anderes, der Aufgabenstellung nicht entsprechendes Eingangswort die gewünschte Reaktion der Schaltung
verursachen. Dies soll an folgender Aufgabe gezeigt werden:

Beispiel 2: Gesucht sei eine Schaltung zum Erkennen des
Eingangswortes (00,01,11). Doppelter Signalwechsel der
Eingangsbelegungen sei wieder ausgeschlossen. Es handelt
sich also praktisch um dieselbe Aufgabe wie bei der
Schaltung in Bild 9.2 ("Eins vor Zwei" Schaltung). Nach
den im obigen Beispiel 1 ausführlich besprochenen Richtlinien gelangt man zunächst bis zum Stadium des Bildes
9.16a.

a)

x_1x_2 →	00	01	11	10	z
	①	2	–	3	0
	1	②	4	–	0
	1	–	5	③	0
			④		1
			⑤		0

b)

x_1x_2 →	00	01	11	10	z
	①	2	–	3	0
	1	②	4	–	0
	1	–	5	③	0
	–	6	④	3	1
	–	6	⑤	3	0
	1	⑥	5	–	0

Bild 9.16. Primitive Flußtabelle für das Beispiel 2:
a) an dieser Stelle ist die Einführung eines neuen
stabilen Zustands ⑥ nötig, b) vollständige Tabelle

Beim Ausfüllen der Übergänge vom stabilen Zustand ④ aus
muß nun folgender Gesichtspunkt beachtet werden. Ändert x_1
seinen Wert von Eins auf Null, so wird die zweite Spalte
der Flußtabelle erreicht, in der sich bereits der Zustand
② befindet. Die Ausgangsbelegung des Zustandes ②
stimmt zwar mit der gewünschten Belegung überein (z = 0),
jedoch muß hier berücksichtigt werden, daß von ② aus
sofort wieder der Zustand ④ erreicht werden könnte.
Damit würde die Ausgangsbelegung z = 1 bei einer anderen
als durch die Aufgabenstellung festgelegten Sequenz auftreten. Daher muß ein neuer Zustand ⑥ eingeführt werden,
von dem aus nicht sofort wieder
der Zustand ④ erreicht werden
kann. Dies ist im Bild 9.16b
durchgeführt.

Beispiel 3: Eine Schaltung ist
zu entwickeln, die das Eingangswort mit doppeltem Signalwechsel
(00,11) erkennt. Eine solche
Schaltung ist z.B. von der Ge-
werbeaufsicht für alle Pressen,
Stanzen usw. aus Sicherheits-
gründen vorgesehen (Zweihand-
Sicherheitssteuerung). Bild 9.17
zeigt die vollständig ausge-

	x_1x_2 → 00	01	11	10	z
1	①	2	4	3	0
2	1	②	5	3	0
3	1	2	5	③	0
4	1	2	④	3	1
5	1	2	⑤	3	0

Bild 9.17. Primitive
Flußtabelle für das
Beipiel 3

füllte Tabelle; die einzelnen Schritte des Erstellens der Tabelle können vom Leser jetzt wahrscheinlich schon leicht nachvollzogen werden.

9.1.3.2 Verschmelzen (Vereinfachen) der Flußtabelle

Im nächsten Schritt des Verfahrens wird die primitive Flußtabelle so vereinfacht, indem einzelne Zeilen "verschmolzen", d.h. zusammengefaßt, werden. Dies bedeutet, daß Zustände die sozusagen "das gleiche leisten" zusammengefaßt werden, wodurch die Anzahl der Speicher vermindert und die weiteren Entwurfsschritte vereinfacht werden. Für das Verschmelzen gelten die folgenden Regeln:
- Zwei oder mehrere Zeilen können verschmolzen werden, wenn in gleichen Spalten dieser Zeilen gleiche Nummern stehen.
- Werden eingekreiste (stabile) und nicht eingekreiste instabile Eintragungen derselben Zustandsnummer kombiniert, so resultiert daraus eine eingekreiste Eintragung.
- Enthält ein Feld keine Eintragung, ist es also redundant, dann kann diesem Feld eine Zustandsnummer so zugeordnet werden, daß dadurch eine eventuelle Verschmelzung der zugehörigen Zeile möglich wird.

Im Beispiel des Bildes 9.18 werden die beiden Zeilen zu der neuen, unter dem Strich angegebenen Zeile verschmolzen.

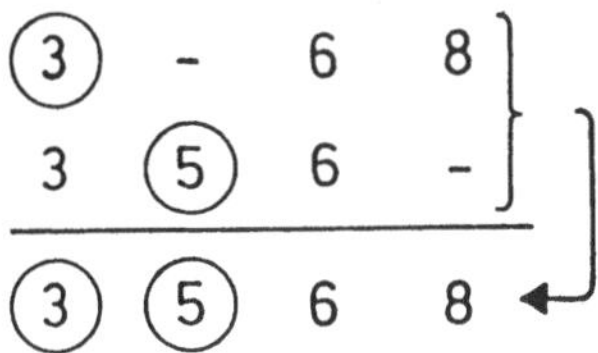

Bild 9.18. Verschmelzen von zwei Zeilen einer primitiven Flußtabelle

Bei vielen Aufgaben gibt es mehrere Möglichkeiten der Verschmelzung, die aber nicht immer gleich vorteilhaft sind. Um alle Verschmelzungsmöglichkeiten übersichtlich aufzuzeigen, zeichnet man ein sogenanntes **Verschmelzungsdiagramm**. In einem solchen Diagramm werden die einzelnen Zeilen der einfachen Flußtabelle z.B. durch Punkte dargestellt. Alle Punkte, deren zugehörige Zeilen miteinander verschmolzen werden können, werden miteinander durch Kanten des Graphen verbunden. Für die für das frühere Beispiel 1 in Bild 9.15b angegebene primitive Flußtabelle läßt sich das in Bild 9.19 dargestellte Verschmelzungsdiagramm zeichnen. Bieten

sich (allerdings nicht wie im Beispiel des Bildes 9.19) alter-
nativ mehrere Möglichkeiten an, dann sollen solche Zeilen-
verschmelzungen gewählt werden, die möglichst viele instabile
Zustände eliminieren. Dadurch wird später die Beseitigung von
Wettläufen einfacher. Außerdem sollte man auch noch die Spalte
für die Ausgangsbelegungen ansehen und möglichst jene Zeilen
verschmelzen, die identische Ausgangsbelegungen aufweisen.

Aus Bild 9.15b und aus Bild 9.19 erhält man die **verschmolzene
Flußtabelle** nach Bild 9.20. In diesem Diagramm werden die
einzelnen Zeilen vorübergehend z.B. mit Kleinbuchstaben gekennzeichnet, da man die Randbezifferung für y_1, y_2 noch nicht
kennt.

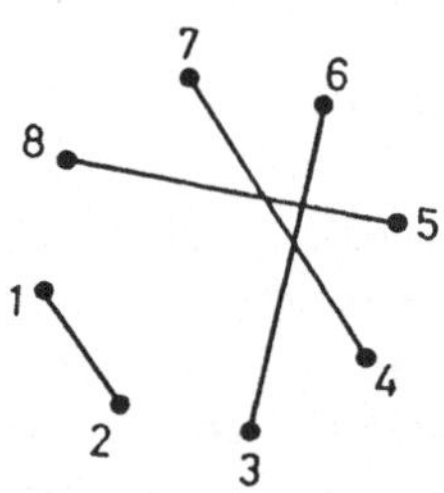

$x_1 x_2$	00	01	11	10	Zeilen (stabile Zust.):
a	①	②	4	3	1 - 2
b	⑥	2	5	③	3 - 6
c	1	⑦	④	8	4 - 7
d	6	7	⑤	⑧	5 - 8

Bild 9.19. Verschmelzungs-   Bild 9.20. Verschmolzene
diagramm zu Beispiel 1   Flußtabelle zu Beispiel 1

9.1.3.3 Kodieren der Flußtabelle (Zustandszuweisung)

Zur Ableitung der Zustandstabelle aus der verschmolzenen Flußtabelle muß jedem (reduzierten) Zustand eine Wertekombination
der Zustandsvariablen zugewiesen werden. Man nennt dies Kodieren. Die Wahl dieser Zuordnung ist von größter Bedeutung,
weil sie nicht nur den Aufwand an Schaltelementen mitbestimmt,
sondern auch, wie bereits bei der Analyse gezeigt, dafür
verantwortlich ist, ob kritische Wettläufe oder auch Oszillationen auftreten können. Es gibt, besonders für schwierigere
Fälle, eine Reihe von Methoden zur Kodierung von Flußtabellen,
wobei im folgenden zunächst die einfachste Methode gezeigt
wird, die allerdings auch nur für recht einfache Fälle anwendbar ist.

Der Grundgedanke der Kodierung ist, daß bei jedem Übergang von
einem instabilen zu einem stabilen Zustand nur eine Zustands-

variable ihren Wert ändern soll. Damit werden Wettläufe prinzipiell ausgeschlossen. Zur Feststellung, welche Übergänge mit einfachem Signalwechsel zwischen welchen Zuständen (Zeilen) überhaupt bei einer zu kodierenden Flußtabelle auftreten, wird ein sogenanntes **Übergangsdiagramm** angefertigt: Jeder reduzierte Zustand der verschmolzenen Flußtabelle wird z.B. durch einen Punkt dargestellt. Die Flußtabelle wird nun spaltenweise nach Zustandsübergängen überprüft, wobei nur solche Spalten beachtet werden müssen, in denen mehr als ein stabiler Zustand auftritt. In der ersten Spalte der verschmolzenen Flußtabelle Bild 9.20 ist ein Übergang von einem instabilen zu dem entsprechenden stabilen Zustand 1 → ①, also von Zeile c nach a sowie von der instabilen 6 zur stabilen ⑥ , also von Zeile d nach b vorhanden. In der zweiten Spalte finden Übergänge zwischen den Zeilen a und b sowie zwischen c und d statt. Ebensolche Betrachtungen für die dritte und vierte Spalte führen schließlich zum Übergangsgraphen Bild 9.21a. In diesem Diagramm wird jede Zeile a,b,c,d z.B. durch einen entsprechend bezeichneten Punkt gekennzeichnet. Jene Punkte (Zeilen) werden durch Kanten verbunden, zwischen denen Übergänge zwischen instabilen und stabilen Zuständen stattfinden.

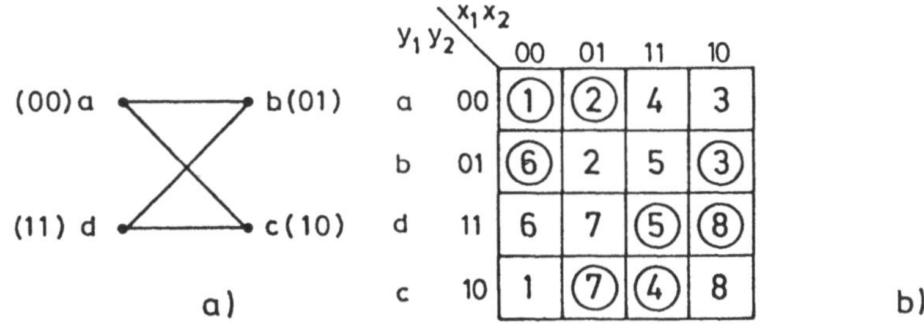

Bild 9.21. a) Übergangsdiagramm, b) kodierte Flußtabelle zum Beispiel 1

Nun müssen die vier Zeilen der Flußtabelle so kodiert werden, daß sich entlang der Kanten des Übergangsgraphen von Zustand zu Zustand nur jeweils eine Zustandsvariable ändert. In diesem Fall sind nur zwei Zustandsvariable notwendig, weil damit 2^2 Zustände kodiert werden können. Allgemein können natürlich mit n Zustandsvariablen max. 2^n Zustände kodiert werden. Nun ist noch die Frage offen, welchem der Zustände die Belegung (00) zugeordnet werden soll. Es empfiehlt sich, dabei einen solchen Zustand auszuwählen, der bei der Eingangsbelegung (00) stabil ist. Bei der Flußtabelle Bild 9.21b ist dies entweder Zustand a oder der Zustand b. Ordnet man a die Belegung (00) zu, so erhält man z.B. die im Bild 9.21a eingetragene Kodierung. Eine andere Möglichkeit wäre in diesem Fall, der Zeile b die Belegung (10) und der Zeile c die Belegung (01) zuzuordnen. Damit hat man die sog. **kodierte Flußtabelle** lt. Bild 9.21b erhalten, wobei nur mehr zu beachten ist, daß die einzelnen Zeilen a,b,... so angeordnet werden, daß die Randbezeichnungen für y_1, y_2 der Reihenfolge der Randbeschriftung eines K-Diagrammes entspricht.

9.1.3.4 Zustandstabelle, Speichergleichungen

Der Schritt von der kodierten Flußtabelle zur Zustandstabelle ist nun sehr einfach: Ein stabiler Zustand ist nach früheren Ausführungen dadurch gekennzeichnet, daß die Randbezeichnungen für y_1, y_2 mit den Feldeintragungen für $y_1{}'$, $y_2{}'$ übereinstimmen (siehe Abschnitt 9.2.2; Bilder 9.9, 9.12). Daher wird nun in der kodierten Flußtabelle für jeden stabilen Zustand die am Zeilenrand stehende Kodierung eingetragen. Die instabilen Zustände bekommen anschließend dieselbe Eintragung wie die entsprechenden stabilen Zustände. Damit erhält man schließlich für das betrachtete Beispiel aus Bild 9.21b bzw. 9.22a die Zustandstabelle Bild 9.22b. Als Folge der nach Bild 9.21a vorgenommenen Kodierung sind nach der Zustandstabelle Bild 9.22b keine Wettläufe möglich.

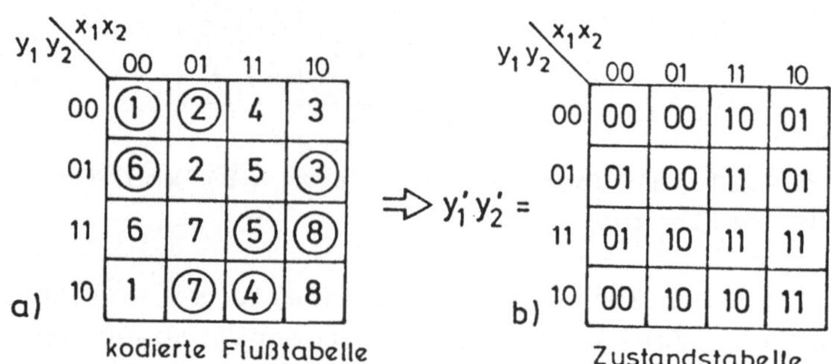

kodierte Flußtabelle   Zustandstabelle

Bild 9.22. a) kodierte Flußtabelle aus Bild 9.21,
b) Zustandstabelle

Die Zustandstabelle in Bild 9.22 stellt zwei ineinander gezeichnete K-Diagramme für die inneren Speicher dar. Durch

Aufspalten der Zustandstabelle nach den einzelnen Zustandsvariablen erhält man schließlich K-Diagramme, aus denen die Gleichungen der einzelnen Zustandsvariablen, d.h. die gesuchten Speichergleichungen, ermittelt werden. Dabei ist auch auf Hazardfreiheit (überlappende Schleifen im Karnaugh-Diagramm) zu achten. Für das betrachtete Beispiel kann man die Zustandstabelle in zwei K-Diagramme aufspalten (Bild 9.23).

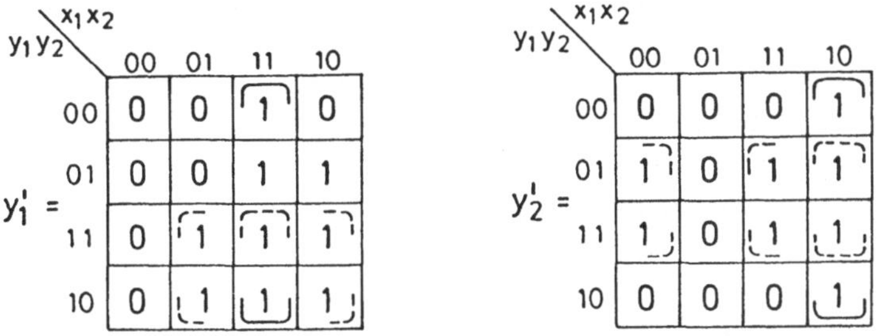

Bild 9.23. Speicherdarstellung aus der Zustandstabelle Bild 9.22b

Den Zustandstabellen Bild 9.23 entnimmt man die Speichergleichungen

$$y_1' = x_1 x_2 \vee (x_1 \vee x_2)\, y_1 \; ,$$

$$y_2' = x_1 \bar{x}_2 \vee (x_1 \vee \bar{x}_2)\, y_2 \; .$$

Mit Hilfe dieser Speichergleichungen kann jetzt der Logikplan des Speicherteils der sequentiellen Schaltung gezeichnet werden. Da in diesem speziellen Fall y_1' unabhängig von y_2 ist und y_2' unabhängig von y_1 ist, wird die Schaltung aus zwei einander nicht beeinflussenden Speichern gebildet.

Die verschmolzene Flußtabelle des betrachteten Beispiels besteht aus $p = 2^n = 4$ Zeilen. Bei der Zustandszuweisung sind n innere Speicher notwendig. Die Zeilenzahl p einer Flußtabelle ist jedoch nicht immer gleich 2^n. Allgemein gilt:

$$2^{n-1}+1 \leq p \leq 2^n .$$

Für $2^{n-1}+1 \leq p < 2^n$ enthält die zugehörige Zustandstabelle bis zu $2^{n-1}-1$ redundante Zeilen. Die Zustände, die in diese Zeilen einzutragen sind, sollen so gewählt werden, daß sich bei der

Bestimmung der Zustandsgleichungen möglichst große Schleifen
bilden lassen. Es ist jedoch darauf zu achten, daß keine stabilen Zustände entstehen, in welche die Schaltung bei Auftreten von Wettlauferscheinungen übergehen kann. Dies wurde bereits im Beispiel 2 auf Seite 163 beachtet und es wird auch
aus den im Anhang 2 vorgeführten weiteren Entwurfsbeispielen
deutlich.

Wie schon früher erwähnt, hat die Huffmansche Synthesemethode
den Mangel, daß sie zwar eine Schaltung mit minimaler Anzahl
von Speichern, jedoch nicht unbedingt eine Schaltung mit minimalem Verknüpfungsaufwand ergibt. Dies ist deshalb der Fall,
weil die Anwendung der Methode mehrere voneinander verschiedene Lösungen ergeben kann, je nachdem wie einerseits die
Verschmelzung der einfachen Flußtabelle vorgenommen wird (wenn
es dafür u.U. mehrere Möglichkeiten gibt) und wie andererseits
die Kodierung der Zustandstabelle erfolgt. Es soll auch nochmals darauf verwiesen werden, daß die durch das Entwurfsverfahren erhaltenen Speicherfunktionen, entsprechend der in
Abschnitt 7.4.1 besprochenen Methode, vorteilhaft durch RS-
Flipflops realisiert werden können bzw. sollten (siehe auch
Abschnitt 9.3).

9.1.3.5 Ausgabetabelle

In den bisher besprochenen Schritten wurden die inneren Speicher entworfen. Jetzt müssen noch die Ausgangsgleichungen
erhalten werden; dieser Teil des Verfahrens ist einfacher als
die bisherigen Schritte. Beim Aufstellen der primitiven Flußtabelle wurden, entsprechend der gestellten Aufgabe, den einzelnen stabilen Zuständen die zu erhaltenden Ausgangsbelegungen zugeordnet. Die Ausgabetabelle sieht aus wie die Zustandstabelle (siehe Bild 9.6), doch müssen die den einzelnen stabilen Zuständen zugeordneten Ausgangsbelegungen eingetragen
werden. Dies geschieht unter Zuhilfenahme der primitiven Flußtabelle und der kodierten Flußtabelle. Für jeden in der kodierten Flußtabelle eingetragenen stabilen Zustand wird die
entsprechende Ausgangsbelegung der primitiven Flußtabelle entnommen und in die Ausgabetabelle eingetragen. Dies wird in
Bild 9.24 für das bisher behandelte Beispiel vorgeführt, wozu
man die Bilder 9.15b und 9.22a braucht. Das Vorgehen ist aus
Bild 9.24 klar zu erkennen, wobei man zunächst die erst zum
Teil ausgefüllte Ausgabetabelle nach Bild 9.24c erhält.

Stab. Zust.	z_1z_2
1	01
2	00
3	00
4	01
5	10
6	10
7	11
8	11

a)

y_1y_2 \ x_1x_2	00	01	11	10
00	(1)	(2)	4	3
01	(6)	2	5	(3)
11	6	7	(5)	(8)
10	1	(7)	(4)	8

b)

$z_1 z_2 =$

y_1y_2 \ x_1x_2	00	01	11	10
00	01	00		
01	10			00
11			10	11
10		11	01	

c)

Bild 9.24. Zur Erstellung der Ausgabetabellen für Beispiel 1. a) Zuordnung von Zuständen und Ausgangsbelegungen, b) Flußtabelle, c) Ausgabetabelle, für stabile Zustände ausgefüllt

Die in der Ausgabetabelle frei gebliebenen Felder entsprechen den instabilen Zuständen, denen vorerst noch keine Ausgangsbelegungen zugeordnet sind. Um mit Sicherheit statische Hazards zu vermeiden, könnten einfach jedem instabilen Zustand dieselben Ausgangswerte zugeordnet werden wie den gleichnumerierten stabilen Zuständen. Man erhält damit Bild 9.25. Diese nun vollständig ausgefüllte Ausgabetabelle läßt sich wieder in die einzelnen K-Diagramme Bild 9.26 aufspalten. Diesen werden die einzelnen Ausgangsgleichungen entnommen; sie lauten:

$z_1 z_2 =$

y_1y_2 \ x_1x_2	00	01	11	10
00	01	00	01	00
01	10	00	10	00
11	10	11	10	11
10	01	11	01	11

Bild 9.25. Ausgabetabelle (vollständig hazardfrei, jedoch zu aufwendige Schaltung)

$$z_1 = y_1y_2 \vee (\bar{x}_1x_2 \vee x_1\bar{x}_2)y_1 \vee (\bar{x}_1\bar{x}_2 \vee x_1x_2)y_2 \;,$$

$$z_2 = y_1\bar{y}_2 \vee (\bar{x}_1x_2 \vee x_1\bar{x}_2)y_1 \vee (\bar{x}_1\bar{x}_2 \vee x_1x_2)\bar{y}_2 \;.$$

Dieser Weg führt in jedem Fall zu einer Ausgangskombinatorik, die frei von statischen Hazards ist; er führt jedoch in der Regel auf einen viel zu großen Schaltungsaufwand.

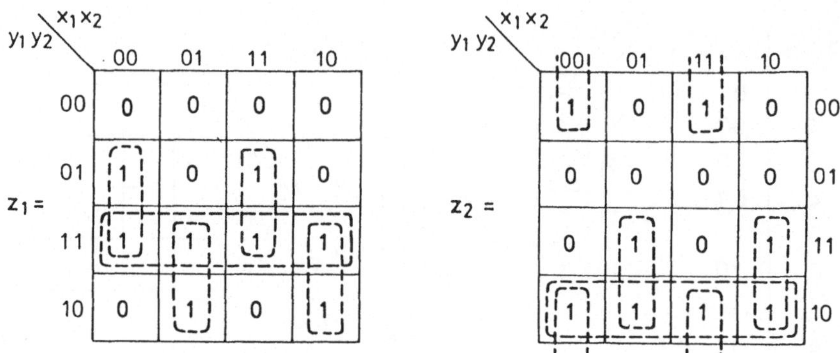

Bild 9.26. K-Diagramme zur Ausgabetabelle Bild 9.25

Bei der Ermittlung der Ausgabetabelle geht man, um einen ver-
minderten Schaltungsaufwand zu erhalten, besser wie folgt vor:
Man betrachtet die in Bild 9.24c noch freien Felder als redundant ("don't care") und weist ihnen die Belegungen 0 oder 1 so
zu, daß sich in den K-Diagrammen für z_1 und z_2 maximale
Schleifenbildungen ergeben. Damit erzielt man zunächst eine
optimale Schaltungsminimierung, muß das Zwischenergebnis jedoch im Hinblick auf die Möglichkeit statischer Hazards überprüfen. Dies erfolgt so, wie es bereits im Abschnitt 9.1.2.3
anhand von Bild 9.13 besprochen wurde. Möchte man einem bestimmten instabilen Zustand einen bestimmten Ausgangswert
zuordnen, so muß man dazu den stabilen Zustand vorher, der auf
diesen instabilen Zustand hinführt, und den stabilen Zustand
nachher überprüfen.
- Ist beiden stabilen Zuständen der gleiche Ausgangswert
  zugeordnet, so muß auch dem kurzzeitig dazwischen auftretenden instabilen Zustand der gleiche Ausgangswert zugeordnet
  werden.
- Besitzen beide stabilen Zustände verschiedene Ausgangswerte,
  so kann dem kurzzeitig dazwischen auftretenden instabilen
  Zustand entweder Null oder Eins zugeordnet werden. Man ordnet jenen Wert zu, der später zu einer möglichst großen
  Schleifenbildung führt.
- Wenn ein instabiler Zustand von mehreren stabilen Zuständen
  derselben Zeile aus erreicht werden kann, und es gilt auch
  nur für einen dieser stabilen Zustände, daß das Ausgangssignal dieses stabilen Zustandes gleich ist mit jenem des
  nachfolgenden stabilen Zustands, dann muß dem instabilen
  Zustand dieses Ausgangssignal zugeordnet werden.

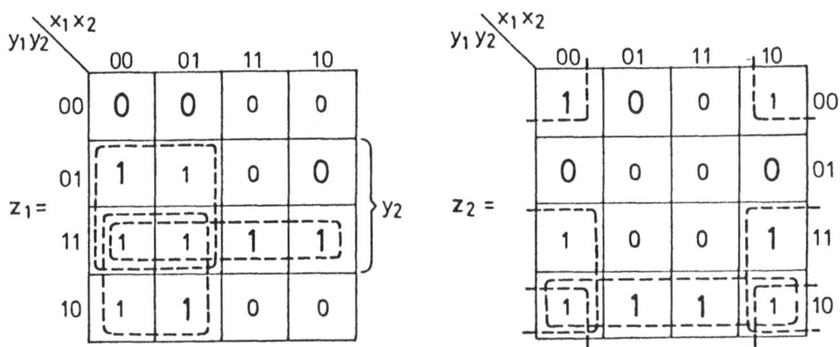

Bild 9.27. K-Diagramme der hazardfreien
minimierten Ausgangskombinatorik

Diese Regeln werden nun   auf das bisher behandelte Beispiel
angewendet. Man spaltet schon die für die stabilen Zustände
ausgefüllte Ausgabetabelle Bild 9.24c in je eine Tabelle für
z_1 und z_2 auf (Bild 9.27). Die stabilen Zuständen entsprechenden Ausgänge z_1 und z_2 sind z.B. durch fette Ziffern hervorzu-
heben. Dann wählt man für die frei gebliebenen Felder die
Ausgangswerte so, daß möglichst große Schleifen gebildet werden können. Jede dieser Eintragungen ist dahingehend nachzu-
prüfen, ob zu den oben beschriebenen Regeln kein Widerspruch
besteht. Da bei dem betrachteten Beispiel doppelter Signalwechsel verboten ist, kann ein Wechsel der Eingangsbelegungen
nur von der ersten zur zweiten oder vierten Spalte, von der
zweiten zur ersten oder dritten Spalte usw. stattfinden. Man
erkennt nun u.a., daß es sinnvoll ist, für z_1 in .der zweiten
Zeile und dritten Spalte im Gegensatz zu der vorherigen Eintragung (in Bild 9.26) eine Null einzutragen. Das betreffende
Feld kann nur bei dem Übergang $(x_1x_2; y_1y_2)$: (10;01), (11;11)
durchlaufen werden. Da das Feld (10;01) eine Null enthält und
das Feld (11;11) eine Eins, kann die Eintragung im Feld
(11;01) frei gewählt werden. Aufgrund sinngemäß gleicher Überlegungen werden für z_1 in der zweiten Zeile und zweiten Spalte
eine Eins statt Null, in der ersten Spalte der letzten Zeile
ebenfalls eine Eins statt Null und in der vierten Spalte der
letzten Zeile eine Null statt Eins eingetragen. Für z_2 erhält
man die Ausgabetabelle Bild 8.27b. Der Leser möge alle Eintragungen in den beiden Augabetabellen überprüfen. Die dann vollständig auf ihre Richtigkeit überprüften Ausgabetabellen für
z_1 und z_2 liefern die folgenden, nun wesentlich einfacheren
Ausgangsgleichungen:

$$z_1 = y_1y_2 \vee (y_1 \vee y_2)\overline{x}_1,$$

$$z_2 = y_1\overline{y}_2 \vee (y_1 \vee \overline{y}_2)\overline{x}_2.$$

Das Bild 9.28 zeigt schließlich den Logikplan der für das behandelte Beispiel erhaltenen verbindungsprogrammierten asynchronen sequentiellen Schaltung. Die Speicher sind als Selbsthaltekreise aus Gattern aufgebaut. Die Speicherrealisierung durch FFs kann sodann nach Abschnitt 7.4.1 vorgenommen werden.

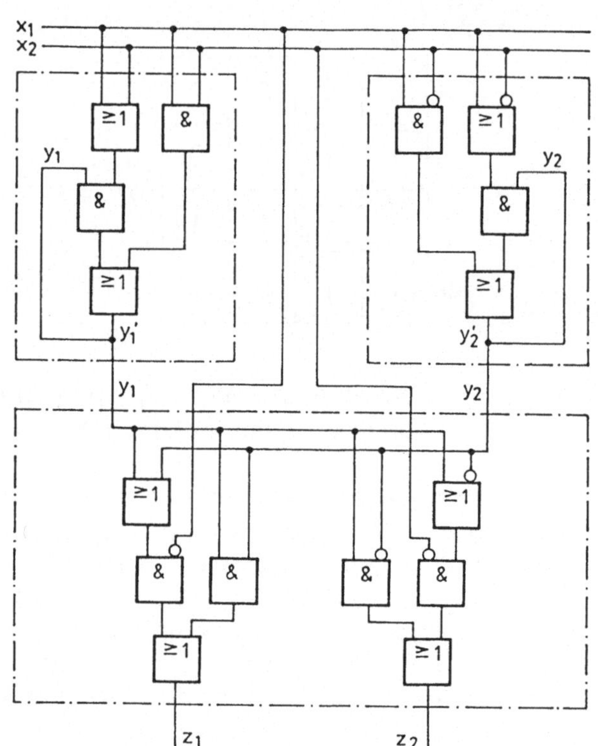

Bild 9.28. Logikplan der als Beispiel entworfenen Schaltung

9.1.3.6 Zustandszuweisung unter Verwendung von Hilfszuständen

Die vorher bei Bearbeitung der ausführlichen Aufgabe mit Bild 9.21 besprochene Möglichkeit der Zustandszuweisung (Kodierung) mit Hilfe des Übergangsgraphen stellt das einfachste Verfahren der Zustandszuweisung dar. Nur in seltenen Fällen ist die Kodierung so einfach wie dort. In Fällen, in denen die Kodierung mit dem Übertragungsdiagramm auf Anhieb nicht so leicht möglich erscheint, kann man trotzdem eine Kodierung unter Verwendung von "Tricks" vornehmen. U.U. muß man aber die Zahl der inneren Speicher erhöhen. Dies wird am besten anhand von Beispielen erklärt.

Beispiel 1: Bei Bearbeitung einer Aufgabe habe man die im Bild 9.29 dargestellte verschmolzene Flußtabelle und das daneben angegebene Übergangsdiagramm erhalten.

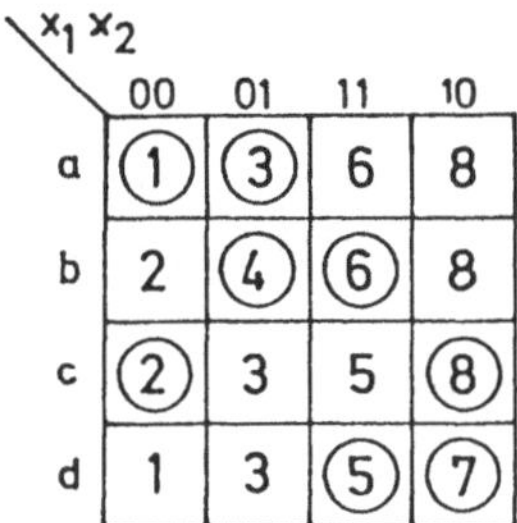
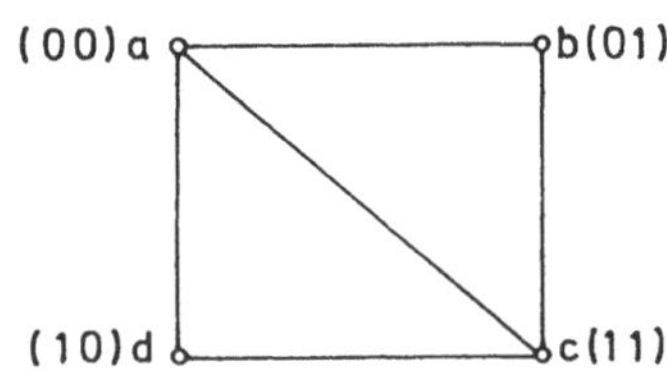

Bild 9.29. Verschmolzene Flußtabelle und Übergangsdiagramm: Zwischen a und c sind wettlauffreie Übergänge nicht möglich

Wie das Übergangsdiagramm zeigt, sind zwar bei der gewählten Zuordnung die Übergänge zwischen den (verschmolzenen) Zuständen a und b, b und c, c und d, d und a wettlauffrei, nicht aber zwischen den Zuständen a und c. Weist man nun den Zuständen a,b,c,d die im Übergangsdiagramm gefundenen Belegungen (00),(01),(11),(10) zu und füllt die Felder der Tabelle gemäß der früher angegebenen Vorschrift aus (Bild 9.30), dann kann beim Übergang vom instabilen Zustand 3 (11) in den stabilen Zustand ③ (00) ein kritischer Wettlauf stattfinden. Ein weiterer kritischer Wettlauf kann beim Übergang vom instabilen Zustand 8 (00) zum stabilen Zustand ⑧ (11) erfolgen. Beide Wettläufe lassen sich vermeiden, wenn man, ausgehend von den instabilen Zuständen 3 und 8, zunächst in jeweils einen anderen instabilen Zustand übergeht. Diese zwischenzeitlich auftretenden instabilen Zustände müssen dieselbe Bezeichnung besitzen, wie die ursprünglichen instabilen Zustände, d.h. sie müssen zu denselben stabilen Zuständen führen. Ein zusätzlicher instabiler Zustand muß mit jeweils einfachem Signalwechsel der Zustandsvariablen erreicht werden. Anhand des Beispiels soll dies näher erläutert werden.

Im Bild 9.30a sind die wettlaufbehafteten Übergänge mit Pfeilen gekennzeichnet, wobei die dabei fälschlicherweise erreichbaren stabilen Zustände durchkreuzt sind. Diese durchkreuzten Zustände des linken Bildes können nicht mehr erreicht werden, wenn die Übergänge, wie im Bild 9.30b, schrittweise erfolgen.

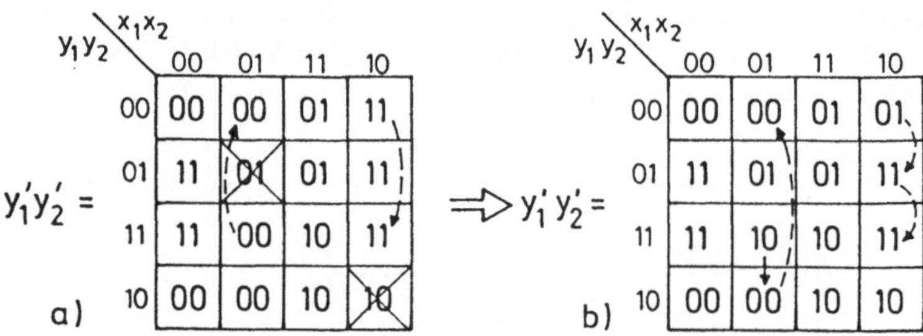

Bild 9.30. a) Zustandstabelle mit kritischen Wettläufen bei den Eingangsbelegungen 01 und 10, b) wettlauffreie Zustandstabelle

Damit der Übergang in der zweiten Spalte schrittweise erfolgt, muß die Eintragung in der dritten Zeile geändert werden. Es wird daher an dieser Stelle die Kodierung der vierten Zeile (10) eingetragen (siehe Bild 9.30b). Wie bereits erwähnt, ist diese Änderung nur deshalb zulässig, weil in der vierten Zeile (zweite Spalte) ebenfalls der instabile Zustand 3 eingetragen ist und damit derselbe Zustand erreicht wird. Ähnliches gilt für die vierte Spalte der beiden Tabellen. In der linken Tabelle ist der gefährdete Übergang (kritischer Wettlauf) wieder durch einen Pfeil gekennzeichnet. Die vierte Spalte der rechten Tabelle zeigt, wie dieser kritische Wettlauf vermieden werden kann, indem zunächst ausgehend vom instabilen Zustand in der ersten Zeile zunächst der instabile Zustand in der zweiten Zeile (zum gleichen stabilen Zustand gehörig) erreicht wird. Von letzterem schließlich erfolgt der Übergang auf den stabilen Zustand in der dritten Zeile. Der Übergang von der ersten in die zweite Zeile wird wieder 'durch Änderung der Eintragung, nämlich Eintragung der Kodierung der zweiten Zeile, erzwungen. Die durch die Diagonale a,c des Übergangsdiagrammes geforderten Übergänge wurden also auf die Streckenzüge a,b,c, und c,d,a aufgeteilt (die Diagonale im Übergangsgraph wurde "eliminiert"; siehe Bild 9.31). Das Durchlaufen eines zusätzlichen instabilen Zwischenzustands wurde erzwungen.

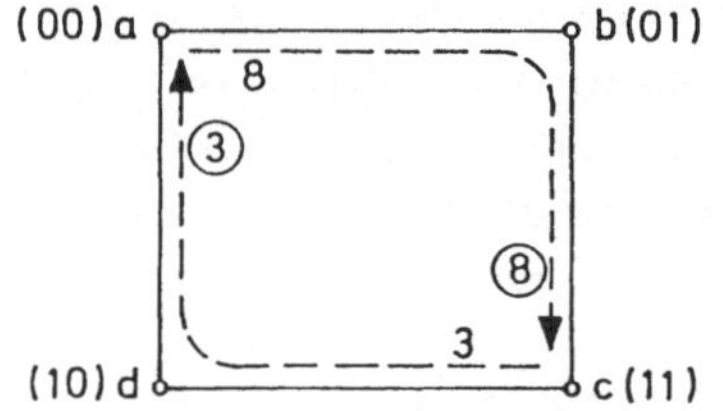

Bild 9.31. Übergangsdiagramm zu Bild 9.30b

Beispiel 2: Nicht immer stehen geeignete instabile Zustände zur Vermeidung kritischer Wettläufe unmittelbar zur Verfügung. Die folgende Flußtabelle unterscheidet sich von der des vorhergehenden Beispiels nur geringfügig, nämlich durch einen weiteren stabilen Zustand ⑨ in der zweiten Spalte. Das Übergangsdiagramm besitzt die gleiche Form wie vorher.

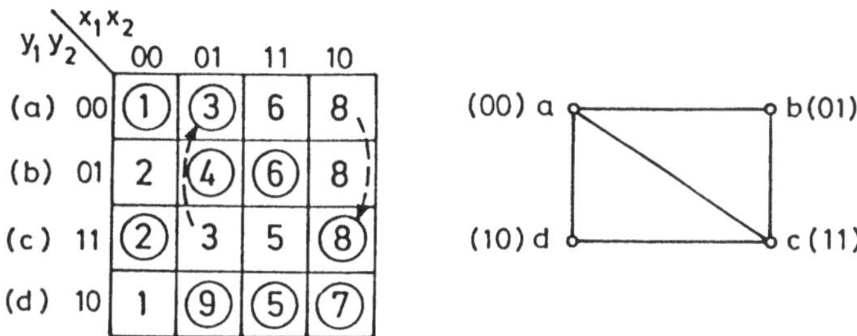

Bild 9.32. Verschmolzene Flußtabelle und Übergangsdiagramm: In der zweiten Spalte ist kein instabiler Zwischenzustand zum Vermeiden kritischer Wettläufe zwischen a und c verfügbar

Die im Zusammenhang mit Beispiel 1 beschriebene Methode ist bei diesem Beispiel bezüglich der zweiten Spalte nicht mehr direkt anwendbar, da durch den zusätzlichen stabilen Zustand der benötigte instabile Hilfszustand nicht mehr zur Verfügung steht. Durch Hinzunahme einer dritten Zustandsvariablen, d.h. durch einen dritten Speicher, ist es aber möglich, den Übergang 3 → ③ der zweiten Spalte wettlauffrei zu gestalten. Die entsprechend kodierte Flußtabelle enthält nun acht Zeilen, wodurch in der zweiten Spalte ausreichend redundante Zustände zur Verfügung stehen, so daß der Übergang mit doppeltem Signalwechsel in eine Folge von Übergängen mit jeweils einfachem Signalwechsel aufgelöst wird. Wie dies geschieht, ist am besten aus der Flußtabelle in Bild 9.33a ersichtlich. Damit die Schaltung auch tatsächlich die gewünschten Zustandsübergänge ausführt, werden in die entsprechenden Felder der zweiten Spalte die in Pfeilrichtung als nächstes gelegenen Belegungen der Zustandsvariablen (Randbezeichnung) eingetragen. Das Bild 9.33b zeigt, wie dies durchgeführt und dadurch eine wettlauffreie Zustandstabelle erhalten wird. In der vierten Spalte erfolgt die Auflösung des kritischen Wettlaufs wie bereits früher beschrieben (Bild 9.34). Der Übergang 3 → ③ mit doppeltem Signalwechsel in der zweiten Spalte wurde jedoch in eine Folge von vier Übergängen mit je einfachem Signalwechsel übergeführt. Dadurch wurden kritische Wettläufe vermieden.

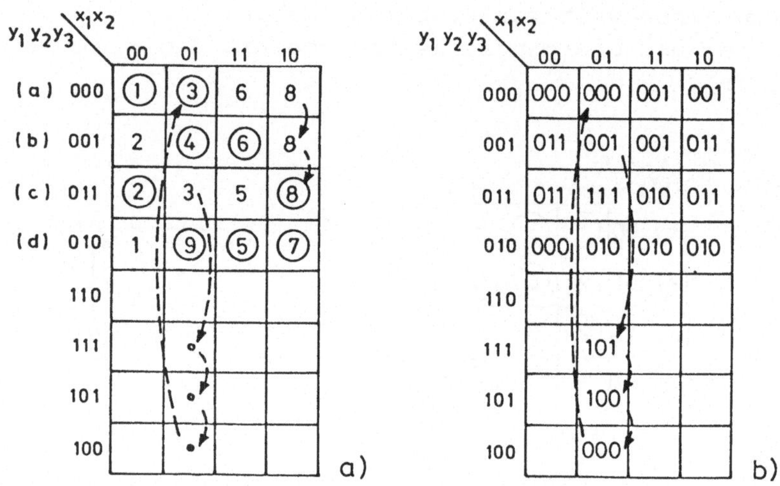

Bild 9.33. a) kodierte Flußtabelle zu Bild 9.32 nach Erweiterung durch eine dritte Zustandsvariable, b) Zustandstabelle

Der Nachteil einer solchen Änderung der Übergänge durch Verwenden von Hilfszuständen ist unmittelbar ersichtlich: Beträgt die Zeit für einen einfachen Übergang Δt, so beträgt sie bei Durchlaufen von drei instabilen Zwischenzuständen (wie im zweiten Beispiel) $4 \Delta t$. Eine derartige Schaltung braucht u.U. zusätzliche Speicher und ist entsprechend langsamer. Ein weiterer, wesentlicher Nachteil bei der Kodierung einer Flußtabelle mit Hilfe des Übergangsdiagramms unter ev. Verwendung von Hilfszuständen ist der, daß bei größeren Flußtabellen das Übergangsdiagramm nicht mehr übersichtlich ist. Wie man sieht, ist bereits viel Geschick, Erfahrung und Intuition erforderlich. Genau dies war der Anlaß für viele Autoren, u.a. Tracey (1966), Tracey, Smith, Maki (1970),

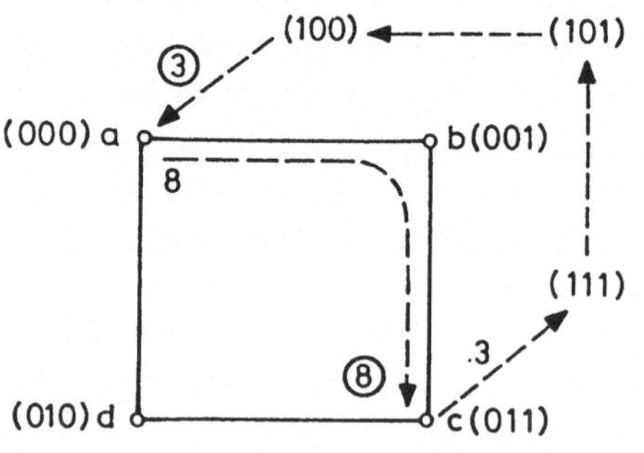

Bild 9.34. Übergangsdiagramm zu Bild 9.33b

systematische und auch programmierbare Verfahren zur Zustandszuweisung zu entwickeln, die dann verschiedene Varianten
des Huffmanschen Verfahrens darstellten. Im Zuge der zunehmenden Verbreitung der speicherprogrammierbaren Steuerungen
haben jedoch die nur für VPS relevanten Probleme der wettlauf-
freien Zustandszuweisung doch an Bedeutung eingebüßt. Deshalb
wurde das Problem hier nur angedeutet und lediglich die einfachsten Möglichkeiten besprochen.

Das Verfahren von Huffman ist die klassische Methode zum
Entwurf asynchroner sequentieller Steuerungen; es hat allerdings, wie schon deutlich geworden, gravierende Nachteile: Es
ist notwendig, im Laufe der Entwurfsschritte K-Diagramme zu
verwenden, deren Übersichtlichkeit bei mehr als fünf Eingangsvariablen fast "am Ende" ist. Eine Darstellung, wie sie in
Abschnitt 3.1 (Bild 3.7, 3.8) bzw. in Abschnitt 4.2 (Bild 4.9)
verwendet wurde, ist zwar sinngemäß grundsätzlich möglich aber
doch ziemlich aufwendig. Es ist viel Übung und Erfahrung auf
Seiten des Anwenders erforderlich und, wie schon erwähnt,
liefert das Verfahren mehrere (nicht unbedingt gleichwertige) Lösungen. Dies wird im Anhang 2 an einem Beispiel gezeigt. Es ist auch hoffnungslos, den Entwurf von Steuerungen
mit einer größeren Anzahl von Eingängen, wie etwa die optimale
Steuerung einer Aufzugsanlage für ein Hochhaus mit mehreren
Aufzugschächten mit dem Verfahren von Huffman zu versuchen.
Dazu sind weitergehende, systematische Methoden in der Regel
unter Anwendung von steuerungstechnischen Hochsprachen erforderlich. Hier sei allerdings an den Titel des Buches erinnert,
das lediglich eine Einführung in die Grundlagen der binären
Steuerungstechnik vermitteln will.

9.2 Vereinfachtes Verfahren zum Entwurf von speicher-
programmierten Freifolgesteuerungen

In Abschnitt 9.1 wurde deutlich, daß die Huffmansche Synthesemethode bei konsequenter Durchführung zwar eine minimale Speicheranzahl (minimale Anzahl von Flipflops), jedoch nicht unbedingt eine Schaltung mit minimalem Verknüpfungsaufwand ergibt.
Bei der Realisierung durch die Hardware einer VPS müßten daher
u.U. bei mehreren Verschmelzungsmöglichkeiten der einfachen
Flußtabelle und/oder bei unterschiedlichen Kodierungsmöglich-

keiten der Zustandstabelle alle diese Möglichkeiten durchpro-
biert werden, um zu einer Minimalrealisierung zu kommen. Wie
man auch sah, erfordert die Vermeidung von kritischen Wettläufen und Hazards einen beträchtlichen Aufwand beim Entwurf von
asynchronen verbindungsprogrammierten Freifolgesteuerungen.
Auf diese Mängel des klassischen Huffmanschen Verfahrens und
den dazu nötigen Zeitaufwand wurde schon mehrfach hingewiesen.

Beim Entwurf einer Freifolgesteuerung, die in einer SPS implementiert werden soll, gestaltet sich hingegen der Entwurf
wesentlich einfacher. Da die Speicherfunktionen wie alle
Verknüpfungen durch Software realisiert werden, ist einerseits
die absolute Minimierung der Speicheranzahl bzw. des Verknüpfungsaufwandes bei weitem nicht mehr so wesentlich wie bei
einer VPS. Andererseits entfallen auch die Probleme der doppelten Signalwechsel, der kritischen Wettläufe und Hazards.
Eine SPS arbeitet nämlich das in einem Speicher abgelegte
Programm zyklisch ab (siehe Kapitel 10), wobei die Zykluszeit
je nach Programmlänge bzw. Länge des Programmspeichers und
Rechengeschwindigkeit der Steuerung in der Größenordnung von
etwa 5 bis 50 ms liegt. Innerhalb dieser dafür ausreichenden
Zeit können auch nicht exakt synchron erfolgende, doppelte
oder mehrfache Signalwechsel von Eingangsgrößen oder Speicherbelegungen problemlos zugelassen werden.

Wenn durch einen vereinfachten Entwurf eine Steuerung mit
erhöhter Anzahl von Flipflop-Funktionen und erhöhtem Verknüpfungsaufwand erhalten wird, dann bedeutet dies natürlich
größeren Programmieraufwand und längere Zykluszeit (geringfügig langsamere Reaktion der Steuerung). Es stellt sich also
eine gewisse Optimierungsfrage hinsichtlich eines Kompromisses
zwischen Entwurfsvereinfachung einerseits und Programmlänge
andererseits. Ein solcher Kompromiß wird durch das nachfolgend
besprochene, von Pessen (1987) vorgeschlagene, vereinfachte
Verfahren erreicht. Diese reduzierte Synthesemethode wird am
besten wieder anhand von Beispielen besprochen.

Beispiel 1:   Es soll eine Schaltung mit zwei Eingängen
(x_1,x_2) und zwei Ausgängen (z_1,z_2) als **Alarmsystem** entworfen werden, die folgende Aufgabe erfüllt: Das Signal x_1
repräsentiere eine Gefahrenmeldung (z.B. Erreichen eines
kritischen Druckes in einem Prozeß). Wenn $x_1 = 1$, dann

soll $z_1 = 1$ werden, wodurch z.B. eine Hupe oder Sirene ausgelöst wird. Durch einen kurzen Knopfdruck: $x_2 = 1$ (x_2 bleibt nicht 1) kann durch einen Bediener die Hupe abgeschaltet (der Alarm quittiert) werden, wodurch nun die Ausgangsbelegung $z_1 = 0$, $z_2 = 1$ auftreten soll. Diese Belegung soll z.B. ein Blinklicht auslösen, das erst bei Erreichen von $x_1 = 0$ wieder erlischt. Auch wenn die Gefahrenmeldung verschwindet ($x_1 = 0$) ohne daß der Alarm quittiert wurde, soll das Hupsignal bis zu einer Quittierung ($x_2 = 1$) aufrecht bleiben. Auch Fehlbedienungen müssen korrekt erfaßt werden: Wird z.B. x_2 gedrückt ohne daß eine Gefahrenmeldung anstand, muß bei Übergang auf $x_1 = x_2 = 0$ die Ausgangsbelegung $z_1 = z_2 = 0$ (stabil) bleiben.

x_1x_2	00	10	11	01	z_1	z_2
1	(1)	2	3	5	0	0
2	6	(2)	3	5	1	0
3	1	4	(3)	5	0	1
4	1	(4)	3	5	0	1
5	1	2	3	(5)	0	0
6	(6)	2	3	5	1	0

Bild 9.35. Primitive Flußtabelle der Alarmschaltung

x_1x_2	00	10	11	01	
1 - 5	(1)	2	3	(5)	y_1
2 - 6	(6)	(2)	3	5	$y_2 = z_1$
3 - 4	1	(4)	(3)	5	$y_3 = z_2$

Bild 9.36. Verschmolzene
Flußtabelle zu Bild 9.35

Die Aufgabenstellung wird durch die primitive Flußtabelle Bild 9.35 formuliert. Aus Bild 9.35 erhält man wie früher die verschmolzene Flußtabelle Bild 9.36. Bis hierher entspricht dies den ersten beiden Schritten der Synthese nach Huffman lt. Abschnitt 9.1.3., worauf dort die Zustandszuweisung durch Kodieren der Flußtabelle folgte.

An dieser Stelle wird nun, ohne auf mögliche kritische Wettläufe achten zu müssen, jeder Zeile der verschmolzenen Zustandstabelle ein FF-Ausgang (y_1, y_2, y_3) zugewiesen. Im Gegensatz zu der in Abschnitt 9.1.3 besprochenen Synthese werden demnach hier nicht zwei sondern drei Speicher benötigt, von denen grundsätzlich immer nur einer gesetzt sein soll (1/n-Code). Mit beiden Tabellen kann jetzt die Ausgangsgleichung wie folgt ermittelt werden: Der primitiven Flußtabelle wird wie früher entnommen, bei welchen stabilen Zuständen die Ausgänge $z_1 = 1$ bzw. $z_2 = 1$ sind. Bei diesen Zuständen sind dann die lt. verschmolzener Flußtabelle Bild 9.36 zugewiesenen FFs gesetzt; diese Speicherausgänge sollen bewirken, daß die zugeordneten Ausgänge (z_1, z_2) zu Eins werden. In diesem Beispiel ist $z_1 = 1$ bei den stabilen Zuständen ② und ⑥ ; diese stehen in derselben Zeile für y_2; d.h. wenn y_2 gesetzt ist, ist $z_1 = 1$. Bei den stabilen Zuständen ③ und ④ ist $z_2 = 1$; auch diese beiden Zustände stehen in Bild 9.36 in derselben Zeile für y_3; d.h. $y_3 = 1$ bewirkt $z_2 = 1$. Die Ausgangsgleichungen lauten daher:

$$Y_2 = z_1 \quad , \quad Y_3 = z_2 \ .$$

Es ist Zufall, daß bei diesem Beispiel die stabilen Zustände ⑥ , ② und ④ , ③ jeweils in derselben Zeile der verschmolzenen Flußtabelle zu stehen kommen. Stünden zwei verschiedene stabile Zustände, die jeweils z.B. $z_1 = 1$ bewirken, in zwei verschiedenen Zeilen z.B. für y_1 und y_2, dann würde die Ausgangsgleichung für z_1 nicht mehr ganz so einfach lauten; dasselbe gilt natürlich auch für z_2. Darauf wird später noch zurückgekommen.

Bei der in dieser Methode grundsätzlichen Verwendung von fiktiven RS-Flipflops müssen jetzt noch lediglich die Setz- und Rücksetzfunktionen für die drei FFs gefunden werden, was neben dem Aufstellen der Flußtabelle die eigentliche Aufgabe des Verfahrens darstellt. Diese Funktionen erhält man dadurch, daß in der verschmolzenen Flußtabelle Bild 9.36 die möglichen Übergänge von instabilen zu stabilen Zuständen betrachtet werden.

Zunächst werden die Setzfunktionen wie folgt gefunden:

Der Speicher y_1 wird gesetzt bei den Übergängen $1 \rightarrow$ ① (aus der dritten in die erste Zeile) oder $5 \rightarrow$ ⑤ (aus der zweiten oder dritten Zeile in die erste Zeile). Daraus folgt die Setzbedingung

$$S_1 = \bar{x}_1 \bar{x}_2 y_3 \ \text{v} \ \bar{x}_1 x_2 y_2 \ \text{v} \ \bar{x}_1 x_2 y_3 \ .$$

Ebenso erhält man die Setzbedingung für den zweiten Speicher; diese ist sehr einfach, denn y_2 wird nur gesetzt bei einem Übergang $2 \rightarrow$ ② (aus der ersten in die zweite Zeile):

$$S_2 = x_1 \bar{x}_2 y_1 \ .$$

Die Setzbedingung für den dritten Speicher erhält man ebenso
wie für den ersten Speicher: Die dritte Zeile von Bild 9.36
kann durch die beiden Übergänge 3 → ③ (aus der ersten oder
zweiten Zeile) "erreicht" werden; d.h.:

$$S_3 = x_1 x_2 y_1 \quad v \quad x_1 x_2 y_2 \ .$$

Die beiden Setzbedingungen S_1 und S_3 können jedoch weiter
vereinfacht werden, wofür eine einfache Regel angegeben wird:
Enthält eine Spalte der verschmolzenen Flußtabelle (Zustandstabelle) nur eine einzige Nummer (wie hier die dritte und
vierte Spalte), dann kann die der betreffenden Spalte entsprechende Eingangsbelegung direkt als Setzsignal verwendet
werden. Somit lauten die Setzsignale schließlich

$$S_1 = \overline{x}_1 \overline{x}_2 y_3 \quad v \quad \overline{x}_1 x_2 = \overline{x}_1 y_3 \quad v \quad \overline{x}_1 x_2 = \overline{x}_1 (y_3 \ v \ x_2) \ ,$$
$$S_2 = x_1 \overline{x}_2 y_1 \ ,$$
$$S_3 = x_1 x_2 \ .$$

Die Rücksetzsignale werden auf ähnliche Weise, ebenso durch
einfache Überlegungen, erhalten: Wenn ein stabiler Zustand von
einem vorhergehenden, zugeordneten instabilen Zustand erreicht
wird, muß das diesem
instabilen Zustand zu-
geordnete FF rückge-
setzt werden: Wenn z.B.
der stabile Zustand ②
erreicht wird (aus der
ersten Zeile; y_1), muß
das erste FF gelöscht
werden ($y_1 = 0$). Ebenso
muß $y_1 = 0$ werden,
wenn aus der ersten
Zeile heraus ein Über-
gang 3 → ③ erfolgt.
Damit erhält man

$$R_1 = x_1 \overline{x}_2 y_2 \quad v \quad x_1 x_2 y_3 .$$

Da jedoch in der drit-
ten Spalte nur die mit
3 bezeichneten Zustände
stehen, kann wie vor-
her vereinfacht werden:

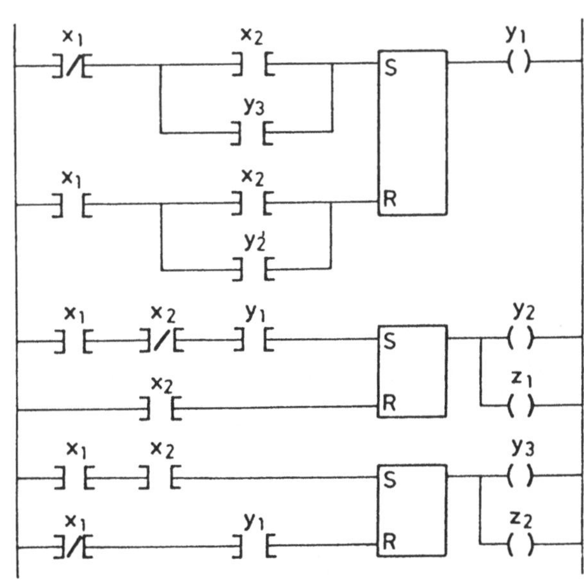

Bild 9.37. Kontaktplan
der Alarmschaltung

$$R_1 = x_1\bar{x}_2 y_2 \;\vee\; x_1 x_2 = x_1 y_2 \;\vee\; x_1 x_2 = x_1 (y_2 \vee x_2) \;.$$

Auf gleiche Weise entnimmt man der Tabelle in Bild 9.36 die Signale

$$R_2 = x_1 x_2 y_3 \;\vee\; \bar{x}_1 x_2 y_1 = x_1 x_2 \;\vee\; \bar{x}_1 x_2 = x_2 \;;$$
$$R_3 = \bar{x}_1 \bar{x}_2 y_1 \;\vee\; \bar{x}_1 x_2 y_1 = \bar{x}_1 y_1 \;.$$

Damit ist die Alarmschaltung vollständig entworfen. Da auch zur Programmierung von SPS der Kontaktplan häufig verwendet wird, wurde die entworfene Schaltung in Bild 9.37 auf diese Weise dargestellt.

Beispiel 2: Es soll eine "Zwei vor Eins" Schaltung entworfen werden, deren Aufgabenbeschreibung in Abschnitt 9.1.3.1 durch die primitive Flußtabelle Bild 9.16 dargestellt wurde. Diese Schaltung soll das Eingangswort (00,01,11) erkennen. Zum besseren Vergleich mit dem im Anhang zu Kapitel 9 nach Huffman vorgenommenen Entwurf sei angenommen, daß zunächst auch hier ein doppelter Wechsel der Eingangssignale ausgeschlossen sei. Die Schaltung soll aber anschließend auch für die Möglichkeit des doppelten Signalwechsels entworfen werden.

$x_1 x_2$	00	01	11	10	
	①	②	4	3	y_1
	1	⑥	⑤	③	y_2
	-	6	④	3	$y_3 = z$

Bild 9.38. Verschmolzene Flußtabelle zu Bild 9.16

Aus Bild 9.16 erhält man die verschmolzene Flußtabelle nach Bild 9.38. Nach den im vorhergehenden Beispiel 1 gegebenen Erklärungen können für die jetzt benötigten drei FFs die Setz- und Rücksetzsignale wie folgt ermittelt werden:

$$S_1 = \bar{x}_1 \bar{x}_2 \;,$$
$$S_2 = \bar{x}_1 x_2 y_3 \;\vee\; x_1 \bar{x}_2 \;,$$
$$S_3 = x_1 x_2 y_1 \;;$$

$$R_1 = x_1 x_2 y_3 \;\vee\; x_1 \bar{x}_2 = x_1 (y_3 \vee \bar{x}_2) \;,$$
$$R_2 = \bar{x}_1 \bar{x}_2 \;,$$
$$R_3 = \bar{x}_1 \bar{x}_2 \;\vee\; \bar{x}_1 x_2 y_2 \;\vee\; x_1 \bar{x}_2 = \bar{x}_2 \vee \bar{x}_1 y_2 \;.$$

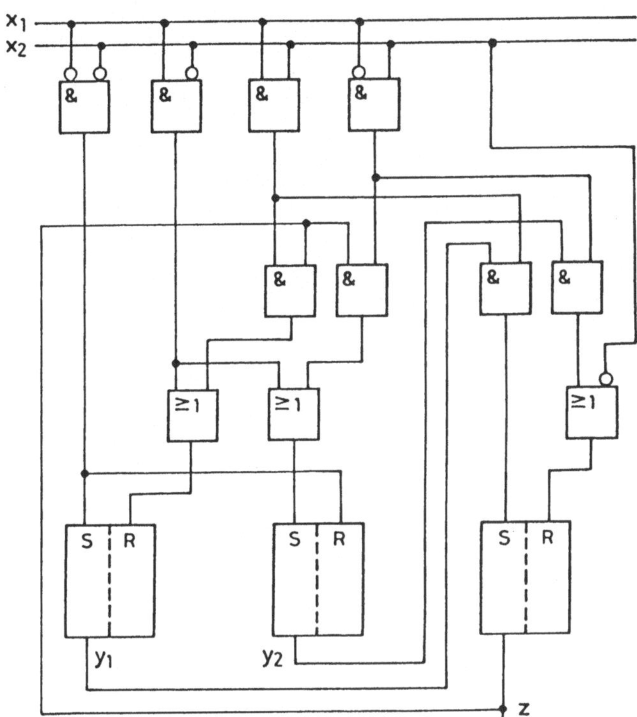

Bild 9.39. Logik-
plan für die "Zwei
vor Eins" Schal-
tung (ohne doppel-
tem Signalwechsel)

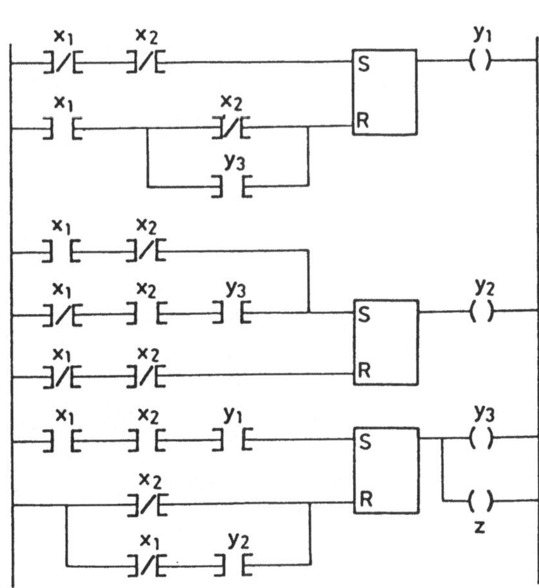

Bild 9.40. Kontaktplan
der "Zwei vor Eins"
Schaltung (ohne dop-
peltem Signalwechsel)

Ein Vergleich des Logikplans Bild 9.39 mit der Schaltung,
wie sie später im Anhang 2 mit der klassischen Methode erhalten wird zeigt, daß der Verknüpfungsaufwand bei der hier
besprochenen Methode wesentlich größer geworden ist. Dieser
"Preis" konnte jedoch für das jetzt ganz wesentlich einfachere
Entwurfsverfahren im Hinblick auf die Realisierung in einer
SPS ohne weiteres "bezahlt" werden. Im Bild 9.40 ist für die
entworfene Schaltung der Kontaktplan dargestellt.

Wird im Gegensatz zum vorhergehenden Entwurf die Möglichkeit
eines doppelten Wechsels der Eingangssignale zugelassen, dann
ergeben sich die im Bild 9.41 gezeigten Tabellen.

a)

$x_1 x_2$	00	01	11	10	z
	(1)	2	5	3	0
	1	(2)	4	3	0
	1	6	5	(3)	0
	1	6	(4)	3	1
	1	6	(5)	3	0
	1	(6)	5	3	0

b)

00	01	11	10	
(1)	2	5	3	y_1
1	(2)	4	3	y_2
1	(6)	(5)	(3)	y_3
1	6	(4)	3	$y_4 = z$

Bild 9.41. Aufgabenbeschreibung der "Zwei vor Eins"
Schaltung (mit doppeltem Signalwechsel). a) primitive
Flußtabelle, b) verschmolzene Flußtabelle

Für die jetzt erforderlichen vier FF-Funktionen ermittelt man die folgenden Setz- und Rücksetzbedingungen:

$$S_1 = \bar{x}_1 \bar{x}_2 \; ,$$
$$S_2 = \bar{x}_1 x_2 y_1 \; ,$$
$$S_3 = \bar{x}_1 x_2 y_4 \quad v \quad x_1 (y_1 \; v \; \bar{x}_2) \; ,$$
$$S_4 = x_1 x_2 y_2 \; ;$$

$$R_1 = \bar{x}_1 x_2 y_2 \quad v \quad x_1 (y_3 \; v \; \bar{x}_2) \; ,$$
$$R_2 = \bar{x}_2 \quad v \quad x_1 x_2 y_4 \quad = \quad \bar{x}_2 \quad v \quad x_1 y_4 \; ,$$
$$R_3 = \bar{x}_1 \bar{x}_2 \; ,$$
$$R_4 = \bar{x}_2 \quad v \quad \bar{x}_1 x_2 y_3 \quad = \quad \bar{x}_2 \quad v \quad \bar{x}_1 y_3 \; .$$

Schließlich ist in Bild 9.42 der sich daraus ergebende Kontaktplan dargestellt.

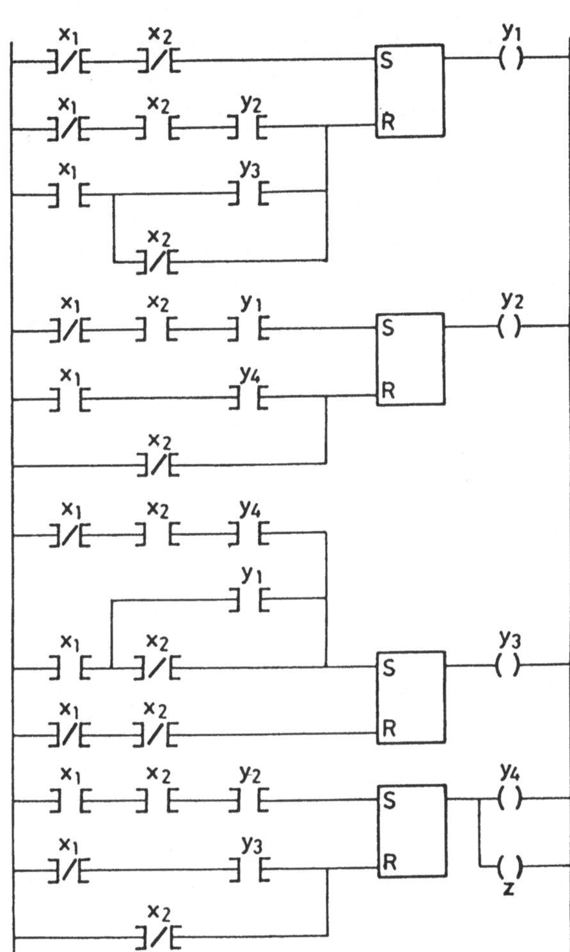

Bild 9.42. Kontaktplan
der "Zwei vor Eins"
Schaltung (mit doppel-
tem Signalwechsel)

Die Ermittlung der Ausgangsgleichungen gestaltete sich in den
vorhergehenden Beispielen deshalb so einfach, weil es sich aus
den beiden Aufgabenstellungen so ergab, daß in den einzelnen
Zeilen der verschmolzenen Flußtabellen (Bilder 9.36, 9.38,
9.41) nur solche stabilen Zustände standen, die jeweils dieselben Ausgangsbelegungen implizierten. Ist dies nicht der
Fall, dann erhält man etwas aufwendigere Ausgangsgleichungen,
was an einem dritten Beispiel vorgeführt wird.

Beispiel 3: Es wird noch einmal auf das im Abschnitt 9.1.3.1 ausführlich behandelte Beispiel 1 zurückgekommen. Dadurch bietet sich auch wieder die Gelegenheit zum Vergleich des für SPS vereinfachten Entwurfs mit der klassischen Methode. Für die betreffende Aufgabe hatte man die primitive Flußtabelle Bild 9.15b erhalten. Aus dieser Tabelle soll hier die verschmolzene Flußtabelle angegeben und damit der Entwurf der Schaltung zur Implementierung in eine SPS durchgeführt werden.

a)

	$z_1 z_2$		$z_1 z_2$
(1)	0 1	(5)	1 0
(2)	0 0	(6)	1 0
(3)	0 0	(7)	1 1
(4)	0 1	(8)	1 1

b)

$x_1 x_2$	00	01	11	10	
	(1)	(2)	4	3	y_1
	(6)	2	5	(3)	y_2
	1	(7)	(4)	8	y_3
	6	7	(5)	(8)	y_4

Bild 9.43. Aufgabenbeschreibung des Beispiels 1 aus Abschnitt 9.1.3.1. a) Zuordnung von stabilen Zuständen und Ausgangsbelegungen, b) verschmolzene Flußtabelle

Der primitiven Flußtabelle Bild 9.15b wird wie beim klassischen Entwurf die Zuordnung zwischen den einzelnen stabilen Zuständen und den Ausgangsbelegungen entnommen. Diese Zuordnung ist im Bild 9.43a angegeben; im Bild 9.43b ist die verschmolzene Flußtabelle aus Bild 9.20 gezeichnet, wobei wieder jeder Zeile ein FF zugeordnet wird. Die Ausgangsgleichungen werden den beiden Tabellen in Bild 9.43 wie folgt entnommen: In den stabilen Zuständen (5), (6), (7), (8) ist $z_1 = 1$, daher lautet die Ausgangsgleichung für z_1:

$$\begin{aligned} z_1 &= y_4 x_1 x_2 \lor y_2 \bar{x}_1 \bar{x}_2 \lor y_3 \bar{x}_1 x_2 \lor y_4 x_1 \bar{x}_2 \\ &= y_2 \bar{x}_1 \bar{x}_2 \lor y_3 \bar{x}_1 x_2 \lor y_4 x_1 \,. \end{aligned}$$

In den stabilen Zuständen (1), (4), (7), (8) ist $z_2 = 1$, daher:

$$\begin{aligned} z_2 &= y_1 \bar{x}_1 \bar{x}_2 \lor y_3 x_1 x_2 \lor y_3 \bar{x}_1 x_2 \lor y_4 x_1 \bar{x}_2 \\ &= y_1 \bar{x}_1 \bar{x}_2 \lor y_3 x_2 \lor y_4 x_1 \bar{x}_2 \,. \end{aligned}$$

Die Setz- und Rücksetzsignale sind dem Bild 9.43b wieder so
zu entnehmen, wie es vorher besprochen wurde. Auf die diesbe-
zügliche Fortsetzung des Schaltungsentwurfs wird jedoch hier
verzichtet; es sei dem Leser überlassen, dies zur Übung zu
tun.

9.3 Entwurf von Zwangsfolgesteuerungen

Die ursprünglich für asynchrone Freifolgesteuerungen entwik-
kelte Methode kann natürlich auch zum Entwurf von Zwangsfolgesteuerungen verwendet werden. Dabei ergeben sich einige Ver-
einfachungen; dies besonders dann, wenn wie im Abschnitt 9.2
für die Steuerung eine SPS verwendet werden soll.

Das Vorgehen wird am besten wieder durch ein **Beispiel**
erläutert, wofür eine einfache Zylindersteuerung verwendet
wird. Das vereinfachte Funktionsdiagramm Bild 9.44 formuliert die Aufgabenstellung.

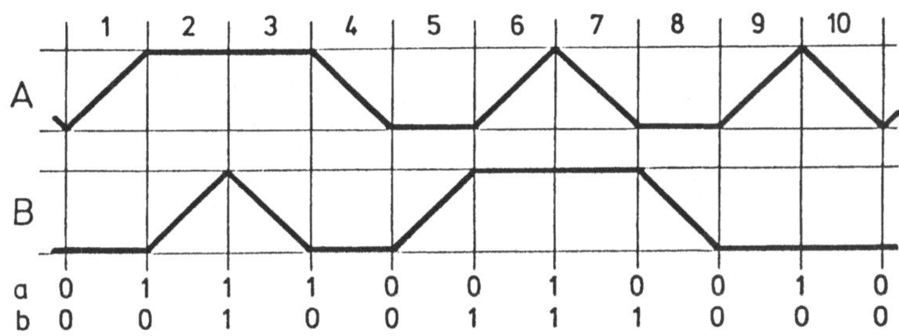

Bild 9.44. Funktionsdiagramm für zwei Stellzylinder

Die aus Bild 9.44 ablesbare Sequenz wird in die primitive
Flußtabelle Bild 9.45 eingetragen. Eingangsgrößen sind die
Signale der Endlagenschalter, Ausgangsgrößen sind die Stellbe-
fehle. Der Unterschied zu einer Freifolgesteuerung besteht
zunächst lediglich darin, daß jetzt die Sequenz der Eingangsbelegungen zwangsläufig festgelegt ist, wodurch in jeder Zeile
der primitiven Flußtabelle redundante Eingangsbelegungen auftreten. Außerdem können Eingangsbelegungen wie $(a_0,a_1) = (1,1)$
natürlich nicht auftreten, weil ein Kolben nicht gleichzeitig

ein- und ausgefahren sein kann. Dadurch hat die Tabelle in Bild 9.45 nur vier Spalten für die möglichen Eingangsbelegungen. In diesem Zusammenhang ist es auch einsehbar, daß bei Aufgabenstellungen für drei und mehr Stellzylinder oder bei anderen als Zylindersteuerungen in der primitiven Flußtabelle immer nur Spalten für jene Eingangsbelegungen vorgesehen werden müssen, die bei der betreffenden Aufgabe auch tatsächlich vorkommen. Auch die Spalten für die Ausgangssignale enthalten redundante ("don't care") Eintragungen, wenn, wie im hier zu bearbeitenden Beispiel, zur Zylinderansteuerung Impulsventile verwendet werden. Handelt es sich bei anderen Aufgabenstellungen z.B. um Einschaltbefehle für einen Motor, dann enthält die betreffende Spalte redundante Eintragungen, solange der Motor eingeschaltet bleiben soll.

ab	00	01	11	10	A_1	A_0	B_1	B_0
1	①	–	–	2	1	0	0	–
2	–	–	3	②	–	0	1	0
3	–	–	③	4	–	0	0	1
4	5	–	–	④	0	1	0	–
5	⑤	6	–	–	0	–	1	0
6	–	⑥	7	–	1	0	–	0
7	–	8	⑦	–	0	1	–	0
8	9	⑧	–	–	0	–	0	1
9	⑨	–	–	10	1	0	0	–
10	1	–	–	⑩	0	1	0	–

Bild 9.45. Primitive Flußtabelle für das Beispiel aus Bild 9.44

Aus der primitiven Flußtabelle Bild 9.45 wird im zweiten Schritt lt. Abschnitt 9.1.3.2 mit Hilfe des Verschmelzungsdiagramms Bild 9.46a die verschmolzene Flußtabelle Bild 9.46b erhalten, die anschließend kodiert wird. Bei Verwendung einer SPS bräuchte auf die Möglichkeit kritischer Wettläufe nicht geachtet zu werden. Bei Verwendung einer VPS kann hier der redundante Gesamtzustand der zweiten Spalte in der ersten Zeile lt. Abschnitt 9.1.3.6 dazu verwendet werden, einen kritischen Wettlauf bei Übergang auf den stabilen Zustand ⑥ zu vermeiden; dies wird hier gemacht.

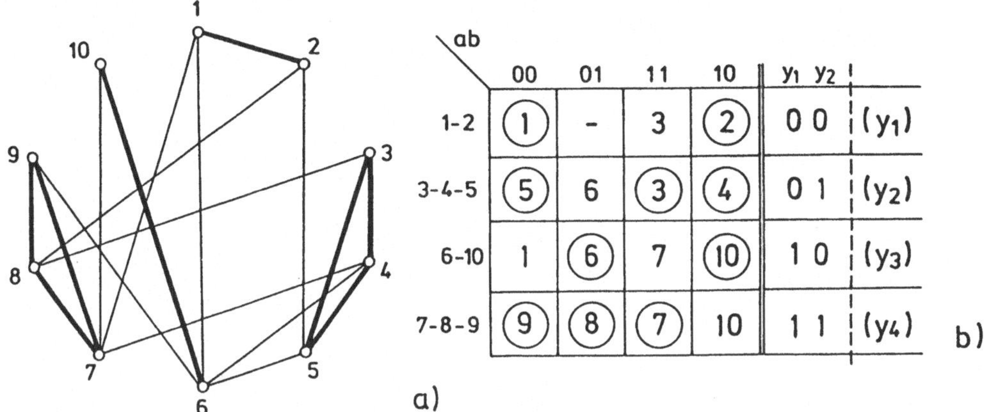

Bild 9.46. a) Verschmelzungsdiagramm, b) verschmolzene
Flußtabelle zu Bild 9.45

Man erhält die Zustandstabelle
Bild 9.47. Ist die Verwendung
von RS-FFs vorgesehen, was immer der Fall sein sollte, dann
kann man die Setz- und Rücksetzfunktionen nach den Ausführungen
der Abschnitte 7.2.4 und 7.4.1
dem Bild 9.47 direkt entnehmen:

$$S_1 = a_0 b_1 \bar{y}_2 \; ,$$
$$S_2 = a_1 b_1 \; ;$$

$$R_1 = a_0 b_0 \bar{y}_2 \; ,$$
$$R_2 = a_0 b_1 \bar{y}_1 \vee a_1 b_0 y_1 \; .$$

Bild 9.47. Zustands-
tabelle zu Bild 9.45b

Die Ausgangsfunktionen zum Ansteuern der Stellzylinder erhält
man genau so wie es im Abschnitt 9.1.3.5 beschrieben wurde. Es
wird dies für die Ermittlung der Ausgangsfunktion A_1 in Bild
9.48 gezeigt; die anderen Ansteuerfunktionen ergeben sich
ebenso, was hier nicht mehr ausgeführt werden muß. Man erhält

$$A_1 = a_0 \bar{y}_2 \quad \vee \quad b_0 y_1 y_2 \; ,$$
$$A_0 = a_1 y_1 \quad \vee \quad b_0 \bar{y}_1 y_2 \; ;$$

$$B_1 = a_1 \bar{y}_1 \bar{y}_2 \quad \vee \quad a_0 \bar{y}_1 y_2 \; ,$$
$$B_0 = a_1 \bar{y}_1 y_2 \quad \vee \quad a_0 y_1 y_2 \; .$$

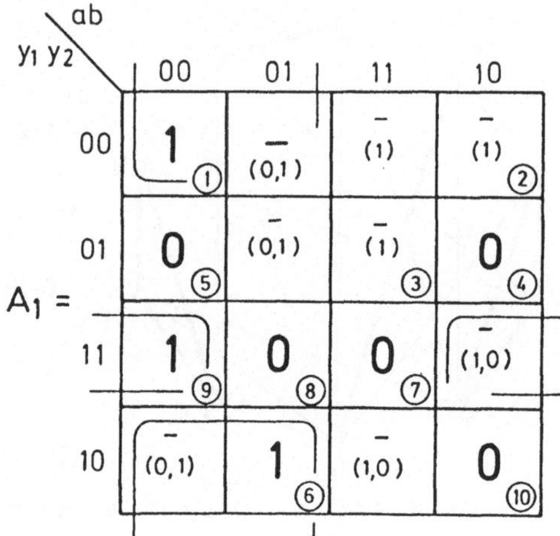

Bild 9.48. Ausgabetabelle
für   den   Stellbefehl A_1

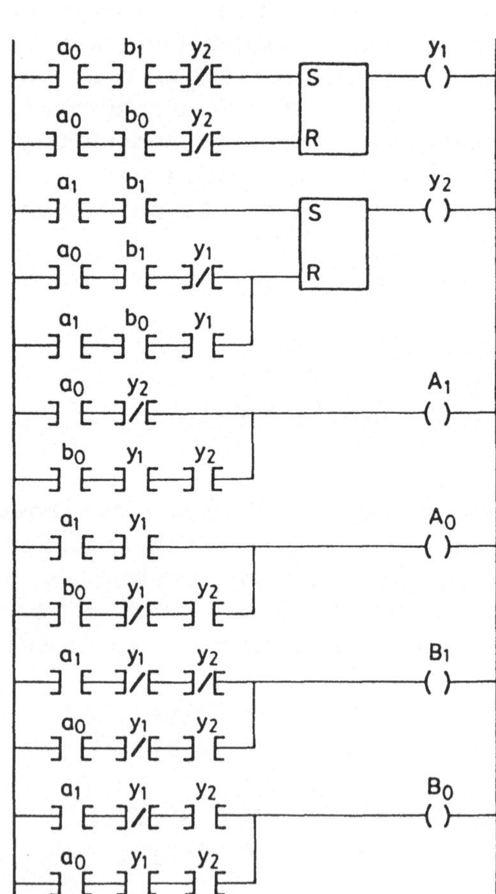

Bild 9.49. Kontaktplan
der   Zylindersteuerung
nach dem Funktionsdia-
gramm   Bild 9.44
(Entwurf nach Huffman)

Im Gegensatz zum Entwurf eines Schrittregisters mit zehn FFs bzw. mit fünf FFs bei Verwendung des Johnson-Codes kommt man also beim Entwurf nach Huffman mit zwei FFs aus, allerdings bei einer aufwendigeren Eingangs- und Ausgangsverknüpfung, wie es aus Bild 9.49 zu erkennen ist. Auf Eintragung der Start- und Stop-Befehle wurde verzichtet.

Besonders einfach wird der Entwurf, wenn die im Abschnitt 9.2 für Implementierung des Programms in eine SPS besprochene Methode angewandt wird. Dann wird wieder jeder Zeile der verschmolzenen Flußtabelle ein FF zugeordnet. In Bild 9.46b ist dies durch die in Klammern gesetzten Speicherausgänge $y_1, \ldots, y_4$ angedeutet. Wie beim letzten Beispiel im Abschnitt 9.2 ermittelt man unter Verwendung der primitiven Flußtabelle die Ausgangsgleichungen aus Bild 9.46b. Beim Entwurf einer Zwangsfolgesteuerung ergibt sich hier eine weitere Vereinfachung. Nach Bild 9.44 kann auf die erste Eingangsbelegung 00 nur die zweite Belegung 10 und darauf wieder nur 11 folgen u.s.w. Es braucht daher zur Berechnung der Ausgangsgleichungen immer nur jenes Rückmeldesignal (Weiterschaltbedingung) berücksichtigt zu werden, das bei Übergang zu dem betreffenden Schritt seinen Wert geändert hat. So erhält man

$$A_1 = a_0 y_1 \quad v \quad b_1 y_3 \quad v \quad b_0 y_4 ,$$
$$A_0 = b_0 y_2 \quad v \quad a_1 y_4 \quad v \quad a_1 y_3 ;$$

$$B_1 = a_1 y_1 \quad v \quad a_0 y_2 ,$$
$$B_0 = b_1 y_2 \quad v \quad a_0 y_4 .$$

Die Setz- und Rücksetzfunktionen werden, ebenfalls wie in Abschnitt 9.2 besprochen, dem Bild 9.46 entnommen:

$$S_1 = a_0 b_0 y_3 , \qquad\qquad R_1 = a_1 b_1 y_2 ,$$
$$S_2 = a_1 b_1 y_1 , \qquad\qquad R_2 = a_0 b_1 y_3 ,$$
$$S_3 = a_0 b_1 y_2 \quad v \quad a_1 b_0 y_4 , \qquad R_3 = a_0 b_0 y_1 \quad v \quad a_1 b_1 y_4 ,$$
$$S_4 = a_1 b_1 y_3 , \qquad\qquad R_4 = a_1 b_0 y_3 .$$

In Bild 9.50 ist der Kontaktplan für die somit nach dem alternativen Verfahren entworfene Zwangsfolgesteuerung angegeben, die den Programmzyklus des Bildes 9.44 ermöglicht. Auch hier wurde auf Eintragen der Befehle für Start und Stop verzichtet.

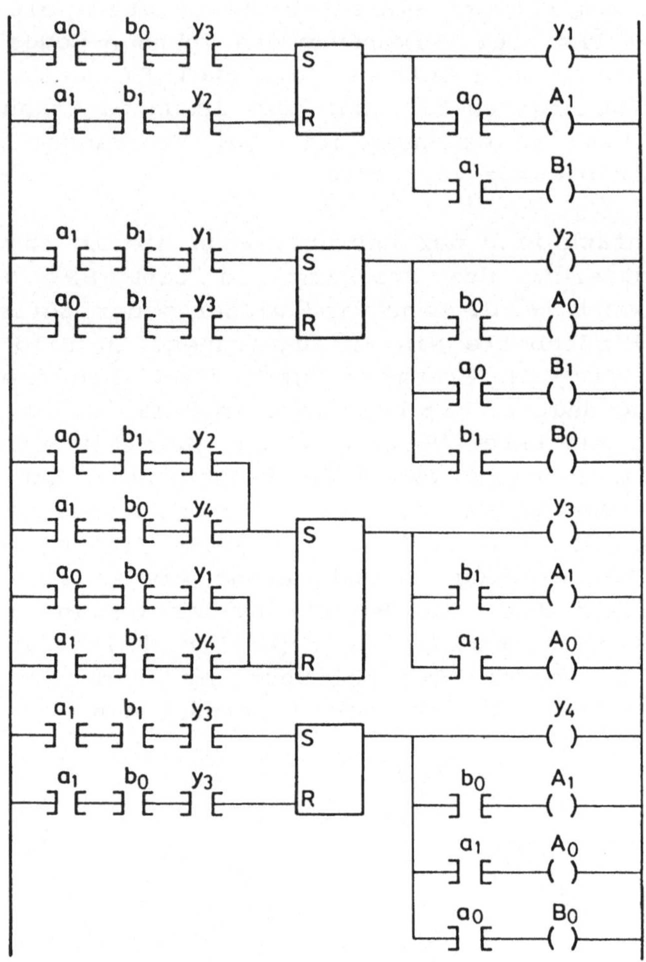

Bild 9.50. Kontaktplan der Zylindersteuerung nach dem Funktionsdiagramm Bild 9.44 (Entwurf nach Pessen)

10 Speicherprogrammierbare Steuerungen

10.1 Allgemeines

Die bisher hauptsächlich besprochenen verbindungsprogrammierten Steuerungen sind in ihrer hardwaremäßigen Ausführung fest verdrahtet und daher wenig flexibel. Dies wurde in den vorhergehenden Kapiteln immer wieder deutlich. Bedingt durch die in früheren Jahren ausschließlich verfügbare Technologie bestand jedoch keine andere Möglichkeit. Die Programmdarstellungen durch Logikplan und Kontaktplan aber auch z.B. die Entwurfsverfahren nach Huffman orientierten sich an der hardwaremäßig verbindungsprogrammierten Realisierung. An die Stelle der einzelnen Relais, Gatter und pneumatischen Mehrfunktionen-Logikelemente traten nach und nach die integrierten Schaltkreise innerhalb modularer VPS-Steuerungssysteme. Derzeit wird noch ein verhältnismäßig großer Teil der industriellen Steuerungen als VPS ausgeführt; Schätzungen über die Marktanteile sind jedoch nicht leicht und vor allem nicht lange gültig, denn die rasche Verschiebung zugunsten der speicherprogrammierbaren Steuerungen wird immer deutlicher.

Wird an eine Steuerung die Forderung nach rascher Veränderbarkeit (Änderung des Ablaufzyklus bei einer Zwangsfolgesteuerung oder Änderung der Aufgabenstellung bei einer Freifolgesteuerung) gestellt, dann wird die leichte Programmierbarkeit notwendig. Bei pneumatischen Ablaufsteuerungen weisen Schrittregistersteuerungen eine gewisse Flexibilität auf, weshalb sie sich für Aufgaben der sog. "Klein- und Mittel-Automatisierung" bisher stark durchgesetzt hatten. Auch pneumatische programmierbare Steuerungen sind früher in zahlreichen Ausführungen bekannt geworden. Diese und ähnliche programmierbare Steuerungen sind jedoch heute vom Markt weitgehend verschwunden.

Komplexere Steuerungsaufgaben und Prozeßautomatisierungen sind heute nur mehr mit speicherprogrammierbaren Systemen zu bewältigen zumal dann wenn, wie oben angedeutet, zusätzlich gewisse Flexibilität in der Programmänderung gefordert wird.

Zur Forderung nach rascher Änderung des Programms kann insbesondere bei umfangreichen Steuerungsaufgaben u.a. die Forderung nach Vereinfachung der Inbetriebnahme kommen. Die Inbetriebnahme einer umfangreichen VPS kann nämlich Probleme bereiten wie z.B. Änderungen der Verdrahtung, nachträgliches Einfügen zusätzlicher Schaltelemente usw. Bei Speicherung und Abwicklung der Steuerungsaufgaben durch einen Rechner läuft hingegen die Fehlerberichtigung aber auch die Aufgabenänderung auf eine Softwareänderung hinaus. Es lag also nahe, umfangreiche programmierbare Steuerungen als "Software-Steuerungen" (so wurden sie früher manchmal genannt) auszuführen. Die Fortschritte in der Rechnertechnologie sowie die enorme Verbilligung elektronischer Komponenten begünstigten diese Tendenz.

Die Entwicklung speicherprogrammierbarer Steuerungssysteme (im englischen Sprachgebrauch programmable controllers: "PC" genannt) begann etwa Ende der 60er Jahre vor allem in der amerikanischen Automobilindustrie und sollte dazu beitragen, die hohen Entwicklungs- und Umrüstkosten bei Wechsel eines Automodells zu senken. Die erste "PC-Steuerung" erschien etwa 1970 am amerikanischen Markt, etwa seit 1974 werden SPS in Deutschland verstärkt eingesetzt bis dann etwa ab 1980 der Durchbruch erfolgte. Es ist anzunehmen, daß auch bei relativ kleinen Aufgabenstellungen (wie früher als für VPS typisch angegeben) weiterhin eine starke Verschiebung zugunsten der SPS erfolgen wird.

Nach VDI 2880 versteht man unter einer speicherprogrammierbaren Steuerung "ein elektrisches Betriebsmittel, das überwiegend für Steuerungsaufgaben eingesetzt wird und das mittels einer anwenderorientierten Programmiersprache gemäß seiner jeweiligen Steuerungsaufgabe programmiert werden kann"; dieser Definition nach also nichts anderes als einen Mikrorechner, wenn auch dazu bestimmte Unterschiede bestehen; auf einige davon soll gleich eingegangen werden.

Ein Mikrorechner kann, wie jeder Prozeßrechner, natürlich auch für Steuerungsaufgaben programmiert werden. SPS sind hingegen hardwaremäßig der industriellen Umgebung angepaßt, sie sind widerstandsfähiger gegen alle Arten von Agressionen wie Feuchte, Hitze, Spannungsschwankungen, Vibrationen usw. Sie sind in ihren Komponenten, vor allem in den Ein- und Ausgabebaugruppen als Bindeglieder zum Prozeß, auf ihren speziellen Verwendungszweck zugeschnitten. Softwaremäßig haben sie in der Regel ein

wesentlich einfacheres Betriebssystem als ein Mikrorechner und
sie verwenden sehr einfache mnemotechnische Programmiersprachen. SPS sind noch meist etwas langsamer als übliche Mikrorechner, weil jedes Programm Befehl für Befehl zyklisch abgearbeitet wird. Diese (lineare) Arbeitsweise mit Zykluszeiten
bis zu etwa 50 ms ist typisch für SPS. Wesentlich ist aber
eine nach wie vor sehr hohe Innovationsrate und die Aufgaben-
bereiche einer heutigen SPS liegen daher nicht mehr lediglich
in der Ausführung von reinen Steuerungsaufgaben sondern auch
im Regeln und Rechnen, im Überwachen, Anzeigen, Protokollieren
und in der Kommunikation mit anderen SPS und anderen Automati-
sierungskomponenten u.U. auch in anderen Automatisierungsebe-
nen. Die Abgrenzung einer modernen SPS gegen einen Prozeßrechner ist immer fließender geworden. Die Entwicklung geht allerdings nach beiden Richtungen vor sich: Nach "oben" und nach
"unten": Nach oben, so wie eben angedeutet, in Richtung einer
umfassenden Prozeßleittechnik und nach unten dahingehend, daß
doch auch immer mehr kompakte Klein-SPS auf den Markt kommen.
Diese werden nach und nach die herkömmlichen VPS auch in der
sog. Klein-Automatisierung verdrängen. Die Grundlagen des
Schaltungsentwurfs im Sinne der in diesem Buch vermittelten
Einführung werden aber dieselben bleiben. Im großen und ganzen
ist noch die bereits im Kapitel 1 erfolgte Auflistung wesentlicher Argumente gültig, nach denen grundsätzlich immer dann
eine SPS zu verwenden ist

- wenn eine "größere" Steuerungsaufgabe mit komplexeren
  algebraischen Verknüpfungen vorliegt,
- wenn die Anzahl der Ein- und Ausgänge groß ist,
- wenn bei Zwangsfolgesteuerungen eine große Anzahl einzelner
  Schritte notwendig ist,
- wenn im Programm Verzweigungen, Sprünge, usw. vorgesehen
  werden müssen,
- wenn die Forderung nach hoher Flexibilität gestellt werden
  muß, d.h. wenn Änderungen des Programms und z.B. Änderungen
  der Anzahl von Ein- und Ausgängen zu erwarten sind,
- und schließlich, wenn die Aufgabenstellung der Steuerung bei
  deren Ankauf noch nicht endgültig fixiert werden kann.

10.2 Aufbau, Komponenten, Arbeitsweise

Es soll nicht Aufgabe dieses Abschnitts sein, bei der Beschreibung des hardwaremäßigen Aufbaus speicherprogrammierbarer Steuerungen sehr in die Tiefe zu dringen; in den bisherigen Kapiteln wurde ja auch auf die Hardware der VPS kaum eingegangen. Der Schwerpunkt dieses Kapitels soll auf der exem-
plarischen Besprechung von Programmierungsmöglichkeiten der
SPS liegen. Jedoch ist für das allgemeine Verständnis, im
Sinne der Einführung in die Steuerungstechnik, die Vermittlung
einer zusammengefaßten Information über die Komponenten einer
SPS und deren Zusammenwirken sicher sinnvoll und nützlich.

In einer SPS erfolgen die Signalverknüpfungen durch Anweisungen, die in einem Speicher abgelegt sind. Die Gesamtheit dieser Anweisungen bildet das Programm der Steuerung. Ebenso wie
ein Digitalrechner enthält die SPS eine Zentraleinheit, die im
wesentlichen aus dem Prozessor und einem Speicher zur Aufnahme
des Steuerungsprogramms besteht. Die Signalgeber (z.B. Endlagenschalter) und die Stellglieder des zu steuernden Prozesses
werden über Eingangs- und Ausgangsstufen mit der SPS verbunden.

Meist wird eine SPS als modulares System angeboten, das viel-
fältig erweitert werden kann. Ein solches System besteht in
der Regel aus folgenden Baugruppen (z.T. in genormten Abmes-
sungen):

- Netzteil (Versorgungsbaugruppe),
- Zentraleinheit (CPU),
- Eingabe- und Ausgabe-Baugruppen als Verbindung zum Prozeß,
- internes Bussystem zur Verbindung aller Funktionseinheiten
  und zur Verbindung mit den peripheren Einheiten,
- Periphere Baugruppen wie Bedieneinheit (Programmiergerät),
  Protokolliereinheit (Drucker), usw.

Netzteil, Zentraleinheit und die für einen bestimmten Prozeß
unmittelbar nötige Peripherie (Ein- und Ausgabe-Baugruppen)
bilden die Mindestkonfiguration einer SPS. Die Baugruppen
werden in Form von Blöcken auf einem Baugruppenträger montiert, wodurch bei den meisten marktgängigen SPS gleichzeitig
auch die elektrischen Verbindungen hergestellt werden. Bild
10.1 zeigt als Beispiel das Automatisierungsgerät S5-115U von
SIEMENS.

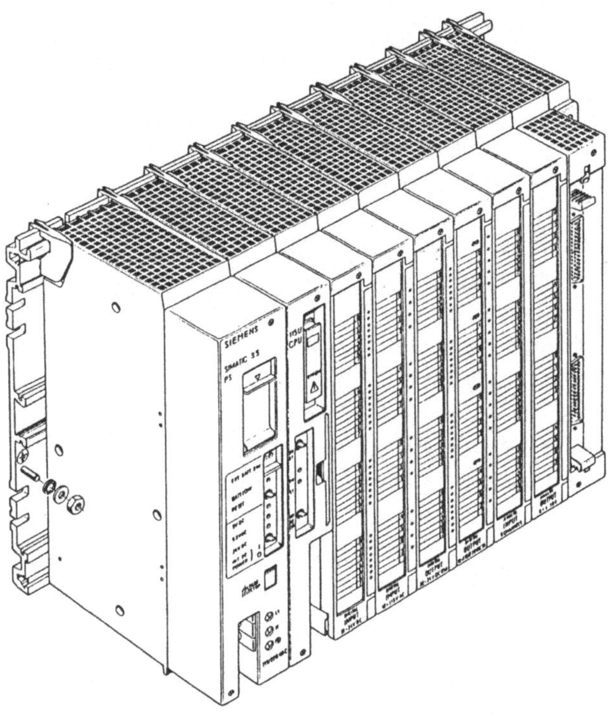

Bild 10.1. Automatisierungsgerät SIEMENS Simatic S5-115U.
Von links nach rechts: Versorgungsbaugruppe, Zentralbaugruppe (CPU) mit Speichermodul, 6 Eingabe-Ausgabe-Baugrup-
pen, Anschalt-Baugruppe zur Verbindung mit anderen Geräten

10.2.1 Zentraleinheit

Die Zentraleinheit (Zentralbaugruppe) besteht im wesentlichen
aus dem Leitwerk (Steuerwerk), dem Rechenwerk mit Betriebs-
speicher (für das Betriebssystem) und dem Programmspeicher
(Anwenderspeicher), der das jeweilige Steuerungsprogramm enthält. Dieses wird in der Regel off-line entwickelt (siehe
Abschnitt 10.2.4). Die Zentraleinheit, der Prozessor, ist der
Kern der SPS und führt die Signalverarbeitung sowie die Orga-
nisations- und Koordinierungsaufgaben der Steuerung durch. Die
Zentraleinheit basiert weitgehend auf 8 bit oder 16 bit Mikroprozessoren. Die einzelnen Komponenten der Zentraleinheit sind
durch ein Bussystem miteinander verbunden. Bild 10.2 zeigt als
Beispiel die Ansicht der Zentraleinheit des modularen SPS
Systems FPC 404 von FESTO. Auch bei diesem System werden die

einzelnen Baugruppen gemeinsam auf eine Trageschiene gesteckt.

Die prinzipielle Arbeitsweise eines Prozessors ist im Bild 10.3 dargestellt. Danach erfolgt das zyklische Abarbeiten eines Steuerungsprogramms wie folgt. Am Beginn eines Zyklus werden die Signalzustände sämtlicher Eingänge abgefragt und in einem Eingangsregister abgespeichert. Sodann wird das im Programmspeicher vorhandene Programm, vom sog. Adressenzähler gesteuert, Befehl für Befehl der Reihe nach bearbeitet. Dies geschieht so, daß der vom Leitwerk inkremen-

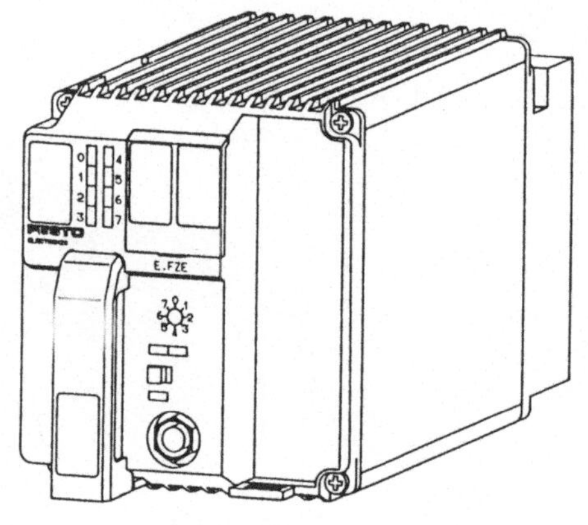

Bild 10.2. Zentraleinheit der SPS FPC 404 von FESTO

tierte Adressenzähler den jeweils nächsten Platz im Speicher anwählt. Das dort vorhandene Befehlswort wird in ein Befehlsregister übertragen. Die im Befehlswort enthaltene Information über die Adressen der angesprochenen Ein- und Ausgangsstufen wird sodann vom Adressendecoder entschlüsselt.

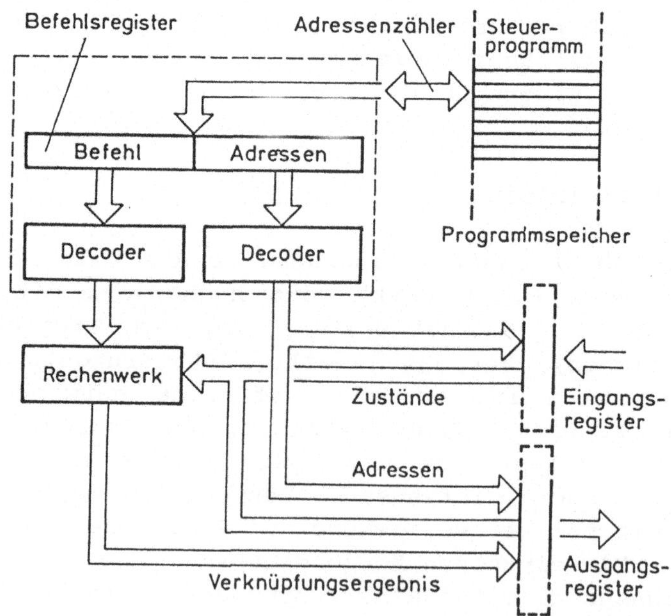

Bild 10.3. Prinzip der Arbeitsweise eines Prozessors

Der Adressendecoder veranlaßt, daß der Zustand der angesprochenen Signale zum Rechenwerk durchgeschaltet wird. Der Befehlsdecoder erkennt aus dem Befehlsteil, welche Operation ausgeführt werden soll. Bei Verknüpfungs- oder Abfragebefehlen wird der Zustand eines Ein- oder Ausgangs abgefragt. Er wird mit einem eventuell vorhandenen Zwischenergebnis aus vorherigen Operationen verknüpft, und zwar in der vom Befehlsdecoder erkannten Weise. Abgefragt werden können dabei auch Signalzustände von Zeitgliedern, Zählern, usw. Den Verknüpfungsoperationen folgt ein Ausgabebefehl. Damit wird das im Rechenwerk erzielte Verknüpfungsergebnis an die entsprechende Ausgangsregisterstelle geleitet, wo es gespeichert wird, bis vom Rechenwerk ein neuer Zustand eingeschrieben wird. Sobald eine Prozessorinstruktion ausgeführt d.h. ein Schritt abgearbeitet ist, wird der Zählerstand um eins erhöht und dadurch dem Programmspeicher der nächste Befehl entnommen. Sodann wird dieser und alle folgenden Schritte des Programms in gleicher Weise abgearbeitet. Nach Erreichen der höchsten Zähleradresse wird im nächsten Schritt der Zähler zurückgesetzt und am somit erreichten Ende des Zyklus wird der Inhalt des Ausgangsregisters an die Ausgänge übertragen. Wie jeder Rechner braucht die Zentraleinheit zur Ausführung dieser Arbeiten ein Betriebssystem.

Die geschilderte zyklische Arbeitsweise, nämlich Signalzustände der Eingänge übernehmen, Anwenderprogramm schrittweise bearbeiten, Signalzustände aus dem Ausgangsregister an die Ausgänge übergeben, wird als lineare Programmierung bezeichnet. Innerhalb der linearen Programmierung sind allerdings auch Sprünge zu höheren Adressen und damit Programmverzweigungen möglich. Die Zeit zur einmaligen Abarbeitung des Programms ist ungefähr proportional der Programmlänge. Aus dieser Zykluszeit ergibt sich auch ein Anhaltswert für die maximale Reaktionszeit einer Steuerung auf eine Eingabeänderung. Ein Vergleichsmaß ist die Zykluszeit bezogen auf 1k (1024) Worte bzw. Programminstruktionen. Übliche Werte liegen in der Größenordnung bis 50 ms für 1 k Programmanweisungen; sie gehen jedoch bei neuen, sehr schnellen Systemen schon bis zu wenigen ms hinunter.

Bei sehr umfangreichen Steuerungsaufgaben wird das Programm in einzelne Moduln aufgeteilt und man spricht dann von einer strukturierten Programmierung. Auch sind Steuerungen mit mehreren parallelen Prozessoren und einem übergeordneten Koordinierungsprozessor möglich; neben zyklisch arbeitenden Prozessoren sind auch Prozessoren mit interruptgesteuerter Arbeitsweise und Prozessoren mit veränderbarer Wortlänge gebräuchlich. Es sind auch Zentraleinheiten marktgängig, die Interpreter für andere als spezifische SPS-Programmiersprachen (z.B. Basic) enthalten. Auf alle diese Einzelheiten wird aber im Sinne der eingangs gemachten Bemerkung nicht weiter eingegangen.

10.2.2 Speicher, Zeitglieder, Zähler

Speicher sind Bauelemente, in deren adressierbaren Zellen Daten abgespeichert werden können. Man kann sich die einzelnen Speicherzellen als Flipflops vorstellen; ihre Adressierung erfolgt durch binäre Worte im 1/n-Code. Als Bestandteil der Zentraleinheit kommt dem Programmspeicher für das Anwenderprogramm besondere Bedeutung zu. Es werden dafür ausschließlich Halbleiterspeicher verwendet, deren wesentliche Typen nachfolgend besprochen werden.

10.2.2.1 Programmspeicher

Nur-Lese-Speicher (ROM): Dies ist ein sog. Festwertspeicher d.h. der Speicherinhalt wird bei der Fertigung wie bei der Herstellung integrierter Schaltkreise durch Masken festgelegt und kann nicht mehr verändert werden. Die Programmänderung muß durch Auswechseln des Speichers erfolgen. Man sagt, der Speicherinhalt sei "nicht flüchtig", d.h. das Programm bleibt unabhängig von der Stromversorgung bzw. von Betriebsstörungen erhalten. Wie aus der Bezeichnung hervorgeht, kann der Speicherinhalt (mit wahlfreiem Zugriff) ausschließlich ausgelesen werden (**ROM:** Read-only-memory). Ein ROM wird vorwiegend zum Speichern des Betriebssystems verwendet.

Programmierbare Nur-Lese-Speicher: Diese Speicher können vom Anwender ein- oder mehrmals programmiert werden. Solche die nur einmal programmiert werden können heißen **PROM** (Programmable-read-only-memory). Bei ihnen werden zur Programmierung dünne Verbindungen (sog. Dünnfilmwiderstände) durchgebrannt, was nicht mehr rückgängig zu machen ist. Programmspeicher, deren öftere Wiederprogrammierung möglich ist, werden **EPROM** (Erasable-programmable-read-only-memory) oder **REPROM** (Reprogrammable-read-only-memory) genannt. Bei diesen Speichern werden mit Spannungsimpulsen hoch isolierende Kapazitäten aufgeladen und dadurch die Programmierung vorgenommen. Durch Bestrahlen des Speichers mit UV-Licht kann diese Programmierung wieder gelöscht (erased) werden. Ähnlich wird auch ein **EAROM** (Electrically-alternable-read-only-memory) elektrisch programmiert und gelöscht, wobei ein Ausbau aus dem Steuerungsgerät meist nicht nötig ist.

Schreib-Lese-Speicher (RAM): Dies ist ein Halbleiterspeicher mit schnellem, wahlfreien Zugriff d.h. der Inhalt des RAM kann verändert werden, ohne daß der Speicher aus dem Gerät entfernt werden muß. Bei Stromausfall würde der Speicherinhalt verloren gehen, weshalb eine Batteriepufferung vorgesehen werden muß. Wegen des sehr geringen Stromverbrauchs ist jedoch eine Batteriepufferung über mehrere Jahre hinweg möglich. Dieser Speichertyp ist sehr "wendig"; er wird zum Speichern von Zwischenergebnissen, zum Überwachen von Adressen aber auch als Arbeitsspeicher verwendet (**RAM:** Random-access-memory).

Etwas weiter in Einzelheiten eingehend kann man über Halbleiterspeicher (ROM, EPROM, RAM, usw.) u.a. bei Leonhardt (1982) nachlesen.

Steuerungen mit Nur-Lese-Speichern als Programmspeicher werden als **austauschprogrammierbare SPS** bezeichnet. Der Programmwechsel ist nur durch Austausch des Arbeitsspeichers möglich. Steuerungen mit Schreib-Lese-Speichern werden **freiprogrammierbare SPS** genannt. Ist in einer programmierbaren Steuerung sowohl ein Schreib-Lese-Speicher als auch ein Nur-Lese-Speicher vorhanden, dann bietet diese Kombination die Möglichkeit, während der Inbetriebnahme das Programm zu ändern und erst nach dem Austesten in einen programmierbaren Nur-Lese-Speicher umzuspeichern. Der Schreib-Lese-Speicher muß nicht in der SPS, sondern kann auch im Programmiergerät (siehe Abschnitt 10.2.4) enthalten sein. Die Übernahme des Speicherinhalts erfolgt meist automatisch. Bei einigen Geräten kann ein Programm aus einem Nur-Lese-Speicher wieder automatisch in einen Schreib-Lese-Speicher übernommen werden. Geräte zur automatischen Umspeicherung sind entweder bereits in den Programmiergeräten enthalten oder als Option erhältlich.

Die Programmspeicher sind wortweise organisiert, d.h. jeweils eine bestimmte Anzahl von Binärstellen bildet eine Information. Übliche Wortlängen sind 8 und 16 bit. Die Programmspeicher marktgängiger SPS sind im allgemeinen nicht besonders groß, sie sind aber meist erweiterbar. Kleinere SPS haben in der Regel RAM für 512 Anweisungen. Programmspeicher großer Steuerungssysteme umfassen jedoch bereits bis über 100 k Worte (1 k Worte = 1024 Worte).

10.2.2.2 Merker, Akkumulator

Eine wesentliche Funktion für die Programmierung von SPS ist der **Merker** (Zwischenspeicher, Merkzelle, Flag); es ist ein Speicher, der den Zustand Null oder Eins annehmen kann. Der Merker dient zum übersichtlicheren und einfacheren Programmieren indem Zwischenergebnisse gespeichert werden. Die Funktion des Merkers ist etwa vergleichbar mit dem Aufteilen eines Kontaktplanes in einzelne Netzwerke (siehe Abschnitt 3.2). Die Merker werden wie Eingänge oder Ausgänge behandelt, ihre Zustände werden aber nur intern verarbeitet. Kommt z.B. in einem Programm dieselbe Verknüpfung mehrmals vor bzw. ist diese Verknüpfung für mehrere Ausgänge relevant, dann wird sie nur einmal programmiert und der betreffende Funktionswert in einem Merker zwischengespeichert. Soll z.B. $x_1(x_2 \vee x_3)$ gebildet werden, wird das Ergebnis der Disjunktion $(x_2 \vee x_3)$ in einem Merker zwischengespeichert. Der Zustand der Merkzelle wird sodann mit x_1 konjugiert. Merker sind im allgemeinen flüchtige Speicher. Es gibt aber auch Merker, die mit Batterie gepuffert und daher remanent sind.

Ebenfalls die Funktion eines Zwischenspeichers hat der **Akkumulator** (kurz: **Akku**). Im Gegensatz zum Merker besteht er aus einem Register, in dem Verknüpfungsergebnisse zu Vergleichszwecken, in erster Linie aber Informationen zum Laden von Zählern und Zeitgliedern abgelegt werden.

10.2.2.3 Zeitglieder

Programmierbare Zeitglieder stellen zwischen einem Startsignal an ihrem Eingang und einem Signal an ihrem Ausgang eine bestimmte Funktion her. Dies sind z.B. Abgabe eines Impulses anwählbarer Länge, Einschaltverzögerung, Ausschaltverzögerung, usw. Einschaltverzögerung bedeutet z.B., daß nach Übergang von Null auf Eins der Ausgang dieses Zeitgliedes erst nach Ablauf einer bestimmten Zeit den Wert Eins annimmt (siehe auch Abschnitt 10.3.3.4).

10.2.2.4 Zähler

Neben Zeitvorgängen können auch Zählvorgänge in Form von Bedingungen in ein Programm eingebracht werden. Mit Zählern können z.B. nachfolgende Programmschritte vom Abzählen einer festgelegten Anzahl von Ereignissen abhängig gemacht werden. Z.B. Feststellen einer Behälterfüllung durch Zählen der von einem Durchlußmeßgerät abgegebenen Impulse.

10.2.3 Eingabe- und Ausgabe-Baugruppen; Kommunikation

Ein- und Ausgabestufen bilden die Verbindung zur gesteuerten Maschine bzw. zum Prozeß. Die maximal mögliche Anzahl der Ein- und Ausgänge reicht von insgesamt etwa 100 bei kleinen bis zu etwa 2000 bei sehr großen Geräten. Es werden meist elektronische Ein- und Ausgangsstufen verwendet, vereinzelt gibt es auch Relaisausgänge. In der Eingabebaugruppe wird in der Regel eine Entstörung, Pegelanpassung, u.U. eine Codierung der Eingangssignale und vor allem eine galvanische Trennung (durch optische Koppelelemente) von den übrigen Komponenten der Steuerung vorgenommen. Ein- und Ausgänge sind für Gleich- und Wechselspannung erhältlich. Wechselspannungsein- und -ausgänge sind vorwiegend für 115 V oder 220 V ausgelegt, Gleichspannungseingänge- und -ausgänge meist für 24 V. Die Ausgänge sind häufig für verschiedene Belastungen ausgeführt; es sind dies sowohl Transistorausgänge als auch Relaisausgänge. Leistungsstarke Ausgänge reichen oft aus, um Kupplungen oder Stellventile direkt anzusteuern.

Bei Neuentwicklungen von SPS besteht auch die Möglichkeit (hardware- und softwaremäßig), die speicherprogrammierbaren Steuerungen der Steuerungs- und Regelungsebene mit Prozeßleitsystemen in der Produktionsleitebene bzw. Prozeßleitebene zu koppeln.

10.2.4 Programmiergeräte

Grundsätzlich wäre es möglich, die Zentraleinheit so leistungsfähig zu machen, daß aus den Programmiereingaben der ablauffähige Code für den Prozessor erzeugt werden kann, wie es bei einem Prozeßrechner der Fall ist. Bei SPS ist dies jedoch nicht üblich, denn die dazu nötige umfangreiche Übersetzungssoftware würde viel Speicherkapazität erfordern und dadurch den Hardwareaufwand erhöhen. Außerdem wäre ein aufwendiges Betriebssystem erforderlich, um in Anbetracht der laufzeitintensiven Übersetzungssoftware eine kurze Zykluszeit zu ermöglichen. Aus diesen Gründen, und vor allem aus Preisgründen, werden eigenständige Programmiergeräte verwendet. Mit einem Programmiergerät können beliebig viele SPS eines Betriebes programmiert werden, denn das Programmiergerät ist mit der SPS nicht dauernd verbunden.

Es gibt eine Vielfalt verschiedener Programmiergeräte mit unterschiedlichem Bedienungskomfort. Einfachste Geräte sind auf eine einzige Programmeingabemöglichkeit beschränkt, etwa wie größere Taschenrechner aufgebaut, mit LCD-Display versehen und besitzen zur Programmeingabe eine Tastatur mit kompletten Befehlen in mnemotechnisch günstiger Form (Funktionstastatur). Das Betriebsprogramm des Gerätes ist in der Regel in einem ROM abgelegt und das Gerät wird zur Programmierung über ein Kabel direkt an die Steuerung angeschlossen. Im Bild 10.4 ist als Beispiel ein Handprogrammiergerät von SIEMENS dargestellt. Die Programmierung der Steuerung erfolgt damit nach dem zunächst von Hand erstellten Programm (z.B. nach dem Kontaktplan; siehe Abschnitt 10.3). Der Programmierer tastet die einzelnen Zeilen (Anweisungen) des Programms der Reihe nach in das Gerät ein, wobei auf der LCD-Anzeige die jeweilige Anweisung erscheint; das Programm wird dabei in dem Gerät zwischengespeichert und in einen

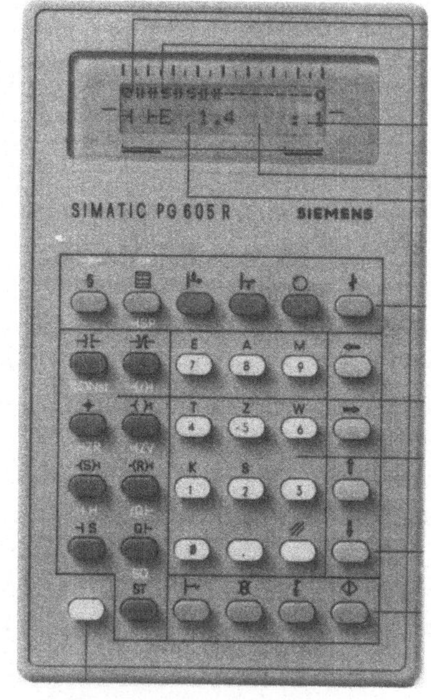

Bild 10.4. Programmiergerät Simatic PG 605 R

dem Prozessor des Steuergerätes "verständlichen" Maschinencode
übersetzt. Nach abgeschlossener Eingabe wird das Programm in
den Programmspeicher der SPS übertragen.

Komfortable Programmiergeräte haben Bildschirmunterstützung
zur Kontrolle während der am Gerät erfolgenden Programmerstel-
lung, die auf verschiedene Weise möglich ist (siehe Abschnitt
10.3). Solche Geräte haben alphanumerische Standard-Tastatu-
ren, gepufferte Schreib-Lese-Speicher (RAM) und Disketten-
Laufwerke zum Laden der Betriebssysteme und zum Speichern und
Laden der Anwenderprogramme. Nach Abschluß der Programmerstel-
lung und -prüfung kann das Programm einerseits auf Diskette
archiviert und andererseits in den Speichermodul der SPS übertragen werden. Zu diesem Zweck enthalten solche Geräte eine
EPROM-Programmiereinrichtung sowie eine UV-Löscheinrichtung
zur Aufnahme des zum Zweck der Programmierung aus der SPS
herausnehmbaren Speichermoduls.

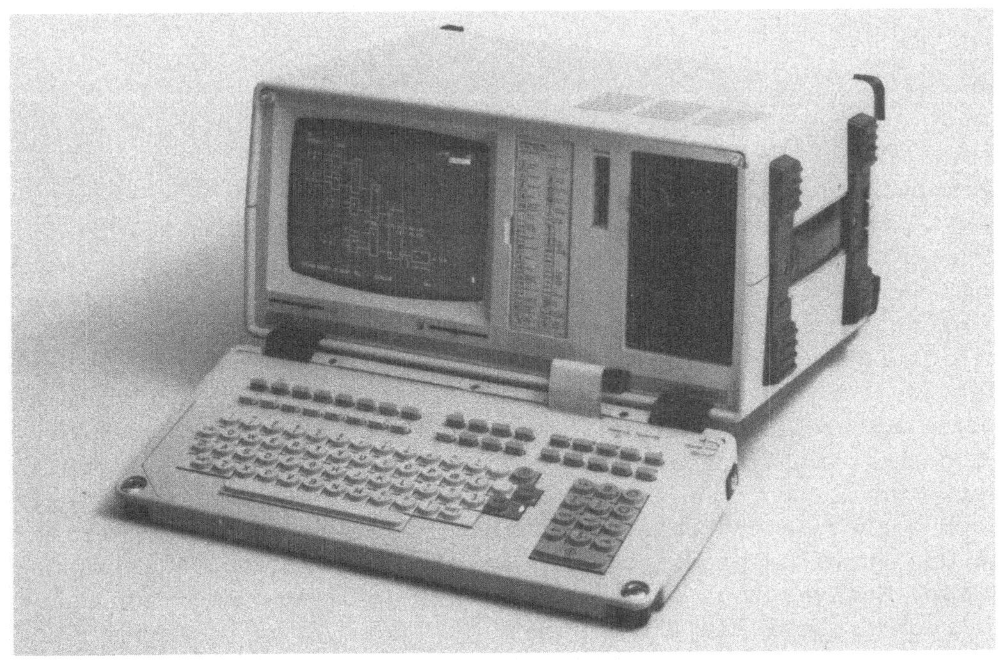

Bild 10.5. Programmiergerät SIEMENS Simatic PG 685

Komfortable Geräte dieser Art können auch die Programmierung
in vollem Sprachumfang unterstützen. Durch strukturierte Programmierung können verschiedene Darstellungsarten verwendet
und zwischen diesen Querübersetzungen vorgenommen werden. Im

Bild 10.5 ist als Beispiel ein solches Programmiergerät von
SIEMENS abgebildet; am Bildschirm ist der nach dem Logikplan
programmierte Teil einer Steuerung zu erkennen. Vergleichbare
Programmiergeräte zahlreicher anderer Hersteller haben ganz
ähnliches Aussehen.

Obwohl das Angebot an Programmiergeräten von Kleingeräten, die
vor Ort benutzt werden, über robuste Tischgeräte bis hin zu
sehr komfortablen Programmierplätzen reicht, ist die Entwicklung keineswegs abgeschlossen. Offenbar nicht nur um kleineren Anwendern die Anschaffung von Programmiergeräten zu
ersparen, wird immer häufiger auch die Möglichkeit vorgesehen,
marktgängige Personal-Computer zur Programmierung einsetzen zu
können. Die betreffenden Hersteller liefern dafür anwenderorientierte Softwarepakete. Umgekehrt können manche Programmiergeräte auch als PC eingesetzt werden.

10.3 Programmierung

Signifikant für jede SPS ist die anwenderorientierte Programmierung. Grundlage für diese Programmierung ist als Ergebnis
der Synthese eine vollständige Aufgabenbeschreibung. Wie aus
den früheren Kapiteln deutlich wurde, sind allerdings verschiedene Beschreibungen einer Steuerung möglich: Wir haben
bislang vorwiegend die Beschreibung durch schaltalgebraische
Gleichungen (als unmittelbares Resultat des Entwurfs) verwendet. Weiterhin wurden **Schaltplan (Logikplan)** und **Kontaktplan**
sowie speziell für Ablaufsteuerungen (Zwangsfolgesteuerungen)
auch das Funktionsdiagramm und vor allem der **Funktionsplan**
verwendet. Zu diesen Beschreibungsmöglichkeiten werden jetzt
noch weitere hinzukommen. Es sind dies eine spezielle Varian-
te des Funktionsplans sowie hauptsächlich die sog. **Anweisungsliste.** Was versteht man unter dieser? Im Unterschied zum Digitalrechner soll die Programmierung einer SPS sehr einfach und
vor allem ohne wesentliche Programmierkenntnisse möglich sein.
Ein Programm für eine SPS besteht aus einer Folge von Befehlen
(Anweisungen), die zyklisch bearbeitet werden. Das Schreiben
eines Programms besteht in der Umsetzung der vorliegenden
Aufgabenbeschreibung in diese Befehlsfolge. Jeder Befehl besteht aus einer Information über die logische Funktion (Ver-
knüpfungsbefehl) und einer Adresse, mit der Ein- und Ausgänge

angesprochen werden. Diese, der üblichen Programmierung eines
Rechner am nächsten kommende Möglichkeit der Aufgabenbeschreibung und zugleich der Programmierung, besteht im Aufstellen
einer solchen Anweisungsliste.

Es stehen zusammengefaßt im wesentlichen folgende Möglichkeiten der Beschreibung einer Steuerungsaufgabe zur Verfügung:

- Schaltalgebraische Gleichungen;
  als mnemotechnische Notation ("Steuerungssprache"):
- Anweisungsliste ("AWL"; nach DIN 19239, VDI 2880);
  als graphische Darstellungsarten:
- Kontaktplan ("KOP"; nach DIN 19239; VDI 2880),
- Logikplan   ("LOP"; nach DIN 19239; DIN 40719; IEC 117-15),
- Funktionsdiagramm (nach VDI/VDE 3260),
- Funktionsplan ("FUP"; für Ablaufsteuerungen;
  nach DIN 40719/6; VDI 2880),
- GRAFCET-Darstellung (für Ablaufsteuerungen;
  nach IEC SC 65A/WG6).

Diese Auflistung ist immer noch nicht ganz vollständig. Es
können nämlich individuelle Programmiersprachen hinzukommen,
die nicht DIN 19239 entsprechen und es können auch Hochsprachen verwendet werden; die Programme können zur Erleichterung
des Listings durch Struktogramme erläutert werden. Zu den
graphischen Darstellungen können noch das hier nicht besprochene Flußdiagramm ("FUD"; nach DIN 66001), als "Vorgänger"
des Kontaktplans der sog. Stromlaufplan und auch eine Steue-
rungsbeschreibung nach Petri-Netzen hinzukommen (auch sie
werden in diesem Buch nicht behandelt; siehe u.a. Starke, 1980
oder Zander, 1985). Eine "babylonische" Vielfalt!

Damit ein als Anweisungsliste geschriebenes Programm richtig
"verstanden" wird, müssen bestimmte Syntaxregeln eingehalten
werden. Es bestehen also

- Spielräume bei der Festlegung der Syntax,
- Spielräume bei der Formulierung der Befehle (Anweisungen),
- verschiedene Möglichkeiten der Aufgabenbeschreibung.

Als Folge dieser Spielräume und der aufgezählten Vielfalt der
Beschreibungsarten gibt es eine größere Anzahl von Programm-
miermöglichkeiten, was aus der Sicht des Anwenders recht unbe-
friedigend ist. Vereinheitlichungen sind hier allerdings zu-

nächst nicht zu erwarten. Gemeinsam ist jedoch allen Möglichkeiten das Bemühen um möglichst große Einfachheit und Benut-
zerfreundlichkeit. Als Grundlagen für die SPS-Programmierung
sind jedoch die nachfolgend zu besprechende Anweisungsliste,
Kontaktplan, Logikplan und Funktionsplan am gebräuchlichsten
und darauf werden wir uns konzentrieren.

Das Programmieren einer SPS läuft wie folgt ab:
- Synthese der Steuerung nach vorliegender Aufgabenstellung
  entsprechend den Kapiteln 1 bis 9; Festlegen des gewünschten
  Programmablaufs,
- Umsetzen in eine Programmdarstellung bzw. Programmierspra-
  che; Programmierung und Programmtest am Programmiergerät,
- Programmierung des EPROM des Programmspeichermoduls der SPS
  im Programmiergerät,
- Einsetzen des Programmspeichers in die SPS,
- Funktionstest.

10.3.1 Mnemotechnische Programmdarstellungen
          (Anweisungsliste)

Die Anweisungsliste (**AWL**) stellt die Aufgabe in mnemotechni-
schen Abkürzungen der Funktionsbezeichnungen (Operationen) in
einzelnen Schritten (Anweisungen) dar. Die direkte Aufstellung
einer AWL durch den Benutzer entspricht vergleichbar etwa der
Programmierung eines Rechners in Assembler. Bei Aufstellen der
AWL wird im wesentlichen nur mit Ein- und Ausgängen gearbei-
tet, deren Verknüpfungen durch Operationsanweisungen festgelegt werden. Nachteilig ist, daß die AWL eines größeren Pro-
blems rasch unübersichtlich wird. Vorteilig ist die Verarbei-
tungsgeschwindigkeit.

Nach DIN 19239 und VDI 2880 gliedert sich jede Zeile der AWL,
also jede Steuerungsanweisung in einen Operationsteil (mit bis
zu vier Zeichen) der angibt, **was** der Prozessor tun soll und in
einen Operandenteil. Dieser besteht wiederum aus einem Operan-
denkennzeichen (mit bis zu drei Zeichen) und einem beliebig
langen Parameter. Der Operandenteil gibt an, **womit** der Prozessor etwas tun soll (siehe Bild 10.6). Vor jeder Anweisung muß
eine Marke stehen, um so die betreffende Zeile identifizieren
zu können.

Einzelne Programmiersprachen unterscheiden sich in der Syntax
und in der Bezeichnungsweise sowohl der Operationen als auch
der Operanden und im Vorrat der Operationen. Als Operationen
stehen in der Regel die booleschen Verknüpfungen, Speicherfunktionen, Zeitglieder, Zähler, Sprunganweisungen und Anweisungen zur Programmverzweigung, arithmetische Operationen,
usw. zur Verfügung. Wesentlich ist auch die Möglichkeit von
Klammeroperationen zur Verarbeitung mehrstufiger boolescher
Verknüpfungen. Einige ganz wenige Beispiele für Programmiersprachen sollen dies anschließend erläutern. Diese Beispiele
und die im Zusammenhang damit erwähnten Gerätesysteme stehen
repräsentativ für eine große Anzahl ähnlicher Programmiersprachen und SPS-Systeme verschiedener Hersteller.

10.3.1.1 Die Sprache STEP 5 von SIEMENS

Die Programmiersprache für Anwenderprogramme ist für die Gerä-
tefamilie SIMATIC S5 vorgesehen und ermöglicht die Programmierung in AWL sowie auch die graphische, bildschirmunterstützte
Programmierung nach LOP und KOP sowie nach dem in Abschnitt
10.3.2.4 besprochenen GRAPH 5 Ablaufplan. Am Rande sei hier
angemerkt, daß, in Abweichung von den einschlägigen Normen und
Richtlinien, der Logikplan (LOP) bei SIEMENS Funktionsplan
(FUP) genannt wird, was u.U. zu Verwechslungen Anlaß geben
könnte. Eine Anweisung in STEP 5 wird gemäß DIN 19239 nach
Bild 10.6 aufgebaut. Wie aus dem Kommentar zur Operationsanga-
be in diesem Bild zu erkennen ist, arbeitet die Sprache, so
wie alle anderen Sprachen, nach dem Prinzip "wenn - dann".

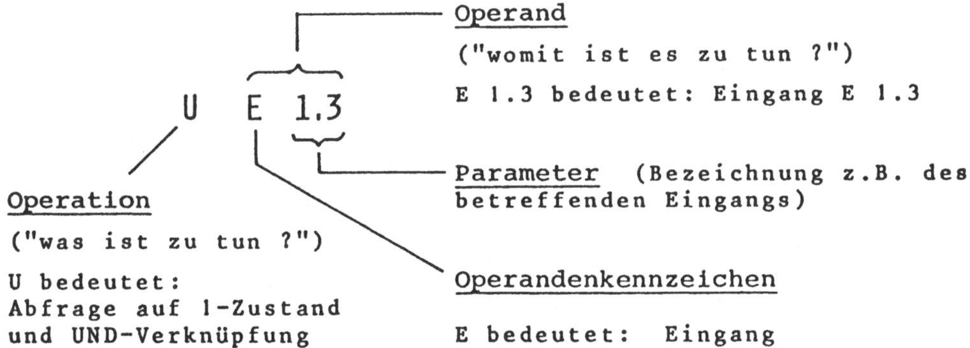

Bild 10.6. Steuerungsanweisung nach DIN 19239 und VDI 2880/4
(am Beispiel einer STEP 5 Anweisung)

Wenn die Belegung bzw. das Verknüpfungsergebnis von so-und-so
Eins (oder Null) ist, dann setze oder verknüpfe so-und-so.

Aus dem Vorrat von STEP 5 lauten die wichtigsten **Operationen**:

U	Abfrage auf "1" und Verknüpfung nach UND
UN	Abfrage auf "0" und Verknüpfung nach UND
O	Abfrage auf "1" und Verknüpfung nach ODER
O	ODER-Verknüpfung von UND-Funktionen
ON	Abfrage auf "0" und Verknüpfung nach ODER
U(	UND-Verknüpfung von Klammerausdrücken
O(	ODER-Verknüpfung von Klammerausdrücken
)	Abschluß eines Klammerausdrucks
=	Zuweisung von "1" (bzw."0") bei Verknüpfungsergebnis ("VKE") "1" (bzw."0")
SPA=	absoluter Sprung nach einer angegebenen Marke (Anweisung)
SPB=	bedingter Sprung bei Verknüpfungsergebnis "1" nach einer angegebenen Marke
S	Speicher oder Zähler setzen bei VKE "1" (ohne Wirkung bei VKE "0")
R	Rücksetzen bei VKE "1" (ohne Wirkung bei VKE "0")
SI	Starten eines Zeitgliedes als Impuls bei VKE "1"
SE	Starten eines Zeitgliedes als Einschaltverzögerung bei VKE "1"
L	Laden eines angegebenen Wertes in den Akku (z.B. Voreinstellwert eines Zählers vor Operation S, Zeitwert vor Operationen SI bzw. SE)
NOP 0	Nulloperation; alle Bits des Speicherwortes werden gelöscht
BE	Ende des Programms

Beispiele für **Operanden**:

E 0.0	... E	63.7	Eingänge (Abfrage auf 1)
A 0.0	... A	63.7	Ausgänge (Abfrage auf 1)
M 0.0	... M	255.7	Merker (Abfrage auf 1)
KT			Konstanter Zeitwert:
KT 0.0	... KT	999.0 =	0 bis 999 x 0,01 s
KT 0.1	... KT	999.1 =	0 bis 999 x 0,1 s
KT 0.2	... KT	999.2 =	0 bis 999 x 1 s usw.
KZ 0.0	...		Konstanter Zählerwert (ebenso kodiert)
T 0	... T	127	Timer (Zeitglied)
Z 0	... Z	127	Zähler

Die mögliche Anzahl von Ein- und Ausgängen richtet sich nach
der verwendeten CPU.

Das Erstellen einer
AWL soll zunächst an
einer Speicherfunktion
als einfachst mögli-
ches Beispiel vorge-
führt werden; später
werden einige weitere
Beispiele folgen. Die
Programmierung des in
Bild 10.7 mit Logik-
plan, Gleichung und
Speicherdiagramm dar-
gestellten dominierend
setzenden Speichers
dient hier lediglich

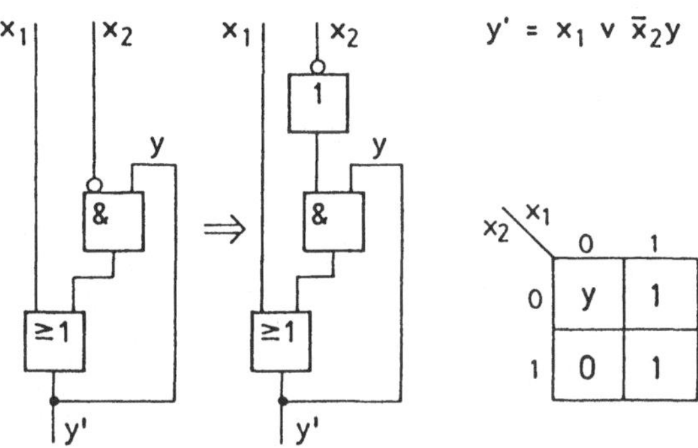

Bild 10.7. Dominierend setzender
Speicher

der Einführung;   die meisten Programmiersprachen haben natürlich entsprechende Speicher-Operationen zur Verfügung.

Mit den **Adressen**

x_1 = E 0.1, x_2 = E 0.2, $x_2 y$ = M 0.0,   y' = A 0.1

lautet die AWL für diesen Speicher:

```
0001:  UN   E 0.2
0002:  U    A 0.1
0003:  =    M 0.0
0004:  O    E 0.1
0005:  O    M 0.0
0006:  =    A 0.1
0007:  BE
```

Unter Verwendung der Klammeroperationen lautet die AWL:

```
0001:  O    E 0.1
0002:  O(
0003:  UN   E 0.2
0004:  U    A 0.1
0005:  )
0006:  =    A 0.1
0007:  BE
```

Den einzelnen Zeilen der AWL können auch Kommentare zu den
Bedeutungen der Ein- und Ausgänge hinzugefügt werden. Dies
gilt natürlich nicht nur für STEP 5 sondern für alle anderen
Sprachen in gleicher Weise.

Eine Anzahl von Beispielen für die Programmierung in STEP 5
folgt in Abschnitt 10.3.3.

10.3.1.2 Die Sprache des PROCONTIC Systems von BBC

Für die verschiedenen SPS Systeme steht eine umfangreiche sog.
SPS-Bibliothek zur Verfügung, die eine Programmierung in AWL
aber auch bildschirmunterstützt im Logikplan (bei BBC ebenfalls "Funktionsplan" genannt) gestattet. Diese letztere Möglichkeit ist in ihrer Handhabung und in ihrem Umfang etwa
vergleichbar mit dem in Abschnitt 10.3.2.2 angedeuteten Beispiel. Hier soll jedoch nur die Programmierung in AWL kurz
gezeigt werden.

Beispiele für **Operationen:**

!	wenn (Satzanfang)
&	UND-Verknüpfung
/	ODER-Verknüpfung
N	Negation
=1	Exklusiv ODER
=	Zuweisung von "1" bei VKE "1" (wenn - dann)
=S	Speicher setzen bei VKE "1" (Zuweisung Setze Speicher)
=R	Speicher rücksetzen bei VKE "1" (Zuweisung Rücksetze Speicher)
RS	dominierend setzender Speicher
SR	dominierend rücksetzender Speicher
PE	Ende des Programms

Beispiele für **Operanden:**

E 00,00 ... E 63,15	Eingänge
A 00,00 ... A 63,15	Ausgänge
M 00,00 ... M 63,15	Merker
T 00,00 ... T 03,15	Zeitfunktion
Z 00,00 ... Z 03,15	Zähler

Die mögliche Anzahl der einzelnen Operanden richtet sich nach
der jeweiligen Systemkonfiguration.

Für die Speichergleichung aus Bild 10.7 lauten die **Adressen**
z.B.:

$$x_1 = E\ 00,01\ ;\quad x_2 = E\ 00,02\ ;\quad \overline{x_2}y = M\ 00,01\ ;\quad y' = A\ 00,01.$$

Die AWL wird bei dieser Sprache strikt nach dem Prinzip "wenn
- dann" in Sätzen geschrieben, die wiederum einzelne Worte
(Anweisungen) enthalten. Die Marken unterscheiden nach Sätzen
und Worten. Kommentare sind zu den einzelnen Worten möglich.
Für den dominierend setzenden Speicher lautet demnach das
Programm (AWL):

```
S 0001   W 0001   !NE 00,02  &  A 00,01  =  M 00,01
S 0002   W 00.04  ! M 00,01  /  E 00,01  =  A 00,01
S 0003   W 0007   !PE
```

oder in der üblichen "Kolonnenschreibweise":

```
0001     0001     !     NE 00,02
         0002     &      A 00,01
         0003     =      M 00,01
0002     0004     !      M 00,01
         0005     /      E 00,01
         0006     =      A 00,01
0003     0007     !     PE
```

10.3.1.3 Die Mnemonic-List Sprache von FESTO

FESTO bietet mehrere SPS Systeme von einem einfachsten Gerät
für Zwangsfolgesteuerungen, das lediglich durch Tastendruck
programmiert wird, bis zu einem modularen, mehrprozessor-fähi-
gen System mit Interrupt-Verarbeitung (siehe Bild 10.2). Die
Programmierung erfolgt entweder durch ein systemeigenes Programmiergerät oder mittels PC; sie ist auch in BASIC möglich.
Bildschirmunterstützt kann auch in Kontaktplan oder Funktionsplan programmiert werden. Für die Programmierung in AWL ist
die "Mnemonic-List", auch "FESTO-Sprache" genannt, vorgesehen,
deren Syntax streng nach dem Prinzip wenn-dann-sonst nahezu
in Sätzen der Umgangssprache aufgebaut ist. Jeder Satz besteht
aus einem Bedingungsteil ("wenn") und einem Ausführungsteil

("dann"). Die Operationen verwenden (für den deutschsprachigen
Markt) weitgehend die deutsche Sprache. Auch hier sind natürlich Kommentare zu jedem Wort möglich.

Beispiele für **Operationen:**

WENN	Satzbeginn; Einleitung des Bedingungsteils
DANN	Einleitung des Ausführungsteils (Bedingung erfüllt)
SONST	Einleitung des Ausführungsteils (Bedingung nicht erfüllt)
SETZE	Zuweisung von "1" an einen Ausgang; Setzen von Speichern; Starten von Timern, Zählern, u.s.w.
RESET	Zuweisung von "0"; u.s.w.
UND	UND-Verknüpfung
ODER	ODER-Verknüpfung
N	Negation
EXOR	Exklusiv ODER
(	Klammer auf
)	Klammer zu
SPRINGE	Sprung (absolut oder bedingt) nach einer Marke
LADE	Laden eines Wertes in den Akku
ENDE	Programmende

Beispiele für **Operanden:**

E 0 ... E 15; E 1.0 ... E 7.15	Eingänge
A 0 ... A 15; A 1.0 ... A 7.15	Ausgänge
M 0.0 ... M 15.15	Merker
T 0 ... T 17	Timer
Z 0 ... Z 15	Zähler

Die mögliche Anzahl der Ein- und Ausgänge sowie der Merker
hängt von der jeweiligen Systemkonfiguration ab. Bei Verwendung von einer Zentraleinheit mit 16 Eingängen bzw. eines Aus-
gangsbausteins mit 16 Ausgängen lauten die Adressen E 0 ...
E 15, A 0 ... A 15; ansonsten gibt die erste Ziffer vor dem
Punkt die Adresse des Bausteins an.

Auch hier soll zunächst der Speicher aus Bild 10.7 als
einfachstes Beispiel für die Programmierung dienen. Mit den
Adressen z.B.

$$x_1 = E\ 1.0, \quad x_2 = E\ 1.1, \quad y' = A\ 1.0$$

lautet das Programm als AWL:

```
0001    WENN                E 1.0
0002            ODER    N   E 1.1
0003            UND         A 1.0
0004    DANN    SETZE       A 1.0
0005    SONST   RESET       A 1.0
```

Ein Merker ist hier nicht erforderlich. Die "SONST"-Operation ist grundsätzlich notwendig, weil die Ausgänge speicherndes Verhalten haben, d.h. ein einmal gesetzter Ausgang bleibt gesetzt bis zu einen RESET-Befehl. Umgekehrt bleibt ein gelöschter Ausgang bis zu einem SETZE-Befehl gelöscht.

Die Verarbeitung der Operationen erfolgt nach der disjunktiven Form. Bei der Programmierung einer konjunktiven Form ist entweder die Verwendung von Merkern oder einfacher die Verwendung von Klammeroperationen notwendig. Dafür soll folgendes einfache Beispiel dienen:

Die Funktion

$$z = (x_1 \vee \overline{x}_2 \vee x_3)(x_2 \vee \overline{x}_3)$$

soll programmiert werden. Mit den Adressen z.B.

$$x_1 = E\ 1.0,\ x_2 = E\ 1.1,\ x_3 = E\ 1.2,\ z = A\ 1.0;$$
$$(x_1 \vee \overline{x}_2 \vee x_3) = M\ 0.0, \qquad (x_2 \vee \overline{x}_3) = M\ 0.1$$

lautet die AWL:

```
0001    WENN                E 1.0
0002            ODER    N   E 1.1
0003            ODER        E 1.2
0004    DANN    SETZE       M 0.0
0005    SONST   RESET       M 0.0
0006    WENN                E 1.1
0007            ODER    N   E 1.2
0008    DANN    SETZE       M 0.1
0009    SONST   RESET       M 0.1
0010    WENN                M 0.0
0011            UND         M 0.1
0012    DANN    SETZE       A 1.0
0013    SONST   RESET       A 1.0
```

Unter Verwendung der Klammeroperationen lautet die AWL wesentlich einfacher und wird natürlich schneller abgearbeitet:

```
0001    WENN            (  E 1.0
0002            ODER    N  E 1.1
0003            ODER       E 1.2 )
0004            UND     (  E 1.1
0005            ODER    N  E 1.2 )
0006    DANN    SETZE      A 1.0
0007    SONST   RESET      A 1.0
```


10.3.1.4 Die Sprache von Heinemann (1981)

Die am Lehrstuhl für Regelungssysteme und Steuerungstechnik
der Ruhr-Universität Bochum entwickelte und von Hehmann und
Heinemann (1982) veröffentlichte Sprache ist für einfachste
Steuerungsaufgaben der Einzelautomatisierung gedacht. Sie
verwendet je Programmzeile (je Satz) eine algebraische Gleichung mit ein oder zwei Eingangsgrößen; es sind bis 1000 Zeilen möglich. Der Aufbau der Zeilen erfolgt nach einem festen
Schema (Standardzeile). Es gibt u.a. folgende **Operationen**:

```
.       UND
v       ODER
#       exklusiv ODER
n       NICHT
f       Flipflop (RS-FF)
c       Zähler-Start
t       Zeitglied-Start
JNZ     bedingter Sprungbefehl
J Z     bedingter Sprungbefehl
```


Beispiele für **Operanden**:

```
E 00  ...  E 99    Eingänge
A 00  ...  A 99    Ausgänge
M 00  ...  M 99    Merker
T 00  ...  T 99    Zeitglied
```

Standardzeile für Gleichungen mit zwei Eingängen:

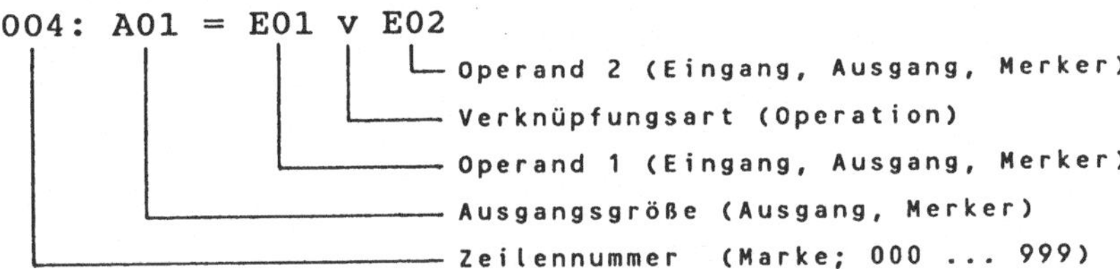

Standardzeile für FF-Verknüpfung:

005: A27 = E03 f M23

Als Setz- und Rücksetzbedingung können Eingänge, Ausgänge und
Merker verwendet werden.

Standardzeile für Gleichungen mit einem Eingang:

006: A02 = M02

007: M04 = nE02

An dieser Stelle sollen noch die schon früher erwähnten
Sprungoperationen erläutert werden, was auch für andere Sprachen prinzipiell gültig ist. Sollen bei der Abarbeitung eines
Programms einzelne Programmteile nur unter bestimmten Bedingungen durchlaufen werden, dann sind bedingte Sprungbefehle
erforderlich. Da die verwendete Syntax zu jeder Zeile eine
Zeilennummer verwendet, können diese Marken als Sprungziele
benutzt werden. Die entsprechenden (bedingten) Sprungbefehle
lauten z.B.:

008: JNZ = 089 : M03

"Jump, if M03 not zero, to line 089", d.h. springe zur Zeile
089, wenn Merker M03 nicht Null, d.h. wenn Merker M03 = 1.

009: J Z = 123 : A28

d.h. springe nach Zeile 123, wenn Ausgang A28 = 0.

Es ist zu beachten, daß nur Vorwärts-Sprünge erlaubt sind; auf
diese Weise werden Endlosschleifen ohne Neuabfrage der Eingänge vermieden.

Abermals soll der dominierend setzende Speicher aus Bild 10.7
als Beispiel für diese Sprache programmiert werden. Mit den
folgenden **Adressen:**

x_1 = E01, x_2 = E02, $\bar{x}_2$ =   M01   (Ausgang der Negation),
                       $\bar{x}_2 y$ =   M02   (Ausgang der Inhibition),
y' = A03

lautet das Programm:

001: M01 = nE02
002: M02 = M01 . A03
003: A03 = E01 v M02

10.3.2 Graphische Programmdarstellungen

<u>10.3.2.1 Kontaktplan (KOP)</u>

Die Darstellung im Kontaktplan wurde in früheren Kapiteln
schon ausführlich besprochen. Wie schon erwähnt, ist sie neben
AWL, LOP und FUP die am häufigsten verwendete Programmdarstellung. Mit den meisten Bildschirm-Programmiergeräten kann der
Kontaktplan direkt graphisch erstellt, aber auch mit den dafür
programmierten Handgeräten (z.B. Bild 10.4) zeilenweise einge-
geben werden. Die Programmiergeräte besitzen dazu interaktive
Editoren. An den dafür vorgesehenen Stellen können in den
einzelnen Strompfaden die erforderlichen Symbole angeordnet
werden (siehe Bild 10.9). Die Bilder im nachfolgenden Abschnitt 10.3.3 lassen erkennen, wie der Kontaktplan am Bildschirm bzw. bei Ausdruck durch einen Drucker aussieht. Spezielle Übersetzerprogramme ermöglichen die Übersetzung der

erstellten Kontaktpläne in entsprechende Anweisungslisten.

Der Vollständigkeit halber soll noch
einmal der Speicher aus Bild 10.7
herangezogen und in Bild 10.8 als
Kontaktplan dargestellt werden.

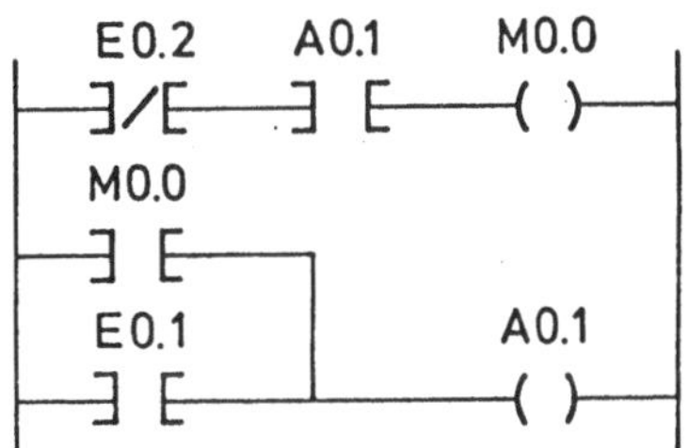

Bild 10.8. Kontakt-
plan des Speichers
aus Bild 10.7

Es wurde schon früher das Kontakt-
plansymbol für das RS-FF verwendet.
Darüber hinaus ist eine Reihe von
weiteren Symbolen für Zeitglieder,
Zähler und dergleichen gebräuchlich.
In Bild 10.9 sind einige Beispiele aus der SIEMENS STEP 5 Darstellung angegeben. Diese Symbole entsprechen im wesentlichen
der kompakten Kontaktplandarstellung nach VDI 2880 und lassen
wenig Spielraum; sie unterscheiden sich daher von den in anderen "Sprachen" verwendeten Symbolen nicht wesentlich. Die
kompakten Symbole nach Bild 10.9 werden unverändert auch im
Logikplan verwendet.

10.3.2.2 Logikplan (LOP)

Als Beispiel für eine unmittelbar im Logikplan erfolgende
Programmierung soll das Automatisierungssystem MASTERPIECE von
ASEA angeführt werden. Die Anwendersoftware, als PC-Sprache
bezeichnet, ("PC" steht hier für Programmable Controller)
stellt etwa 70 verschiedene Funktionsmoduln zur Verfügung
("PC-Elemente"). Jedes dieser Elemente stellt eine Funktion
dar von einfachen Gattern (UND, ODER, exklusiv-ODER, NEGATION,
usw.), RS-FF, verschiedenen Zeitgebern bis hin zu Schiebere-
gistern, Zählern, verschiedenen Arithmetik-Elementen und sogar
auch Reglern. Diese Funktionen werden als "Firmware" jeweils
aufgerufen. Die einzelnen Funktionen sind als Graphiksymbole
katalogisiert; aus dieser Bibliothek wählt der Anwender die
benötigten Symbole aus und kann damit im interaktiven Dialog
am Bildschirm den Logikplan aufbauen. Die Signale können mit
Namen bzw. Kommentaren versehen werden, um den Logikplan besser verständlich zu machen. Bild 10.10 bietet eine kleine Auswahl aus den Software-Elementen für ASEA MASTERPIECE.

Die Beispiele im Abschnitt 10.3.3 vermitteln ebenfalls einen
Eindruck über die SPS-Programmdarstellung im Logikplan.

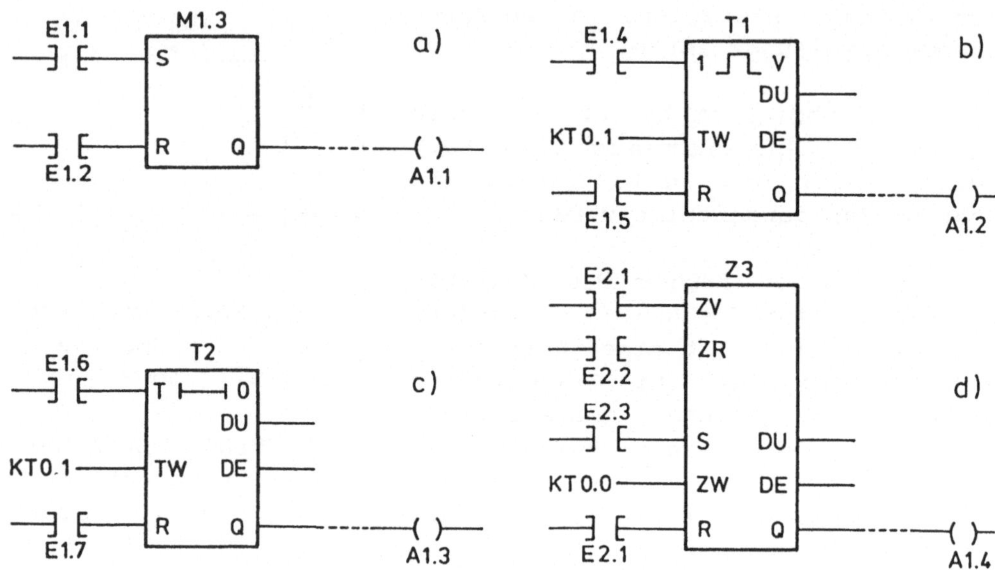

Bild 10.9. Beispiele für Kontaktplansymbole in STEP 5 Darstellung.   a) RS-FF (Speicherglied mit Merker).   b) Impulsglied: E 1.4 = 1 startet das Zeitglied; am Ausgang erscheint Impuls der Dauer T (eingestellt mit Operand KT 0.1). c) Einschaltverzögerung: E 1.6 = 1 startet das Zeitglied; am Ausgang erscheint Eins-Signal nach der Zeit T; Rücksetzen bei E 1.6 = 0. d) Zähler: Impulse bei E 2.1 werden vorwärts, bei E 2.2 rückwärts gezählt; bei E 2.3 = 1 wird der Zähler mit dem bei ZW anstehenden Zahlenwert gesetzt; Rücksetzen des Zählers erfolgt bei E 2.1 = 1.
Q binärer Ausgang (beim Zähler ist Q = 1 solange Zählerinhalt größer als Null). DU Abfrage als Dualzahl. DE Abfrage als Dezimalzahl

10.3.2.3 Funktionsplan (FUP)

So wie der Kontaktplan wurde auch der Funktionsplan bereits früher ausführlich besprochen. Bei der SPS-Programmierung ist die unmittelbare Bildschirmerstellung von Funktionsplänen für Ablaufsteuerungen mit Hilfe von interaktiven Editoren zur Erzeugung der Funktionspläne ebenfalls möglich. Auch hier wird nach Erstellen des Funktionsplans in AWL übersetzt. Ein wesentlicher Unterschied zur Kontaktplan-Programmierung besteht nicht.

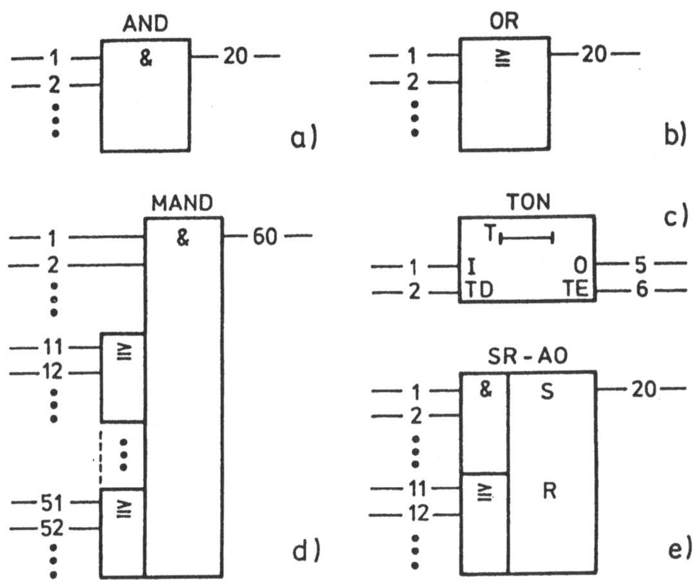

Bild 10.10. Beispiele für Logikplansymbole ("PC-Elemente") der
PC-Sprache von ASEA. a) UND mit 19 Eingängen. b) ODER mit
19 Eingängen. c) Einschaltverzögerung: Ist der Impuls am Eingang I länger als die eingestellte Zeit TD, dann geht der
Ausgang O nach der Zeit TD von Null auf Eins; Signale I und O
gehen gleichzeitig auf Null; bei TE wird die seit Starten des
Timers vergangene Zeit angezeigt. d) UND-Gatter mit max. neun
direkten Eingängen; weiteren fünf Eingängen sind ODER-Gatter
mit je max. neun Eingängen vorgeschaltet. e) RS-FF; Setzeingang über UND-Gatter mit neun Eingängen; Rücksetzeingang über
ODER-Gatter mit neun Eingängen

10.3.2.4 Programmierung nach GRAPH 5 von SIEMENS

Diese graphische Programmbeschreibung entspricht im wesentlichen der GRAFCET Darstellung nach der IEC SC 65A/WG6 Arbeits-
gruppe (GRAFCET: Graphe de Commande Etape-Transition; ausge-
arbeitet von der AFCET: Assoc. Francais pour le Cybernetique
Economique et Technique). Sie wird auch von anderen Herstellern, wie z.B. von TELEMECANIQUE (dort PL7-3 Grafcet Language
genannt), in nahezu gleicher Weise verwendet. Diese Programmdarstellung wurde als Abart oder besser gesagt als Verfeine-
rung des Funktionsplans für Zwangsfolgesteuerungen entwickelt;
sie ist sehr eng an die Darstellung der Petri-Netze (siehe

u.a. Zander, 1985) angelehnt. Bei SIEMENS wird mit Hilfe des
Programmiergerätes (Bild 10.5) eine strukturelle Bildschirm-
programmierung in zwei Ebenen ermöglicht. In der sog. Übersichtsebene wird der gewohnte Funktionsplan insoferne vereinfacht, indem nur die Grobstruktur des Programms ("Ablaufplan")
dargestellt wird. Jeder Schritt d.h. jede Aktion wird wieder
durch ein Kästchen symbolisiert, jedoch nur mit S1, S2, ...
bezeichnet. Die einzelnen Schrittsymbole (Aktionen) werden bei
linearer Programmstruktur durch senkrechte Wirkungslinien
verbunden. Quer zu diesen Wirkungslinien kennzeichnen zwischen
den Schrittsymbolen kurze Striche die Weiterschaltbedingungen
für den jeweils nächsten Schritt. Die Weiterschaltbedingungen
werden hier Transitionen genannt und mit T1, T2,... gekennzeichnet. Diese verallgemeinernde Bezeichnung ist deshalb
zweckmäßig, weil durch die Transitionen auch Programmsprünge,
Verzweigungen oder bedingte Programmschleifen einfach dargestellt werden können. Durch diese, in der ersten Phase der
Programmierung festgelegte Grobstruktur (Ablaufstruktur) in
der Übersichtsebene wird der Funktionsplan wesentlich anschaulicher dargestellt als bisher gewohnt. Die Numerierungen für
Aktionen und Transitionen sind mehr oder weniger willkürlich.

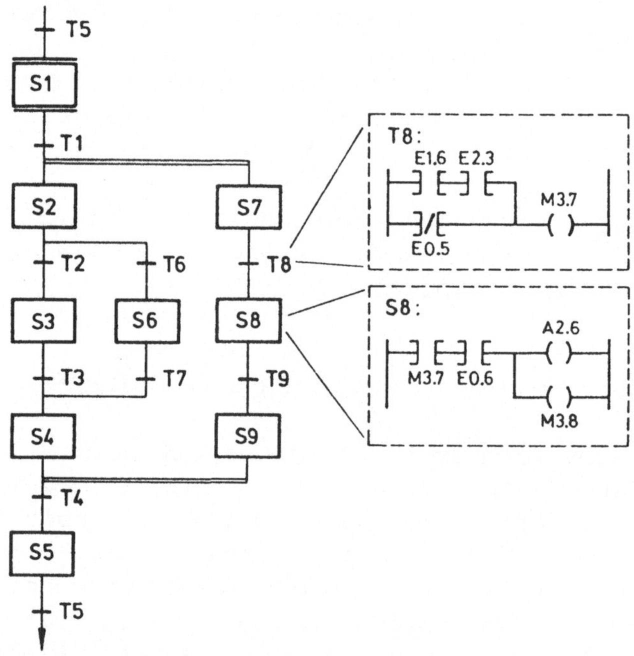

Bild 10.11. Programmierung mit GRAPH 5. Prinzip von Übersichtsdarstellung (Ablaufplan) und Detaildarstellung in
einer der STEP 5 Möglichkeiten.

Ein prinzipielles Beispiel für die Grobstruktur einer Zwangsfolgesteuerung ist in Bild 10.11 gezeigt. Der Schritt S1 ist
der Startschritt; zu ihm wird gesprungen sobald T5 erfüllt
ist. Nach Erfüllung von T1 folgt eine sog. Simultanverzweigung
(UND-Verzweigung, Konjunktivverzweigung): Die beiden parallelen Zweige beginnend mit S2 und S7 werden unabhängig voneinander durchlaufen. Wenn in den beiden Parallelzweigen sowohl Schritt S4 als auch Schritt S9 durchgeführt wurden und
die nachfolgende, gemeinsame Transition T4 erfüllt ist, wird
auf den nächsten Schritt (S5) weitergeschaltet. Innerhalb des
im Bild linken Programmzweiges befindet sich eine exklusiv-
ODER-Verzweigung (Alternativ-Verzweigung): Je nachdem ob T2
oder T6 erfüllt ist, wird der betreffende Zweig durchlaufen.
Auf diese Weise können auch sehr komplexe Programmstrukturen
übersichtlich programmiert werden. Zur weiteren Verdeutlichung
können bei der Programmierung der Übersichtsebene zu jedem
Schritt und zu jeder Transition auch erläuternde Kommentare
angegeben werden.

Die zweite Phase der Programmierung besteht darin, daß in der
sog. Detailebene (von SIEMENS auch "Lupendarstellung" genannt)
sowohl der "Inhalt" der jeweils aktuellen Schritte (die Befehle; GRAFCET: "Macro-steps", "Zoom") als auch die Verknüpfungen der Weiterschaltbedingungen programmiert werden. Die
Schritte bzw. die Transitionen werden mit ihren Bezeichnungen
S1, S2,...; T1, T2,... aufgerufen. Die Programmierung dieser
einzelnen Schrittbausteine ("SB") kann nach STEP 5 wahlweise
in LOP-, KOP- oder AWL-Programmierung erfolgen. Nach Eingabe
eines Schrittes oder einer Transition schaltet das Programmiergerät automatisch auf die Übersichtsdarstellung zurück, so
daß der nächste SB angewählt und programmiert werden kann. In
Bild 10.11 ist die Programmierung in der Detailebene für die
Transition T8 und den Schritt S8 angedeutet.

10.3.3   Einfache Beispiele zur Programmierung

Die Beispiele in diesem Abschnitt wurden vorwiegend in STEP 5
von SIEMENS mit Hilfe des Programmiergerätes PG 685 (siehe
Bild 10.5) programmiert.

10.3.3.1 Einfache kombinatorische Schaltung

Es soll die Funktion $z = \overline{x}_3(x_1 \vee \overline{x}_2) \vee \overline{x}_1 x_2 x_3$
programmiert werden.

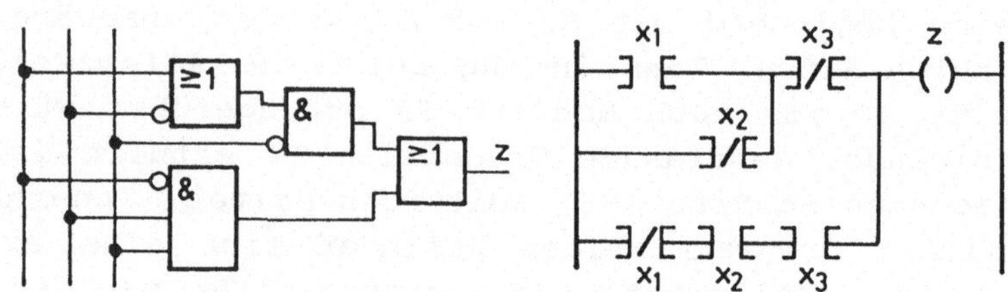

Bild 10.12. Logikplan und Kontaktplan einer
einfachen Schaltfunktion

$x_1 = E\ 0.1, \quad x_2 = E\ 0.2, \quad x_3 = E\ 0.3; \quad z = A\ 0.1$

Die Eingabe erfolgte am Programmiergerät als Logikplan (LOP).
Übersetzung durch das Programmiergerät in Kontaktplan (KOP)
und Anweisungsliste (AWL).

Logikplan:

```
   NETZWERK 1        0000
                     -----
   E  0.1      ---!>=1!       -----
   E  0.2      --0!    !------! & !
                -----         !   !        -----
            E   0.3     --0!      !------!>=1!
                         -----         !   !
                         -----         !   !
            E   0.1      --0! & !      !   !
            E   0.2      ---!  !       !   !
            E   0.3      ---!    !------!    !-- A  0.1
                         -----        ------  :BE
```

Kontaktplan:

```
   NETZWERK 1        0000
   !
   !E  0.1     E  0.3                                                    A  0.1
   +---] [---+---]/[---+-----------+-----------+-----------+---(  )--!
   !         !         !           !                             !
   !E  0.2   !                     !
   +---]/[---+                     !                        :BE
   !                              !
   !E  0.1     E  0.2     E  0.3   !
   +---]/[---+---] [---+---] [---+
   !
```

Anweisungsliste:

```
NETZWERK 1
0000          :U(
0002          :O    E 0.1
0004          :ON   E 0.2
0006          :)
0008          :UN   E 0.3
000A          :O
000C          :UN   E 0.1
000E          :U    E 0.2
0010          :U    E 0.3
0012          :=    A 0.1
0014          :BE
```

10.3.3.2 Zwangsfolgesteuerung (Schrittregister-Steuerung)

Es sei eine Schrittregistersteuerung für die einfache, im Bild
10.13 dargestellte Aufgabe der Ansteuerung von zwei Zylindern
als Logikplan entworfen worden. Die Steuerung soll nach dem im
Bild dargestellten Logikplan in AWL (bzw. nach den algebraischen Gleichungen) für eine SPS programmiert werden.

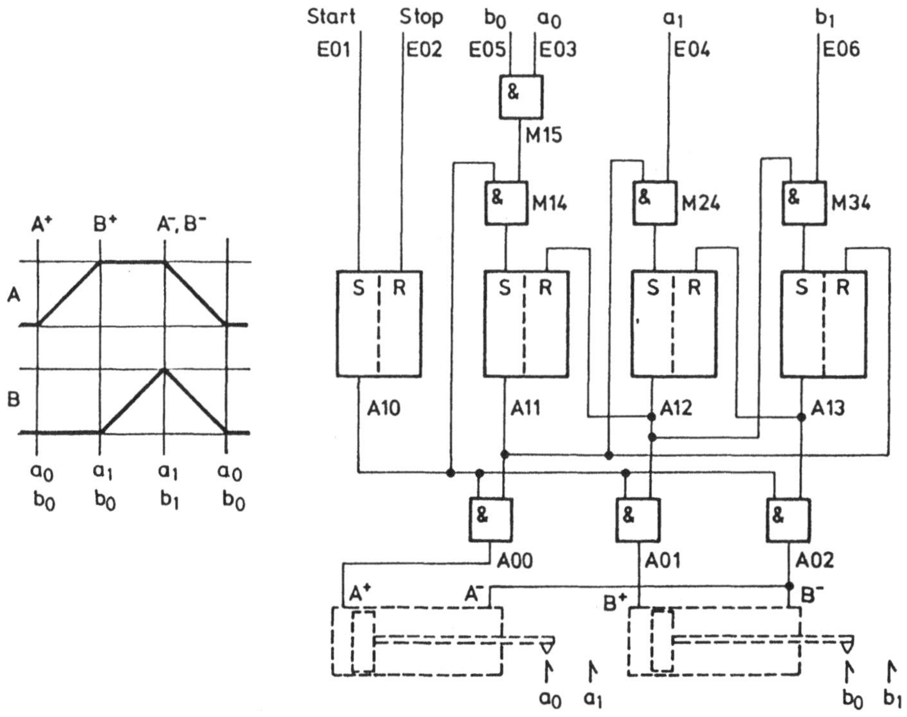

Bild 10.13. Schrittregister für zwei Stellzylinder

Zunächst wird am Program-
miergerät PG 685 die Anweisungsliste in STEP 5 er-
stellt.

```
NETZWERK 1
NAME :BSP

0005          :U    E 0.1
0006          :S    A 1.0
0007          :U    E 0.2
0008          :R    A 1.0
0009          :U    A 1.0
000A          :SPZ  =M001
000B          :U    E 0.3
000C          :U    E 0.5
000D          :S    A 0.0
000E          :U    A 0.1
000F          :R    A 0.0
0010          :U    A 0.0
0011          :U    E 0.4
0012          :S    A 0.1
0013          :U    A 0.2
0014          :R    A 0.1
0015          :U    A 0.1
0016          :U    E 0.6
0017          :S    A 0.2
0018          :U    A 0.0
0019          :R    A 0.2
001A   M001   :BE
```

Zum Vergleich wird diese Steuerungsaufgabe auch mit der Sprache von Heinemann programmiert. Mit Hilfe der dafür in Abschnitt 10.3.1.4 angegebenen Syntax und den dort erklärten
Befehlen ergibt sich aus dem Logikplan Bild 10.13 das nachfolgende Programm:

```
000: A10=E01fE02
001: J Z=010:A10        Warteschleife bis Start FF gesetzt
002: M15=E03.E05        Setzbedingung Takt 1
003: A00=M15fA01        FF2
004: M24=A00.E04        Setzbed. Takt 2
005: A01=M24fA02        FF 3
006: M34=A01.E06        Setzbed. Takt 3
007: A02=M34fA00        FF 4
```

Das Programm wird nur durchlaufen, wenn das Start-FF gesetzt
ist; bei Sprungziel höher als die letzte Zeile springt das
Programm in die erste Zeile zurück ("Warteschleife"). Es fällt
auf, daß die Konjunktionen am Eingang und Ausgang nicht programmiert werden müssen; die FF-Ausgänge sind zugleich Ansteuerbefehle für die Zylinder. Dasselbe galt auch für das
Programm in STEP 5.

Zum weiteren Vergleich folgt für dieselbe Aufgabe schließlich noch die Programmierung in der AWL der FESTO-Sprache nach Abschnitt 10.3.1.3 mit den gegenüber Bild 10.13 geänderten Adressen Start = E1, Stop = E2, ... , A^+ = A0, ... , u.s.w.:

```
0001    SCHRITT 1 (S1)
0002    WENN                    E 1
0003            UND     N       E 2
0004            UND             E 3
0005            UND             E 5
0006    DANN    SETZE           A 0
0007    SCHRITT 2
0008    WENN                    E 4
0009            UND     N       E 2
0010    DANN    SETZE           A 1
0011    SCHRITT 3
0012    WENN                    E 6
0013            UND     N       E 2
0014    DANN    SETZE           A 2
0015            RESET           A 0
0016            RESET           A 1
0017    SCHRITT 4
0018    WENN                    E 3
0019            UND             E 5
0020    DANN    SPRINGE NACH    S 1
```

10.3.3.3 Freifolgesteuerung

Es handelt sich um die "Zwei vor Eins" Schaltung aus Abschnitt 9.2, die dort als Beispiel 2 nach dem von Pessen vereinfachten Huffmanschen Verfahren für SPS-Programmierung entworfen wurde. Ergebnis des Entwurfs waren die Bilder 9.39 und 9.40. Der Kontaktplan ist hier als Bild 10.14 nochmals wiedergegeben. Am Programmiergerät wurde dieser Kontaktplan erstellt und dann in LOP und AWL übersetzt.

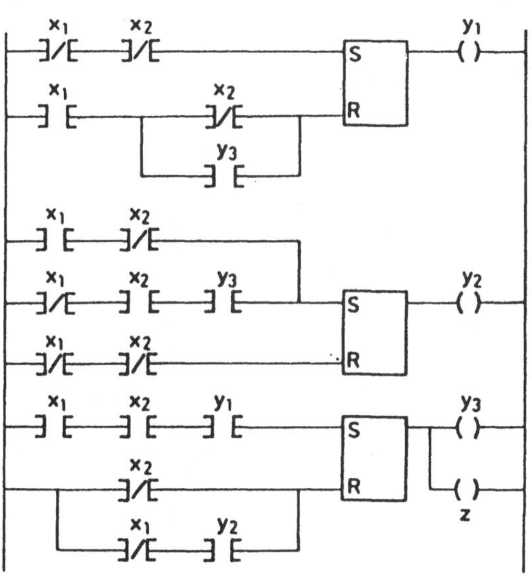

Bild 10.14. Kontaktplan

Kontaktplan:

```
OB11                 SPRM-A                      LAE=43        ABS
                                                               BLATT 1
NETZWERK 1         0000
 !                                   M  0.1
 !E  0.1      E  0.2          ------------
 +----]/[----+----]/[----+--!S      !
 !                       !  !        !
 !E  0.2      E  0.1     !  !        !                          A  0.1
 +----]/[----+----] [----+--!R    Q!-+--------------+--------------+----( )--!
 !           !              ------------
 !A  0.3     !
 +----] [----+
 !
 !

NETZWERK 2         0018
 !                                         M  0.2
 !E  0.1      E  0.2      A  0.3          ------------
 +----]/[----+----] [----+----] [----+--!S      !
 !                                 !  !        !
 !E  0.1      E  0.2               !  !        !
 +----] [----+----]/[----+-----------+  !        !
 !                                    !        !
 !E  0.1      E  0.2                  !  !        !                A  0.2
 +----]/[----+----]/[----+---------------+--!R    Q!-+--------------+----( )--!
 !                                    ------------
 !
 !

NETZWERK 3         0032
 !                                   M  0.3
 !E  0.1      E  0.2      A  0.1          ------------
 +----] [----+----] [----+----] [----+--!S      !
 !                                 !  !        !
 !E  0.2                           !  !        !     ,          A  0.3
 +----]/[----+-------------+-----------+--!R    Q!-+------------+----( )--!
 !                       !              ------------        !          !
 !E  0.1      A  0.2     !                                !A  0.4       !
 +----]/[----+----] [----+                               +----( )--!
 !
 !
 !                                                      :BE
 !
```

Logikplan:

NETZWERK 1   0000
                                        -----   M 0.1
                    E   0.1   --0! & !   -------
                    E   0.2   --0!   !-----!S   !
                    -----   -----   !   !
E   0.2   --0!>=1!   -----   !   !
A   0.3   ---!   !-----! & !   !   !
           -----   !   !   !   !
                    E   0.1   ---!   !-----!R   Q!- A 0.1
                                        -----   -------

NETZWERK 2   0018

E   0.1   --0! & !
E   0.2   ---!   !   -----
A   0.3   ---!   !-----!>=1!
           -----   !   !
           -----   !   !   M 0.2
E   0.1   ---! & !   !   !   -------
E   0.2   --0!   !-----!   !-----!S   !
           -----   -----   !   !
                    -----   !   !
                    E   0.1   --0! & !   !   !
                    E   0.2   --0!   !-----!R   Q!- A 0.2
                                        -----   -------

NETZWERK 3   0032

                    E   0.1   ---! & !   M 0.3
                    E   0.2   ---!   !   -------
                    A   0.1   ---!   !-----!S   !
                    -----   !   !
                    -----   !   !
                    E   0.2   --0!>=1!   !   !
                    -----   !   !   !   !
E   0.1   --0! & !   !   !   !   !
A   0.2   ---!   !-----!   !-----!R   Q!- A 0.3
           -----   -----   ------- A 0.4
                                        :BE

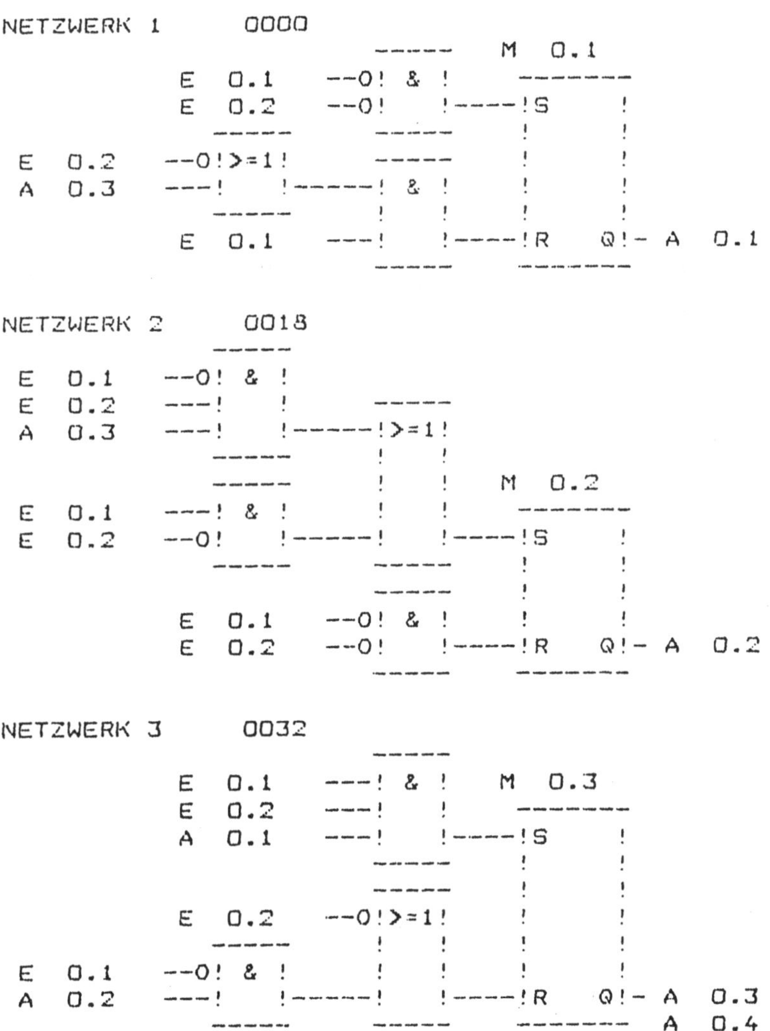

Anweisungsliste:

```
NETZWERK 1
0000          :UN   E 0.1
0002          :UN   E 0.2
0004          :S    M 0.1
0006          :U(
0008          :ON   E 0.2
000A          :O    A 0.3
000C          :)
000E          :U    E 0.1
0010          :R    M 0.1
0012          :U    M 0.1
0014          :=    A 0.1
0016          :***
NETZWERK 2
0018          :UN   E 0.1
001A          :U    E 0.2
001C          :U    A 0.3
001E          :O
0020          :U    E 0.1
0022          :UN   E 0.2
0024          :S    M 0.2
0026          :UN   E 0.1
0028          :UN   E 0.2
002A          :R    M 0.2
002C          :U    M 0.2
002E          :=    A 0.2
0030          :***
NETZWERK 3
0032          :U    E 0.1
0034          :U    E 0.2
0036          :U    A 0.1
0038          :S    M 0.3
003A          :ON   E 0.2
003C          :O
003E          :UN   E 0.1
0040          :U    A 0.2
0042          :R    M 0.3
0044          :U    M 0.3
0046          :=    A 0.3
0048          :=    A 0.4
004A          :BE
```

Anhang 1 Übungsaufgaben zu Kapitel 2 bis 5

Aufgabe 1

Der Füllstand eines Behälters nach Bild A1.1 soll durch eine Steuerung überwacht werden. Die Füllung wird durch vier Sensoren festgestellt, von denen die Signale $x_1,\ldots,x_4$ an die Steuerung abgegeben werden; $x_i = 1$ bedeutet, daß der betreffende Sensor von Flüssigkeit bedeckt ist. Die Steuerung soll Signale an die vier Ventile abgeben; $z_i = 1$ bedeutet Ventil öffnen, $z_i = 0$ bedeutet Ventil schließen. Die Steuerung soll die Ventile (verschiedener Nennweiten) nach der in der nachfolgenden Tabelle angegebenen Vorschrift betätigen. Aus der Schalttabelle lassen sich die K-Diagramme zeichnen. Es ist zu beachten, daß bei dieser einfachen Aufgabe nur fünf Eingangsbelegungen auftreten können; alle anderen sind redundant. Die Schaltung soll durch NAND-Gatter realisiert werden.

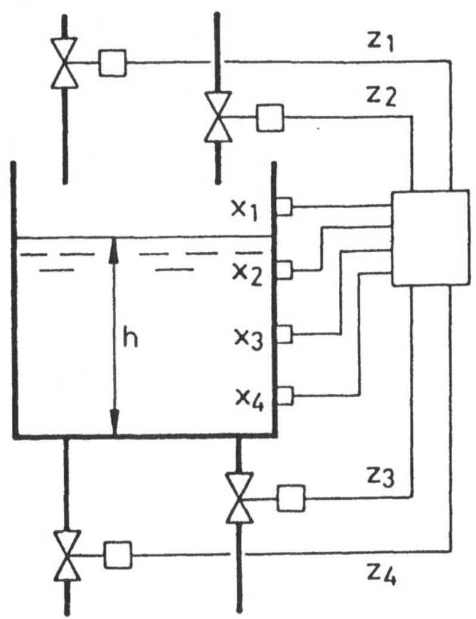

Bild A1.1. Behälter

Tabelle A1.1

Füllstand	Minterme	z_1	z_2	z_3	z_4
$h \geq x_1$	$x_1 x_2 x_3 x_4$	0	0	1	1
$x_1 > h \geq x_2$	$\overline{x}_1 x_2 x_3 x_4$	1	0	1	1
$x_2 > h \geq x_3$	$\overline{x}_1 \overline{x}_2 x_3 x_4$	0	1	1	0
$x_3 > h \geq x_4$	$\overline{x}_1 \overline{x}_2 \overline{x}_3 x_4$	1	1	0	1
$x_4 > h$	$\overline{x}_1 \overline{x}_2 \overline{x}_3 \overline{x}_4$	1	1	0	0

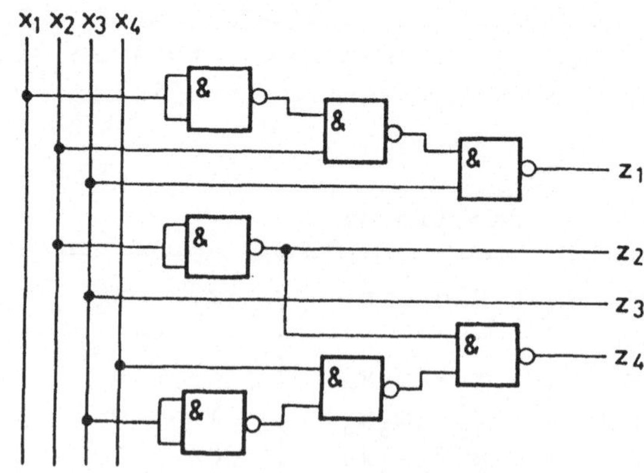

$$z_1 \;=\; \bar{x}_3 \vee \bar{x}_1 x_2 \;=\; x_3 \mid (\bar{x}_1 \mid x_2) \;,$$
$$z_2 \;=\; \bar{x}_2 \;,\quad z_3 \;=\; x_3 \;,$$
$$z_4 \;=\; x_2 \vee \bar{x}_3 x_4 \;=\; \bar{x}_2 \mid (\bar{x}_3 \mid x_4) \;.$$

Bild A1.2. K-Diagramme

Bild A1.3. Logikplan

Aufgabe 2

Es soll eine Schaltung mit zwei Ausgängen entworfen werden,
mit der die Zahlen

$$A = a_0 2^0 + a_1 2^1 \quad \text{und} \quad B = b_0 2^0 + b_1 2^1 + b_2 2^2$$

verglichen werden können. Die Schaltung soll $z_1 = 1$ zeigen,
wenn $A \geq B$ und sie soll $z_2 = 1$ anzeigen, wenn $A \leq B$.

Die Aufgabenformulierung sowie der Schaltungsentwurf wird
mittels K-Diagrammen durchgeführt.

Anmerkung: Es sind K-Diagramme für vier Variable (a_0, a_1, b_0, b_1)
ausreichend, für die jeweils $b_2 = 0$ vorausgesetzt wird. Damit werden die Dezimalzahlen 0,1,2,3 dargestellt. Die Spalten
der K-Diagramme für $b_2 = 1$ würden die Zahlen $B = 4,5,6,7$
darstellen und entsprechend der Aufgabenstellung würden diese
K-Diagramme für $A \geq B$ nur Nullen und im anderen Fall nur
Einsen enthalten.

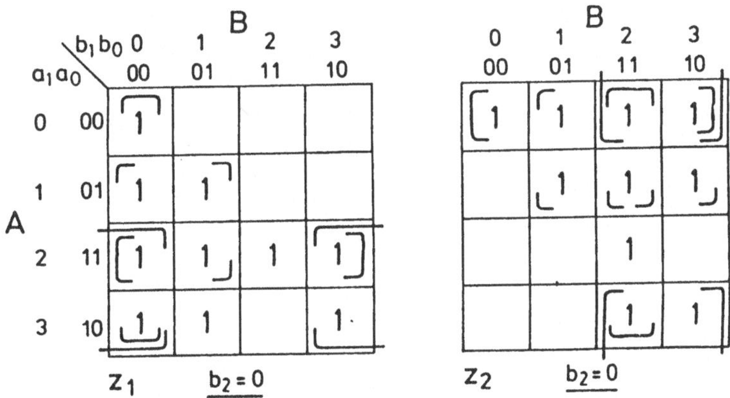

Bild A1.4. K-Diagramme

Den K-Diagrammen werden die folgenden Schaltfunktionen entnommen:

$$z_1 = \bar{b}_2 \, (\bar{b}_0 \bar{b}_1 \vee a_0 \bar{b}_1 \vee a_1 \bar{b}_1 \vee a_1 \bar{b}_0 \vee a_0 a_1) \, ,$$
$$z_2 = b_2 \vee \bar{a}_0 \bar{a}_1 \vee b_0 b_1 \vee \bar{a}_1 b_0 \vee \bar{a}_1 b_1 \vee \bar{a}_0 b_1 \, .$$

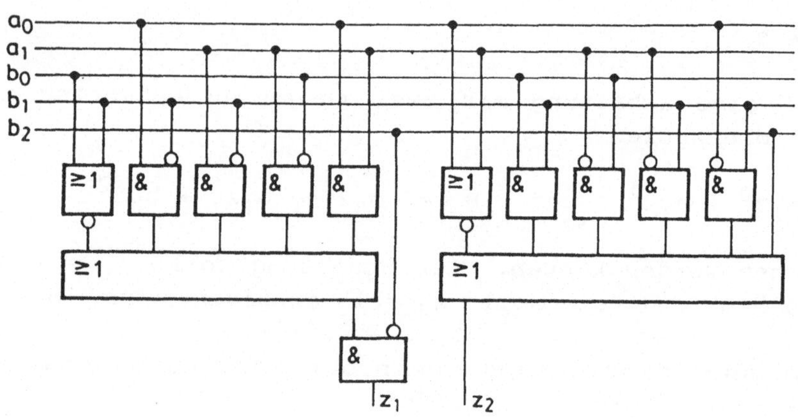

Bild A1.5. Logikplan

Aufgabe 3

Einem Behälter, dessen Füllstand durch eine Regelung konstant
gehalten wird, kann von verschiedenen Verbrauchern über vier
unterschiedliche Leitungen Flüssigkeit entnommen werden. Die
Durchflüsse der Leitungen sind $Q_1 = 85$ l/min, $Q_2 = 75$ l/min,
$Q_3 = 50$ l/min, $Q_4 = 20$ l/min.   Das vollständige Öffnen der
Ventile in den einzelnen Leitungen wird durch binäre Signale
$x_1,\ldots,x_4$ angezeigt, die einer Steuerung zugeführt werden; das
Signal $x_i = 1$ bedeutet Ventil offen. Zur Vereinfachung der
Aufgabenstellung sei angenommen, daß gleichzeitiges Öffnen von
Ventilen nicht vorkommen kann.

Es soll eine Steuerung mit den Ausgängen ' $z_j = z_j(x_1,\ldots,x_4)$
entworfen werden, wobei jedem Ventil ein Signal $z_1,\ldots,z_4$
zugeordnet ist. Die Steuerung soll verhindern, daß dem Behälter mehr als 135 l/min entnommen wird. Wenn bereits Ventile
offen sind, dann sollen jene Ventile blockiert werden, deren
Öffnen ein Überschreiten der zugelassenen Entnahme verursachen
würde. Das Blockieren eines Ventils soll durch $z_j = 1$ veranlaßt werden.

Die Aufgabenbeschreibung wird am besten mit einer Schalttabelle (Tabelle A1.2) vorgenommen. Eingangsbelegungen, die einem
Durchfluß von mehr als 135 l/min entsprechen, können nicht
vorkommen. Die Steuerung soll sowohl mittels UND- und ODER-
Gatter als auch aus NOR-Gattern aufgebaut werden.

Tabelle A1.2. Schalttabelle

85	75	50	20					
x_1	x_2	x_3	x_4		z_1	z_2	z_3	z_4
0	0	0	0		0	0	0	0
0	0	0	1		0	0	0	0
0	0	1	0		0	0	0	0
0	0	1	1		1	1	0	0
0	1	0	0		1	0	0	0
0	1	0	1		1	0	1	0
0	1	1	0		1	0	0	1
0	1	1	1	145	−	−	−	−
1	0	0	0		0	1	0	0
1	0	0	1		0	1	1	0
1	0	1	0		0	1	0	1
1	0	1	1	155	−	−	−	−
1	1	0	0	160	−	−	−	−
1	1	0	1	180	−	−	−	−
1	1	1	0	210	−	−	−	−
1	1	1	1	230	−	−	−	−

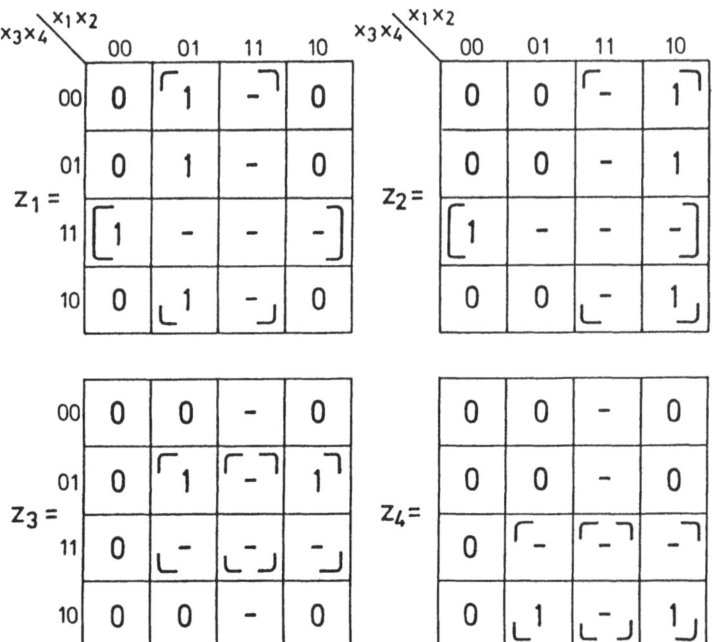

Bild A1.6. K-Diagramme

Den K-Diagrammen Bild A1.6 werden die folgenden Schaltfunktionen entnommen:

$$z_1 = x_2 \lor x_3 x_4 = (x_2 \lor x_3)(x_2 \lor x_4) \; ,$$
$$z_2 = x_1 \lor x_3 x_4 = (x_1 \lor x_3)(x_1 \lor x_4) \; ,$$
$$z_3 = x_1 x_4 \lor x_2 x_4 = x_4(x_1 \lor x_2) \; ,$$
$$z_4 = x_1 x_3 \lor x_2 x_3 = x_3(x_1 \lor x_2) \; .$$

Damit haben sich gleichzeitig auch die konjunktiven Minimalformen ergeben, woraus der Schaltungsentwurf mit NOR-Gattern
vorgenommen werden kann:

$$z_1 = (x_2 \downarrow x_3) \downarrow (x_2 \downarrow x_4), \qquad z_2 = (x_1 \downarrow x_3) \downarrow (x_1 \downarrow x_4),$$
$$z_3 = (x_1 \downarrow x_2) \downarrow \bar{x}_4 \; , \qquad z_4 = (x_1 \downarrow x_2) \downarrow \bar{x}_3 \; .$$

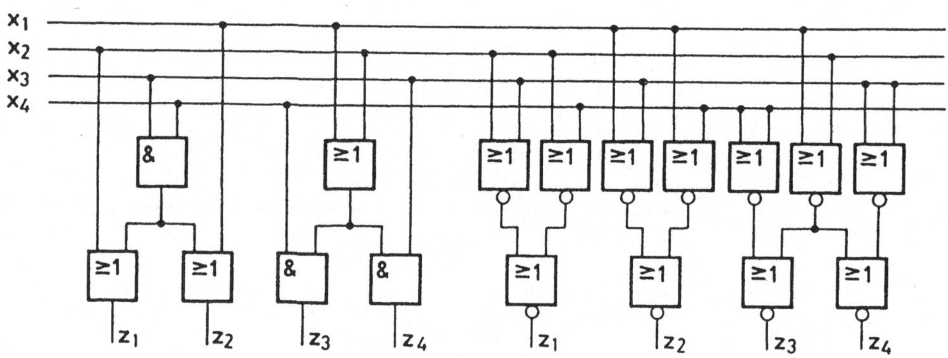

Bild A1.7. Logikpläne

Aufgabe 4

Es sei angenommen, daß innerhalb einer Automatisierungsein-
richtung die Dezimalzahlen 0 bis 27 in binärer Kodierung an-
fallen können. Es ist eine Schaltung mit drei Ausgängen zu
entwerfen, die feststellt, ob diese Zahlen jeweils durch 6,8
und 9 ohne Rest teilbar sind. Im ersten Fall soll $z_1 = 1$, im
zweiten Fall soll $z_2 = 1$ und im dritten Fall soll $z_3 = 1$
sein. Zur hardwaremäßigen Realisierung sind nur UND-, ODER-
und NOR-Gatter mit jeweils zwei Eingängen verfügbar.

Durch 6 sind teilbar: 6, 12, 18, 24; ($z_1 = 1$),
durch 8 sind teilbar: 8, 16, 24; ($z_2 = 1$),
durch 9 sind teilbar: 9, 18, 27; ($z_3 = 1$).

Eingangsvariable: x_1 x_2 x_3 x_4 x_5

                      2^4 2^3 2^2 2^1 2^0

Zur besseren Übersicht werden die drei Funktionen zunächst in
ein gemeinsames K-Diagramm eingetragen. Sodann erfolgt die
Minimierung der drei Schaltfunktionen mittels K-Diagrammen
nach Pessen. Die damit erhaltenen Minimalformen müssen dann so
umgeformt werden, daß eine Realisierung mittels der verfügba-
ren Gatter möglich ist.

x_4x_5 \ $x_1x_2x_3$	000	001	011	010	110	111	101	100
00	0	4	12 Z_1	8 Z_2	24 Z_1,Z_2	—	20	16 Z_2
01	1	5	13	9 Z_3	25	—	21	17
11	3	7	15	11	27 Z_3	—	23	19
10	2	6 Z_1	14	10	26	—	22	18 Z_1,Z_3

Bild A1.8. K-Diagramm zur Aufgabenbeschreibung

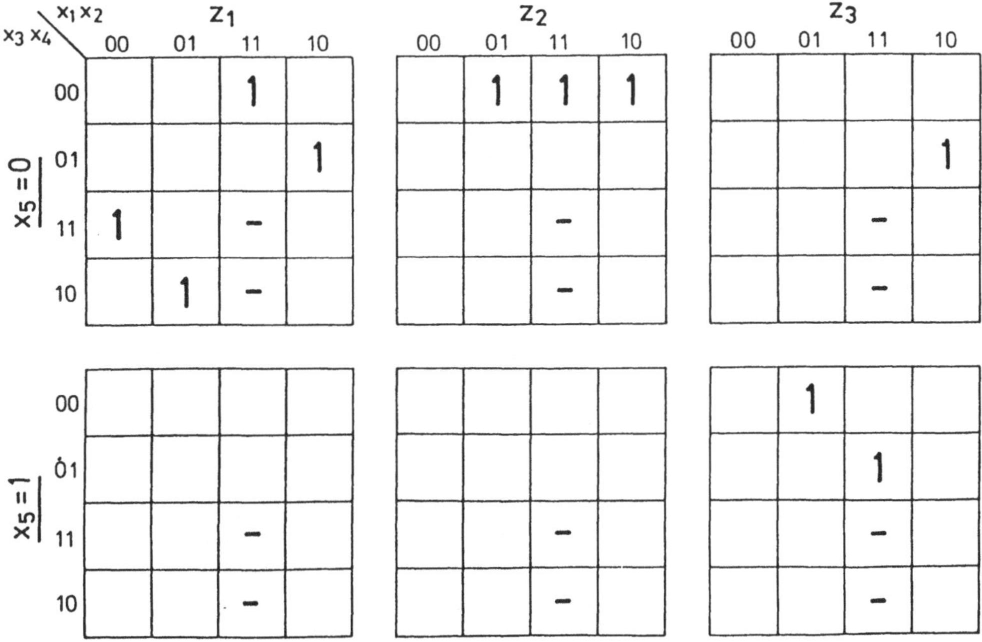

Bild A1.9. K-Diagramme

Den K-Diagrammen Bild A1.9 werden die folgenden Schaltfunktionen entnommen:

$$z_1 = x_1 x_2 \bar{x}_4 \bar{x}_5 \lor x_2 x_3 \bar{x}_4 \bar{x}_5 \lor \bar{x}_1 \bar{x}_2 x_3 x_4 \bar{x}_5 \lor x_1 \bar{x}_2 \bar{x}_3 x_4 \bar{x}_5 \ ,$$
$$z_2 = x_1 \bar{x}_3 \bar{x}_4 \bar{x}_5 \lor x_2 \bar{x}_3 \bar{x}_4 \bar{x}_5 \ ,$$
$$z_3 = x_1 x_2 x_4 x_5 \lor x_1 \bar{x}_2 \bar{x}_3 x_4 \bar{x}_5 \lor \bar{x}_1 x_2 \bar{x}_3 \bar{x}_4 x_5 \ .$$

Die Umformung auf Verwendung von UND-, ODER- und NOR-Gatter
mit je zwei Eingängen ergibt (es bestehen verschiedene Möglichkeiten dieser Umformung):

$$\begin{aligned}
z_1 &= (x_1 x_2 \lor x_2 x_3)(\overline{x_4 \lor x_5}) \lor x_4 (\overline{x_2 \lor x_5})(\bar{x}_1 x_3 \lor x_1 \bar{x}_3) \\
&= x_2 (x_1 \lor x_3)(x_4 \downarrow x_5) \lor x_4 (x_2 \downarrow x_5)((x_1 \downarrow x_3) \downarrow x_1 x_3) \ ,
\end{aligned}$$

$$z_2 = (\overline{x_4 \lor x_5})(x_1 \bar{x}_3 \lor x_2 \bar{x}_3) = (x_4 \downarrow x_5)(x_1 \lor x_2)\bar{x}_3 \ ,$$

$$z_3 = x_1 x_4 ((x_2 \lor x_3) \downarrow x_5) \lor x_2 x_5 (x_1 x_4 \lor (x_1 \lor x_3) \downarrow x_4) \ .$$

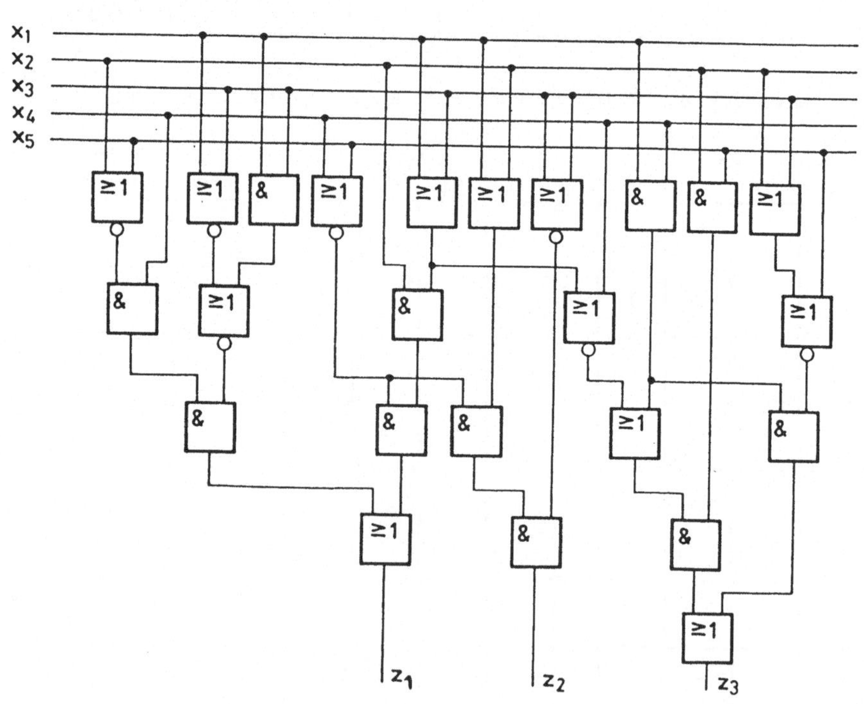

Bild A1.10. Logikplan

Aufgabe 5

Zur Informationsübertragung zwischen zwei Meßgeräten diene ein
bit-paralleler Datenbus. Der Zeichenvorrat der Daten beschrän-
ke sich auf die Dezimalzahlen 0 bis 9, die als Binärzahlen
kodiert übertragen werden sollen. Zur Absicherung der Übertra-
gung soll als zusätzliche Prüfinformation die Bit-Quersumme
der Basisinformation mit übertragen werden. Diese gegenüber
der Praxis stark reduzierte Prüfmöglichkeit wurde zur Vereinfachung der Aufgabe gewählt.

Als Aufgabenstellung ist für die Geberseite eine Schaltung zur
Bildung der Bit-Quersumme und für das empfangende Gerät eine
Schaltung zu entwerfen, die am Ausgang das Signal z = 1
liefert, wenn einerseits das empfangene Signal aus dem Werte-
vorrat 0 bis 9 stammt und wenn andererseits die Bit-Quersumme
korrekt ist. Letztere Teilschaltung soll demnach einen Soll-
Istwert-Vergleich der Quersummen durchführen. Der Ausfall des
Signals z = 1 würde eine Alarmmeldung zur Folge haben.

Tabelle A1.3. Schalttabelle

| | | | | | Bit-Quersumme | | |
| | | | | | dez. | binär | |
j	x_1	x_2	x_3	x_4		q_1	q_2
0	0	0	0	0	0	0	0
1	0	0	0	1	1	0	1
2	0	0	1	0	1	0	1
3	0	0	1	1	2	1	0
4	0	1	0	0	1	0	1
5	0	1	0	1	2	1	0
6	0	1	1	0	2	1	0
7	0	1	1	1	3	1	1
8	1	0	0	0	1	0	1
9	1	0	0	1	2	1	0

Der Entwurf der Schaltung zur Bildung der Bit-Quersumme erfolgt mit den K-Diagrammen des Bildes A1.11.

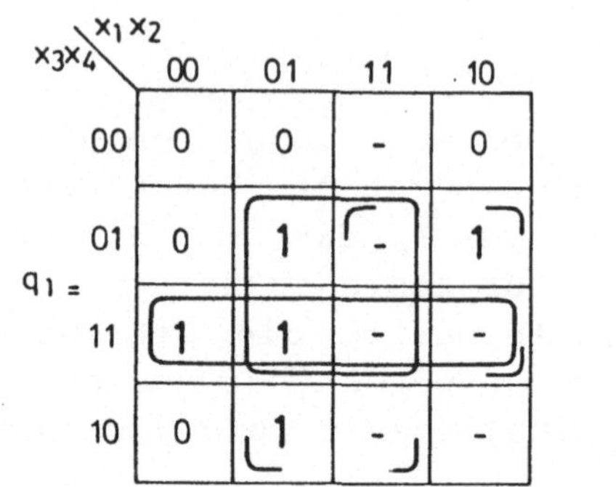

$$q_1 = x_1x_4 \vee x_2x_4 \vee x_3x_4 \vee x_2x_3 = x_4(x_1 \vee x_2 \vee x_3) \vee x_2x_3 ,$$
$$q_2 = x_1\bar{x}_4 \vee x_2\bar{x}_3\bar{x}_4 \vee \bar{x}_2x_3\bar{x}_4 \vee \bar{x}_1\bar{x}_2\bar{x}_3x_4$$
$$= \bar{x}_4(x_1 \vee x_2\bar{x}_3 \vee \bar{x}_2x_3) \vee x_4(x_2x_3 \vee \bar{x}_1\bar{x}_2\bar{x}_3) .$$

Bild A1.11. K-Diagramme

Der Entwurf der Schaltung im Empfängergerät zur Feststellung
ob die empfangene Information aus dem festgelegten Wertevorrat stammt (wenn ja dann $z_1 = 1$), erfolgt mit dem K-Diagramm
Bild A1.12; die Schaltung zum Vergleich der Bit-Quersummen
($z_2 = 1$) wird mit Bild A1.13 entworfen. Übertragene Quersumme: q_1, q_2; aus den empfangenen Basisinformationen berechnete
Quersumme: r_1, r_2. Die gesuchte Schaltung benötigt schließlich noch die Konjunktion $z = z_1z_2$.

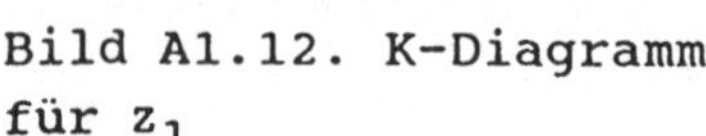

$$z_1 = \bar{x}_1 \vee \bar{x}_2\bar{x}_3$$
$$= x_1(x_2 \vee x_3)$$

Bild A1.12. K-Diagramm
für z_1

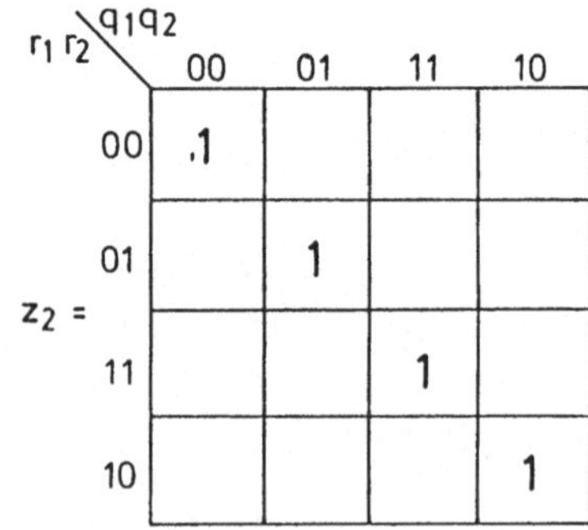

$$z_2 = \bar{q}_1\bar{q}_2\bar{r}_1\bar{r}_2 \vee \bar{q}_1q_2\bar{r}_1r_2$$
$$\vee q_1q_2r_1r_2 \vee q_1\bar{q}_2r_1\bar{r}_2$$

Bild A1.13. K-Diagramm
für z_2

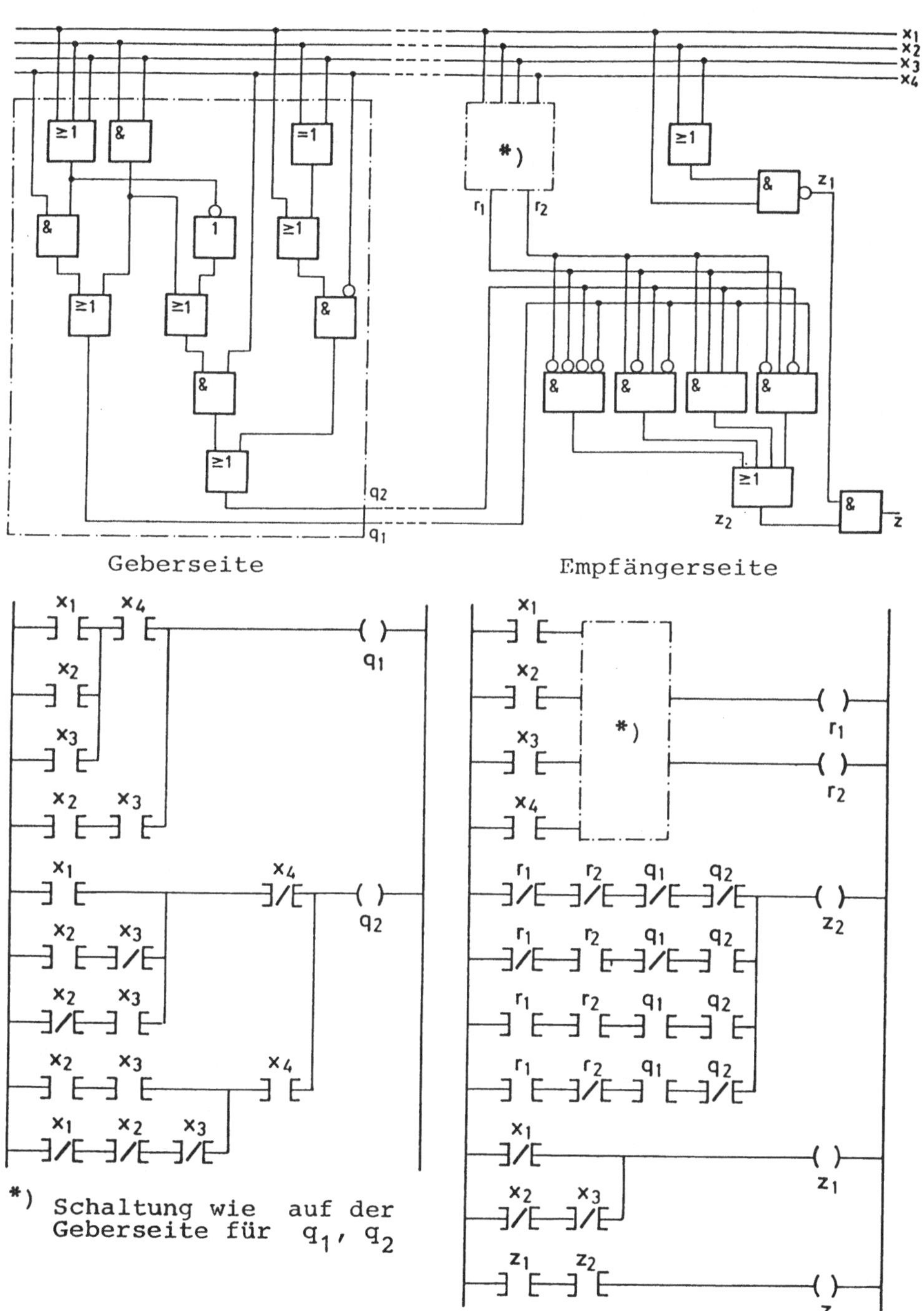

Bild A1.14. Logikplan und Kontaktplan

Anhang 2 Übungsaufgaben zu Kapitel 9

Aufgabe 1

Eine asynchrone sequentielle Schaltung soll das Eingangswort
(00,01,11) erkennen und bei der letzten Eingangsbelegung dieses Eingangswortes mit z = 1 reagieren ("Zwei vor Eins" Schaltung). In Bild 9.16b (S.164) wurde für diese Aufgabenstellung
bereits die primitive Flußtabelle Bild A2.1 erhalten (wobei
doppelter Signalwechsel ausgeschlossen war). Die aus dieser
Tabelle resultierenden Verschmelzungsdiagramme sind ebenfalls
in Bild A2.1 angegeben.

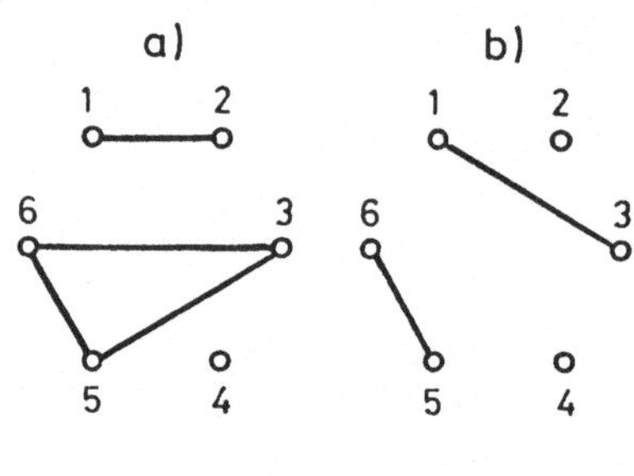

	00	01	11	10	z
1	①	2	-	3	0
2	1	②	4	-	0
3	1	-	5	③	0
4	-	6	④	3	1
5	-	6	⑤	3	0
6	1	⑥	5	-	0

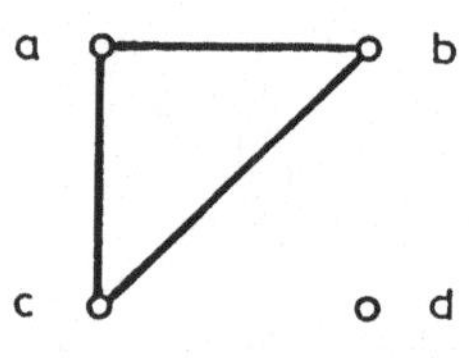

	00	01	11	10	
1 - 2	①	②	4	3	a
3-5-6	1	⑥	⑤	③	b
4	-	6	④	3	c
	-	-	-	-	d

Bild A2.1. Flußtabellen, Verschmelzungsdiagramme und Übergangsdiagramm

Man sieht, daß auch die Zeilen 1 und 3 verschmolzen werden
könnten; allerdings ist die Verschmelzungsmöglichkeit a) die
günstigere. Bild A2.1 zeigt auch die verschmolzene Flußtabelle und das Übergangsdiagramm. Daraus erkennt man zunächst,
daß eine wettlauffreie Kodierung ohne Verwendung eines instabilen Hilfszustands in Zeile d nicht möglich ist. Dies ist
allerdings problemlos, weil durch das Verschmelzen diese Zeile
nur redundante Felder enthält. Man nimmt also z.B. die in Bild
A2.2 angegebene Kodierung vor.

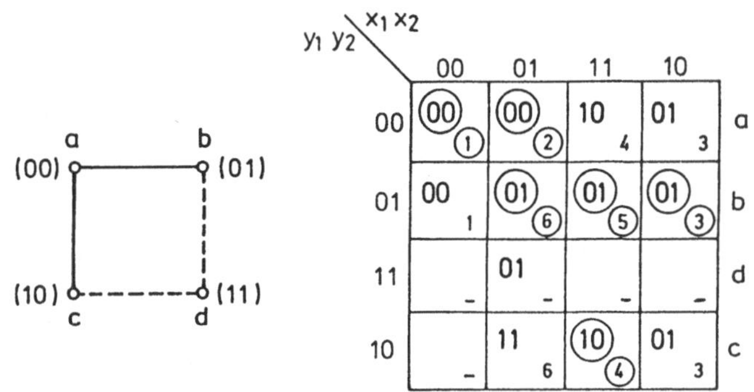

Bild A2.2. Kodierte Flußtabelle und Zustandstabelle

In der vierten Spalte der kodierten Flußtabelle gibt es nur
den einen stabilen Zustand ③ ; es sind daher dort nur unkri-
tische Wettläufe möglich und das redundante Feld in der Zeile
d der vierten Spalte braucht daher für einen instabilen Zwischenzustand nicht verwendet zu werden. Man erhält die Speicherdiagramme des Bildes A2.3.

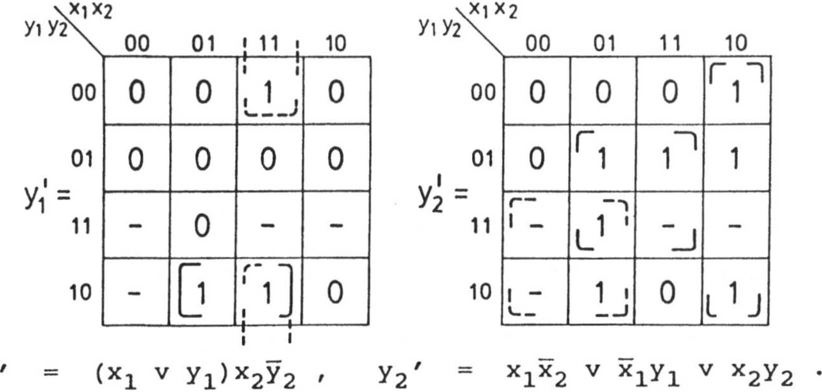

$$y_1' = (x_1 \vee y_1) x_2 \bar{y}_2 \, , \qquad y_2' = x_1 \bar{x}_2 \vee \bar{x}_1 y_1 \vee x_2 y_2 \, .$$

Bild A2.3. Speicherdiagramme und Speichergleichungen

Schließlich erhält man die hier sehr einfache Ausgabetabelle
und daraus die Ausgangsgleichung.

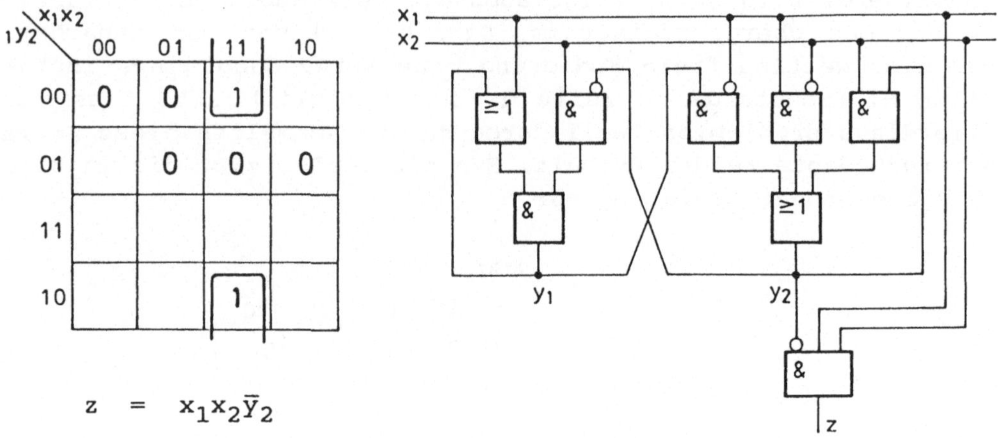

$$z = x_1 x_2 \bar{y}_2$$

Bild A2.4. Ausgabe-
tabelle

Bild A2.5. Logikplan

Es fällt dem Leser vielleicht auf, daß die hier entworfene
Steuerung im Gegensatz zu der Schaltung in Bild 9.3, die mit
einem Speicher auskommt, nun zwei Speicher benötigt. Dies ist
deshalb der Fall, weil auf Seite 164 beim Aufstellen der primitiven Flußtabelle Bild 9.16b darauf geachtet wurde, daß
ausschließlich die Sequenz (00, 01, 11) nicht aber z.B. die
Sequenz (00,01,11,01,11) erkannt wird, daß also nicht in die
aufgabengemäß vorgeschriebene Sequenz zurückgesprungen werden
kann. Darauf wurde auch schon auf Seite 145 hingewiesen.

Aufgabe 2

Im Bild 9.17 (S.164) wurde für die sog. Zweihand-Sicherheitssteuerung, die das Wort (00,11) erkennen muß, die primitive
Flußtabelle aufgestellt; sie ist in Bild A2.6 nochmals wiedergegeben. Die vollständige Steuerung soll entworfen werden.

Es ergibt sich nur eine Verschmelzungsmöglichkeit, die zu der
in Bild A2.6 angegebenen verschmolzenen Flußtabelle führt. Je
nach der nun vorgenommenen Kodierung erhält man daraus zwei
verschiedene Schaltungen (Bild A2.7).

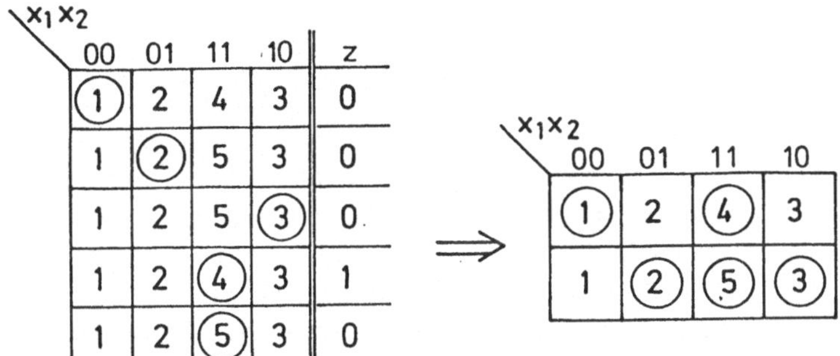

Bild A2.6. Primitive und verschmolzene Flußtabelle

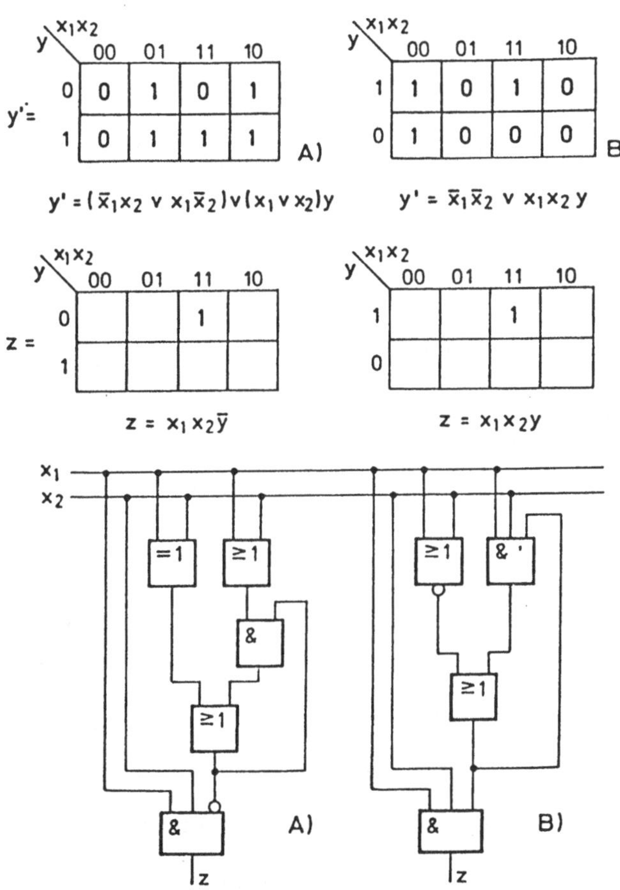

Bild A2.7. Speicherdiagramme, Ausgabetabellen und
Logikpläne der Zweihand-Sicherheitssteuerung

Aufgabe 3

Zur Positions- und Winkelbestimmung an Werkzeugmaschinen werden häufig inkrementale Geber verwendet. Dabei wird ein auf
einer Scheibe eingeätztes Strichgitter z.B. photoelektrisch
abgetastet, wodurch bei Drehung der Scheibe eine Rechteckim-
pulsfolge erzeugt wird. Zur Erkennung der Drehrichtung wird
durch ein zweites Strichgitter zusätzlich eine um eine halbe
Impulsbreite versetzte Impulsfolge erzeugt. Aus diesen beiden
Impulsfolgen kann durch Vorwärts-/Rückwärtszähler die Position
der Scheibe bestimmt werden. Durch eine sequentielle Schaltung
kann Rechts- oder Linksdrehung festgestellt werden. Es entstehen die im Bild A2.8 dargestellten Impulse.

Es soll eine Schaltung mit
zwei Eingängen und zwei
Ausgängen so entworfen werden, daß die Rechts- oder
Linksdrehung nach einer
halben Impulsbreite erkannt
wird. Die Schaltung soll
z.B. so entworfen werden,
daß die Impulsfolge von x_1
bei einer Rechtsdrehung am
Ausgang z_1 und bei Links-

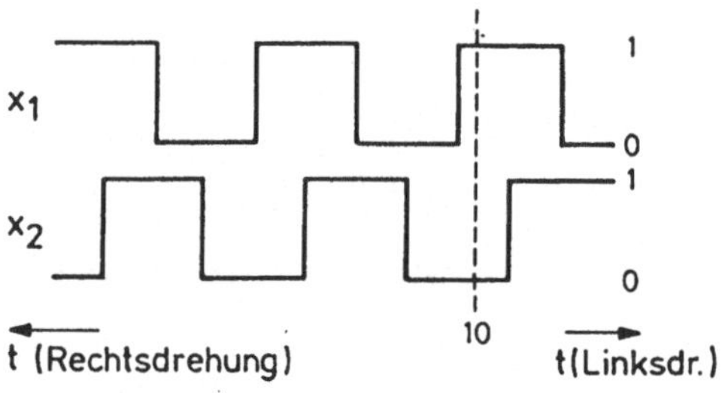

Bild A2.8. Impulsfolgen

drehung am Ausgang z_2 erscheint. Da die Drehrichtung nach
einer halben Impulsbreite festgestellt werden soll, muß die
Schaltung jeweils eines der folgenden Eingangsworte erkennen
(siehe Bild A2.8):

Rechtsdrehung:
$(00,01);(01,11);(11,10);(10,00) \rightarrow z_1 = x_1;$
Linksdrehung:
$(00,10);(10,11);(11,01);(01,00) \rightarrow z_2 = x_1.$

Diese Aufgabenstellung stimmt z.T. mit der Aufgabe des Beispiels 1, Bild 9.1, (S.142) überein.

In Bild A2.9 wird die Aufgabe in der primitiven Flußtabelle
formuliert. Das Bild enthält auch die verschmolzene Flußtabelle sowie das Übergangsdiagramm. Dieses stimmt mit dem der
vorhergehenden Aufgabe überein und es wird daher sinngemäß
wie dort kodiert.

	00	01	11	10	$z_1\,z_2$
1	①	2	–	5	0 0
2	1	②	3	–	0 0
3	–	2	③	4	1 0
4	1	–	6	④	1 0
5	1	–	6	⑤	0 1
6	–	2	⑥	4	0 1

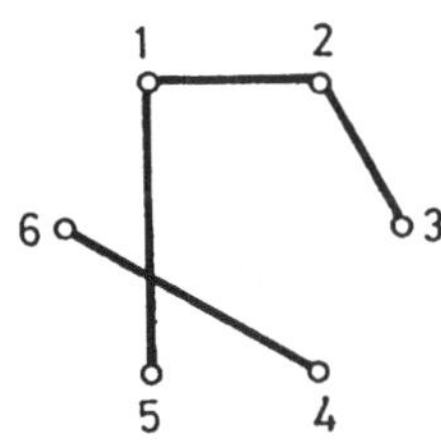

	00	01	11	10	
1 - 5	①	2	6	⑤	a
4 - 6	1	2	⑥	④	b
2 - 3	1	②	③	4	c
	–	–	–	–	d

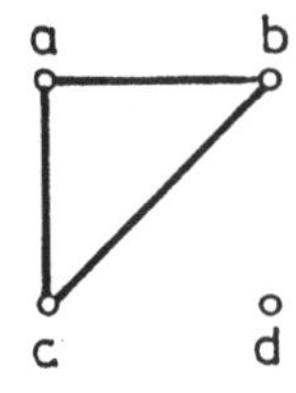

Bild A2.9. Flußtabellen, Verschmelzungs-
und Übergangsdiagramm

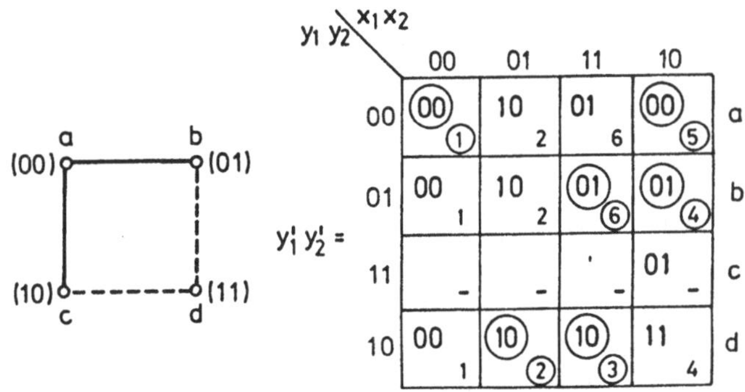

Kodierte Flußtabelle ($y_1'\,y_2'$), Spalten $x_1 x_2$ = 00, 01, 11, 10:

	00	01	11	10	
00	⑳ (00) ①	10 2	01 6	⑳ (00) ⑤	a
01	00 1	10 2	(01) ⑥	(01) ④	b
11	–	–	–	01	c
10	00 1	(10) ②	(10) ③	11 4	d

Bild A2.10. Kodierte Flußtabelle
und Zustandstabelle

Der ansonsten in der vierten Spalte mögliche kritische Wettlauf wurde durch die Verwendung eines instabilen Zwischenzustands in der Zeile d vermieden. Aus der Zustandstabelle liest man folgende Zustandsgleichungen ab:

$$y_1' = \bar{x}_1 x_2 \lor x_1 y_1 \bar{y}_2 \,, \qquad y_2' = x_1 y_2 \lor x_1 x_2 \bar{y}_1 \lor x_1 \bar{x}_2 y_1 \cdot$$

Nach den früher besprochenen Regeln erhält man die Ausgabetabelle bzw. die Ausgangsgleichungen.

$$z_1 = x_1y_1 \vee \bar{x}_2y_2 ,$$

$$z_2 = x_2y_2 \vee x_1\bar{y}_1\bar{y}_2 .$$

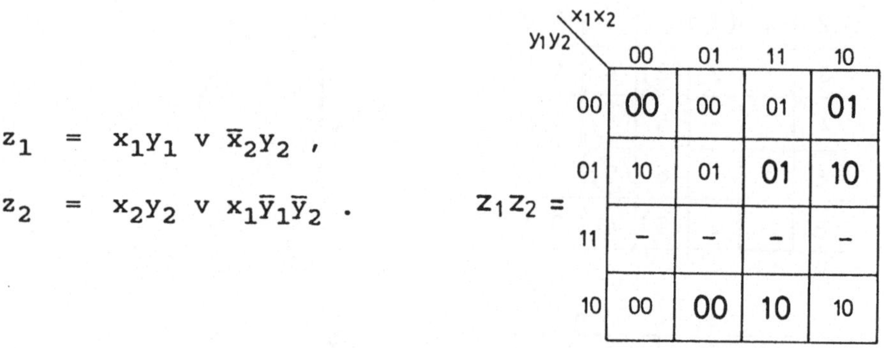

Bild A2.11. Ausgabetabelle und Ausgangsgleichungen

Aufgabe 4

Ähnlich wie in der vorhergehenden Aufgabe ist eine sequentielle Schaltung zur Drehrichtungserkennung zu entwerfen. Die zu
erkennenden Eingangsworte sind dieselben wie in der Aufgabe 3.
Es sei jedoch eine Schaltung mit nur einem Ausgang zu entwerfen, die bei Linksdrehung ein Alarmsignal $z = 1$ abgibt.

Linksdrehung:
$(00,10);(10,11);(11,01);(01,00) \rightarrow z = 1 ;$
Rechtsdrehung:
$(00,01);(01,11);(11,10);(10,00) \rightarrow z = 0 .$

In Bild A2.12 wird die Aufgabe in der primitiven Flußtabelle
formuliert. Das Bild enthält auch die verschmolzene Flußtabelle sowie das Übergangsdiagramm. Aus der hier sehr einfach
möglichen Kodierung erhält man die wettlauffreie Zustandstabelle Bild A2.13 und daraus die Speichergleichungen.

Es werde schließlich vorgeschrieben, daß zur Realisierung der
Speicherfunktionen RS-Flipflops verwendet werden sollen. Die
dafür nötigen Setz- und Rücksetzfunktionen können den Spei-
cherdiagrammen Bild A2.14, eigentlich aber auch schon den
Speichergleichungen direkt entnommen werden.

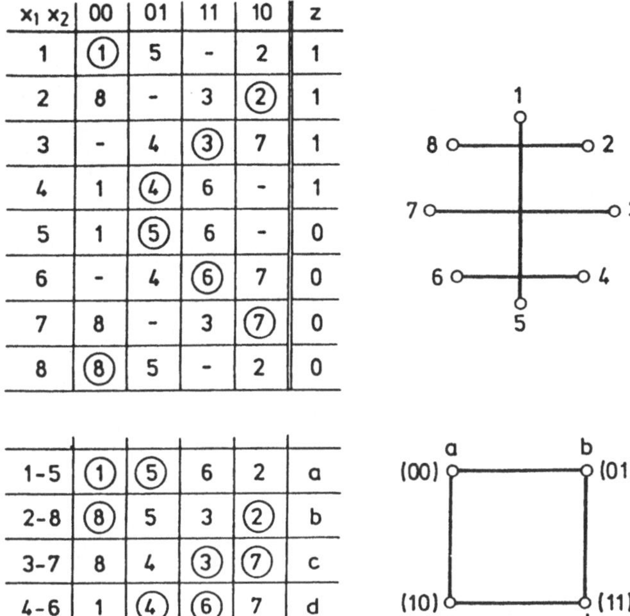

$x_1 x_2$	00	01	11	10	z
1	①	5	-	2	1
2	8	-	3	②	1
3	-	4	③	7	1
4	1	④	6	-	1
5	1	⑤	6	-	0
6	-	4	⑥	7	0
7	8	-	3	⑦	0
8	⑧	5	-	2	0

1-5	①	⑤	6	2	a
2-8	⑧	5	3	②	b
3-7	8	4	③	⑦	c
4-6	1	④	⑥	7	d

Bild A2.12. Flußtabellen, Verschmelzungs- und Übergangsdiagramm

$$y_1' = x_1 x_2 \vee (x_1 \vee x_2) y_1$$

$$y_2' = x_1 \overline{x}_2 \vee (x_1 \vee \overline{x}_2) y_2$$

$y_1 y_2$ \ $x_1 x_2$	00	01	11	10
00	00	00	10	01
01	01	00	11	01
11	01	10	11	11
10	00	10	10	11

$y_1' y_2' =$

Bild A2.13. Speicherdiagramm und Speichergleichungen

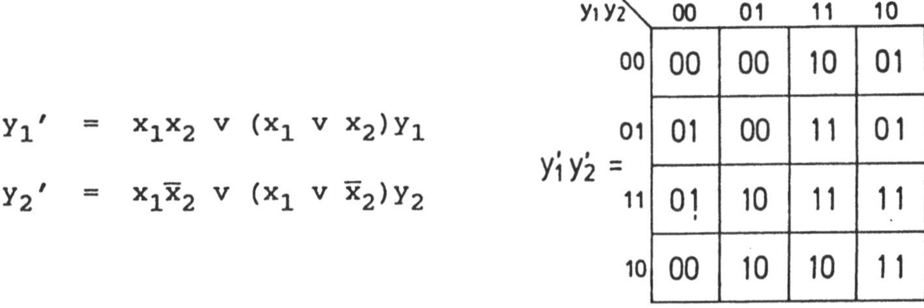

$$S_1 = x_1 x_2$$
$$R_1 = \overline{x}_1 \overline{x}_2$$
$$S_1 = x_1 \overline{x}_2$$
$$R_1 = \overline{x}_1 x_2$$

y_1 \ $x_1 x_2$	00	01	11	10
0			1	
1		1	1	1

$y_1' =$

y_2 \ $x_1 x_2$	00	01	11	10
0				1
1	1		1	1

$y_2' =$

Bild A2.14. Setz- und Rücksetzfunktionen für die RS-FFs

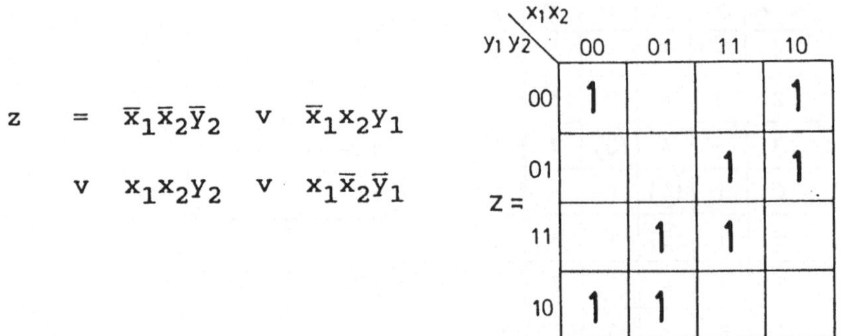

$$z = \overline{x}_1\overline{x}_2\overline{y}_2 \quad \vee \quad \overline{x}_1 x_2 y_1$$

$$\vee \quad x_1 x_2 y_2 \quad \vee \quad x_1 \overline{x}_2 \overline{y}_1$$

Bild A2.15. Hazardfreie Ausgabetabelle
und Ausgangsgleichungen

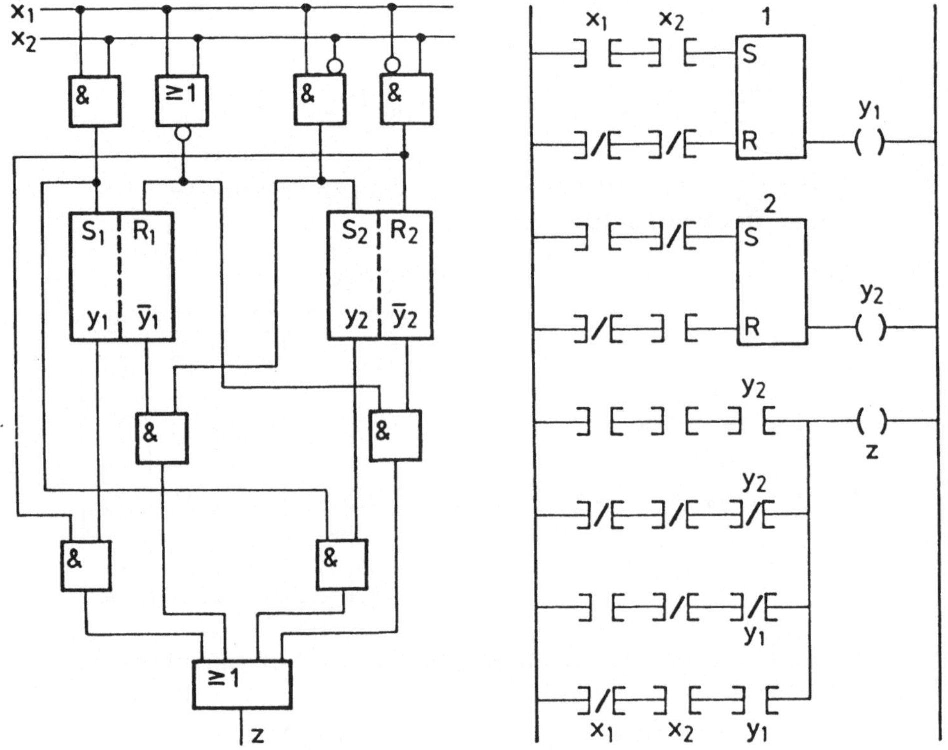

Bild A2.16. Logikplan und Kontaktplan

Aufgabe 5

Auf einem Förderband wer-
den Gegenstände unter-
schiedlicher Länge trans-
portiert. Eine Steuerung
soll durch Lichtschranken
L1, L2, L3 diese Gegen-
stände auf ihre Länge hin
erkennen. Die Licht-
schranken sind in den
Abständen A1, A2 montiert
wobei A1 > A2/2. Bei
einer Unterbrechung des
Lichstrahls gibt die

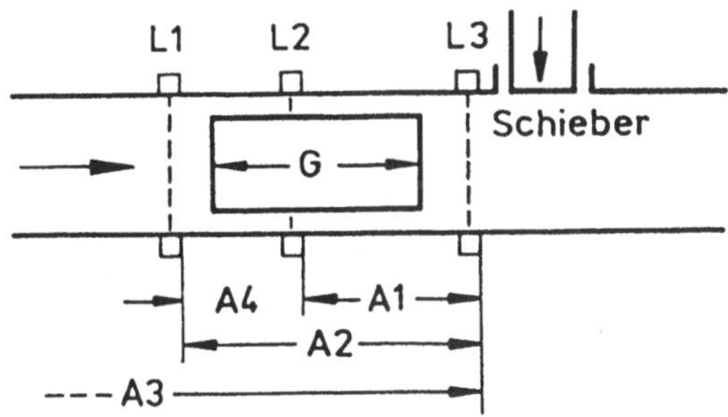

Bild A2.17. Transportband

Schranke Li das Signal $x_i = 1$ ab. Ein Schieber erhält
von der Steuerung die Längeninformation und sortiert die
Gut-Teile aus. Als "gut" (Signal $z = 1$ der Steuerung an den
Schieber) werden alle Gegenstände klassifiziert, die kleiner
als A2 und größer als A1 sind. Das Eins-Signal am Schieber
soll bewirken, daß dieser einmal ausfährt und anschließend in
die Ausgangsstellung zurück fährt (auch dann, wenn das Eins-
Signal weiter anstehen bleibt).

Zwei aufeinander folgende Gegenstände haben mindestens den
Abstand A3 >> A2. Es werden zur Vereinfachung der Aufgabe nur
Quader betrachtet, die ausgerichtet auf dem Band liegen.

Es soll eine sequentielle Steuerung entworfen werden, die in
einer SPS implementiert wird. Es kann daher das nach Pessen
vereinfachte Huffmansche Verfahren nach Abschnitt 9.2 angewendet werden.

Zum Aufstellen der primitiven Flußtabelle müssen zunächst alle
möglichen Sequenzen angeschrieben werden. So kann einerseits
die große Anzahl der grundsätzlich nicht vorkommenden Signalwechsel (don't care) erkannt und vor allem andererseits übersichtlich verhindert werden, daß von einer "Schlecht-Teile-
Sequenz" in die "Gut-Teile-Sequenz" gesprungen wird:

Zu erkennendes Eingangswort:

Gut: (000),(100),(110),(010),(011),(001),(000) → z = 1 ;

Schlecht

G > A2:   (000),(100),(110),(111),(011),(001),(000);
G = A2:   (000),(100),(110),(011),(001),(000);
G = A1:   (000),(100),(110),(010),(001),(000);
A4<G<A1:   (000),(100),(110),(010),(000),(001),(000);
G = A4:   (000),(10C),(010),(000),(001),(000);
G < A4:   (000),(100),(000),(010),(000),(001),(000).

$x_1x_2x_3$

000	001	011	010	110	111	101	100	z
①	10	–	11	–	–	–	2	0
1	–	–	11	3	–	–	②	0
–	–	9	4	③	8	–	–	0
1	10	5	④	–	–	–	–	0
–	6	⑤	–	–	–	–	–	0
7	⑥	–	–	–	–	–	–	0
⑦	–	–	–	–	–	–	2	1
–	–	9	–	–	⑧	–	–	0
–	10	⑨	–	–	–	–	–	0
1	⑩	–	–	–	–	–	–	0
1	–	–	⑪	–	–	–	–	0

Bild A2.18. Primitive Flußtabelle und
zwei Verschmelzungsmöglichkeiten

Bild A2.18 enthält zwei der möglichen Verschmelzungen; es wird
die Möglichkeit a) gewählt, was auf die verschmolzene Flußtabelle Bild A2.19 führt, die nun entsprechend den vier nötigen
FF-Funktionen kodiert wird.

	000	001	011	010	110	111	101	100	
1, 2, 8, 9, 10, 11	①	⑩	⑨	⑪	3	⑧	–	②	y_1
5, 6, 7	⑦	⑥	⑤	–	–	–	–	2	y_2
3	–	–	9	4	③	8	–	–	y_3
4	1	10	5	④	–	–	–	–	y_4

Bild A2.19. Verschmolzene Flußtabelle

Aus Bild A2.19   können nach den Ausführungen des Abschnittes
9.2   die Setz- und Rücksetzfunktionen sowie die Ausgangsgleichung angeschrieben werden:

$$S_1 \; = \; \overline{x}_1\overline{x}_2\overline{x}_3y_4 \; \vee \; \overline{x}_1\overline{x}_2x_3y_4 \; \vee \; \overline{x}_1x_2x_3y_3 \; \vee \; x_1x_2x_3(y_3) \; \vee \; x_1\overline{x}_2\overline{x}_3$$
$$ \; = \; \overline{x}_1\overline{x}_2y_4 \; \vee \; x_2x_3y_3 \; \vee \; x_1\overline{x}_2\overline{x}_3 \; ,$$
$$S_2 \; = \; \overline{x}_1x_2x_3y_4 \; ,$$
$$S_3 \; = \; x_1x_2\overline{x}_3 \; ,$$
$$S_4 \; = \; \overline{x}_1x_2\overline{x}_3y_3 \; ;$$

$$R_1 \; = \; x_1x_2\overline{x}_3 \; ;$$
$$R_2 \; = \; x_1\overline{x}_2\overline{x}_3 \; ,$$
$$R_3 \; = \; \overline{x}_1x_2x_3y_1 \; \vee \; \overline{x}_1x_2\overline{x}_3y_4 \; \vee \; x_1x_2x_3(y_1) \; = \; x_2x_3y_1 \; \vee \; \overline{x}_1x_2\overline{x}_3y_4 \; ,$$
$$R_4 \; = \; \overline{x}_1\overline{x}_2\overline{x}_3y_1 \; \vee \; \overline{x}_1\overline{x}_2x_3y_1 \; \vee \; \overline{x}_1x_2x_3y_2 \; = \; \overline{x}_1\overline{x}_2y_1 \; \vee \; \overline{x}_1x_2x_3y_2 \; ;$$

$$z \; = \; \overline{x}_1\overline{x}_2\overline{x}_3y_2 \; .$$

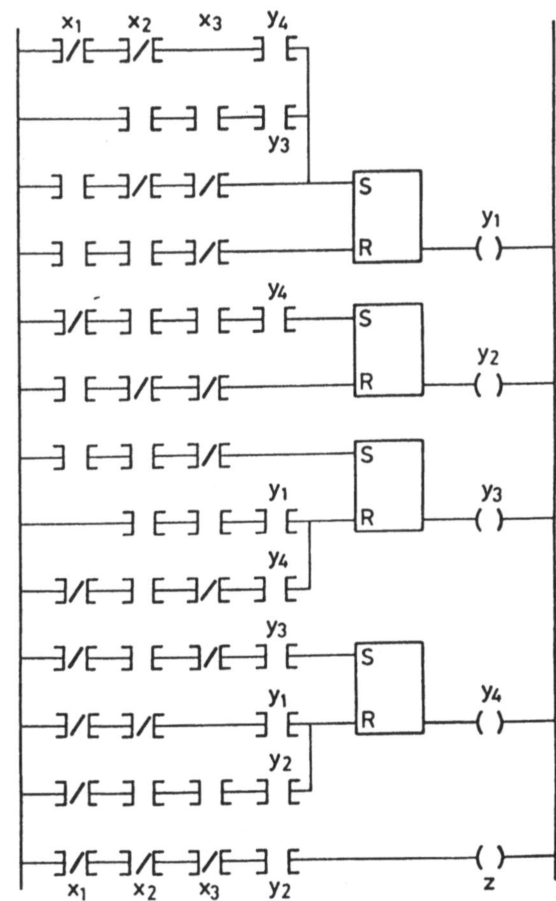

Bild A2.20 Kontaktplan

Anhang 3 Programmierbeispiele zu Kapitel 10

Beispiel 1: Steuerung von drei Förderbändern

Nach Bild A3.1 sind drei Förderbänder zu steuern. Dieses
Beispiel ist dem SIEMENS Katalog ST52 über das SIMATIC S5
Gerät S5-101U (1984) entnommen. Dieselbe Aufgabe wurde auch
von Wellenreuter und Zastrow (1987) als eines der zahlreichen,
in diesem Buch angeführten Beispiele behandelt.

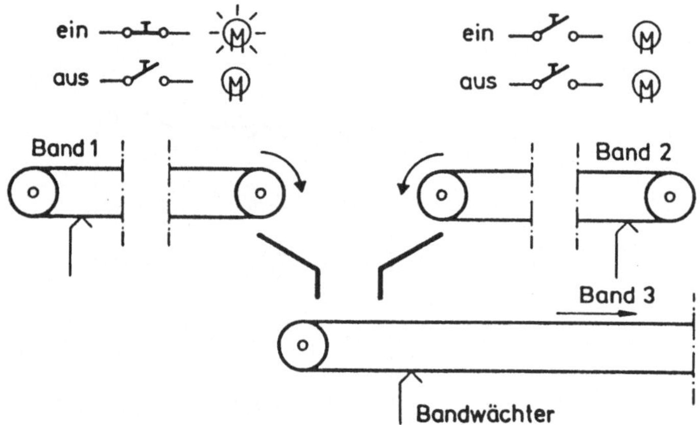

Bild A3.1. Prinzip der Anordnung von drei Förderbändern

Die Aufgabenstellung lautet: Über je zwei Handtasten sollen
sich die Bänder 1 und 2 ein- und ausschalten lassen. Je eine
EIN- und eine AUS-Lampe sollen den Betriebszustand anzeigen.
Die Bänder 1 und 2 dürfen nicht gleichzeitig fördern. Band 3
soll immer dann in Betrieb sein, wenn Band 1 oder Band 2 för-
dert. Nach dem Betätigen einer der Austasten sollen die Bänder
1 bzw. 2 noch 20 s und das Band 3 noch 40 s leerfördern und
dann stillgesetzt werden. Bandwächter signalisieren die Bewegung der Bänder mit einer Pulsfrequenz von etwa 10 Hz. Während
der Anlaufphase von etwa 3 s sollen die Signale nicht ausge-
wertet werden. Fällt während des Betriebes das Bandwächtersignal von Band 1 bzw. Band 2 aus, dann soll der Antrieb von
Band 1 bzw. Band 2 sofort abgeschaltet werden. Band 3 soll

leergefördert und dann (nach 40 s) ebenfalls stillgesetzt werden. Die AUS-Lampe von Band 1 oder Band 2 soll die Störung durch Blinken melden. Fällt während des Betriebes das Bandwächtersignal von Band 3 aus, sind sofort alle Bandantriebe abzuschalten. Die AUS-Lampe des zufördernden Bandes (Band 1 oder 2) soll diese Störung durch Blinken melden. Eine Störungsmeldung soll sich durch Betätigen der zugehörigen AUS-Taste quittieren lassen.

Adressen (Operanden):

Eingänge für 24 V_: Ausgänge für 24 V_:

EIN-Taste für Band 1   EO.0   EIN-Lampe für Band 1   AO.0
EIN-Taste für Band 2   EO.1   EIN-Lampe für Band 2   AO.1

AUS-Taste für Band 1   EO.2   AUS-Lampe für Band 1   AO.2
AUS-Taste für Band 2   EO.3   AUS-Lampe für Band 2   AO.3

Bandwächter Band 1   EO.4   Ausgänge für 220 V_:
Bandwächter Band 2   EO.5
Bandwächter Band 3   EO.6   Antrieb für Band 1   AO.4
                                    Antrieb für Band 2   AO.5
                                    Antrieb für Band 3   AO.6

Neben den in den bisherigen Beispielen verwendeten Operationen werden hier auch die Zeitglieder nach Bild 10.9 b und c benötigt. Mit den in Abschnitt 10.3.1.1 dafür angegebenen Operationen und Operanden lautet die AWL für den Impulsgeber nach Bild 10.9 b:

```
U   E    3.6
L   KT   10.0
SI  T    4
```

und die AWL für die Einschaltverzögerung Bild 10.9 c lautet

```
U   E    3.5     (wenn Eingang E 3.5 = 1)
L   KT   9.2     (lade konstanten Zeitwert 9,0 s)
SE  T    3       (... und starte (setze) Timer T3)
```

Entsprechend der im "Klartext" gegebenen Aufgabenstellung wurde die Steuerung entworfen, am Programmiergerät zunächst als Kontaktplan erstellt und hinsichtlich der Funktion ausge-

testet. Die nachfolgend angegebenen Ausdrucke sind Ergebnis
der durch das Programmiergerät vorgenommenen Querübersetzungen
zwischen den einzelnen Programmdarstellungen. Der Leser möge
versuchen, den Entwurf der Schaltung und sodann die angegebenen Kontaktpläne, Logikpläne und die Anweisungsliste nachzu-
vollziehen. Die Zerlegung in einzelne Netzwerke erweist sich
bei diesem schon etwas komplexeren Beispiel als zweckmäßig.

Kontaktplan

```
NETZWERK 1        0000
!                                         A   0.0
!E  0.0     A  0.1     A  0.6             -------
+---] [---+---]/[---+---]/[---+-!S      !
!                                !       !           EIN-Lampe
!E  0.2                          !       !           Band 1
+---] [---+--------------+-------+-!R    Q!-
!                                         -------
!

NETZWERK 2        0010
!                                         A   0.1
!E  0.1     A  0.0     A  0.6             -------
+---] [---+---]/[---+---]/[---+-!S      !
!                                !       !           EIN-Lampe
!E  0.3                          !       !           Band 2
+---] [---+--------------+-------+-!R    Q!-
!                                         -------
!

NETZWERK 3        0020
!           T  0
!A  0.0      -------
+---] [---+-!T!-!0!
!         ! !     !
!A  0.1   ! !     !              Anlaufzeit (TO)
+---] [---+ !     !
!KT 030.1 --!TW DU!-
!           !   DE!-
!           !     !
!           !     !
!         +-!R   Q!-
!           -------
!
!

NETZWERK 4        0034
!                                T  1
!E  0.4     A  0.0     T  0      -------
+---]/[---+---] [---+---] [---+-!T!-!0!
!                                ! !   !
!E  0.5     A  0.1     T  0      ! !   !   Überwachung
+---]/[---+---] [---+---] [---+ !     !   Bandwächter 1 und 2:
!                   KT 012.0 --!TW DU!-
!                              !   DE!-   10 Hz ≙ 100 ms
!                              !     !
!                              !     !    (T1)
!                              !     !
!                            +-!R   Q!-
!                              -------
!
!
```

```
NETZWERK 5        0052
!                          T  2
!E  0.6    T  0        -------
+---]/[---+---] [---+-!T!-!0!      Überwachung
!         KT 012.0 --!TW DU!-      Bandwächter 3:
!                   !    DE!-
!                   !      !       10 Hz  ≙ 100 ms
!                   !      !
!                   !      !       (T2)
!                 +-!R   Q!-
!                   -------
!

NETZWERK 6        0066
!             T  3
!T  4         -------
+---]/[---+-!1_-_ !
!KT 025.0 --!TW DU!-
!         !    DE!-
!         !      !
!         !      !
!         !      !
!       +-!R   Q!-
!         -------           Erzeugung  des
!                           Blinktaktes 2Hz
NETZWERK 7        0078      (T3, T4)
!             T  4
!T  3         -------
+---]/[---+-!1_-_ !
!KT 025.0 --!TW DU!-
!         !    DE!-
!         !      !
!         !      !
!         !      !
!       +-!R   Q!-
!         -------
!

NETZWERK 8        008A
!
!T  3     T  1                              M  1.0
+---] [---+---] [---+-----------+----------+---( )-!
!         !         !
!         !T  2     !       Merker für Störung;
!         +---] [---+       taktend (M 1.0)
!

NETZWERK 9        0098
!
!A  0.0    M  1.0                           A  0.2
+---] [---+---] [---+-----------+----------+---( )-!
!         !         !
!A  0.0             !       AUS-Lampe Band 1
+---]/[---+---------+
!

NETZWERK 10       00A2
!
!A  0.1    M  1.0                           A  0.3
+---] [---+---] [---+-----------+----------+---( )-!
!         !         !
!A  0.1             !       AUS-Lampe Band 2
+---]/[---+---------+
!
```

```
NETZWERK 11      00AC
!            A  0.4
!A  0.0      -------
+---] [---+-!S     !        S:  Antrieb 1 ein
!         !  !     !
!T  5     !  !     !
+---] [---+-!R   Q!-        R:  Antrieb 1 aus
!         !  -------
!T  5     !
+---] [---+
!         !
!T  1     !
+---] [---+
!         !
!T  2     !
+---] [---+
!

NETZWERK 12      00BE
!            A  0.5
!A  0.1      -------
+---] [---+-!S     !        S:  Antrieb 2 ein
!         !  !     !
!T  6     !  !     !
+---] [---+-!R   Q!-        R:  Antrieb 2 aus
!         !  -------
!T  1     !
+---] [---+
!         !
!T  2     !
+---] [---+
!
!

NETZWERK 13      00CE
!            A  0.6
!A  0.0      -------
+---] [---+-!S     !        S:  Antrieb 3 ein
!        !! !      !
!A  0.1  !! !      !
+---] [---+ !      !
!         ! !      !
!T  7     ! !      !
+---] [---+-!R   Q!-        R:  Antrieb 3 aus
!         !  -------
!T  2     !
+---] [---+
!
!
!

NETZWERK 14      00DE
!            T  5
!A  0.0      -------
+---] [---+-!T!-!0!
!KT 020.2 --!TW DU!-        Timer für
!           !  DE!-        Antrieb 1
!           !    !         aus
!           !    !
!         +-!R   Q!-
!           -------
```

```
!
NETZWERK 15    00F0
!            T  6
!A  0.1          -------
+---] [---+-!T!-!0!
!KT 020.2 --!TW DU!-    Timer für
!         !   DE!-      Antrieb 2
!         !     !       aus
!         !     !
!         +-!R   Q!-
!           -------
!
NETZWERK 16    0102
!                   T  7
!A  0.4    A  0.5    -------
+---] [---+---] [---+-!T!-!0!
!          KT 040.2 --!TW DU!-   Timer für
!                   !   DE!-     Antrieb 3 aus
!                   !     !
!                   !     !
!                   +-!R   Q!-
!                     -------
```

Logikplan

```
           NETZWERK 1      0000
                          -----
           E  0.0    ---! & !    A  0.0
           A  0.1    --0!   !     -------
           A  0.6    --0!   !----!S    !
                      -----      !     !
                      E  0.2    --!R    Q!-
                                 -------

           NETZWERK 2      0010
                          -----
           E  0.1    ---! & !    A  0.1
           A  0.0    --0!   !     -------
           A  0.6    --0!   !----!S    !
                      -----      !     !
                      E  0.3    --!R    Q!-
                                 -------

           NETZWERK 3      0020
                          -----   T  0
           A  0.0    ---!>=1!     -------
           A  0.1    ---!   !----!T!-!0!
                      -----      !     !
                      KT 030.1 --!TW DU!-
                               !   DE!-
                               --!R   Q!-
                                 -------

           NETZWERK 4      0034
                          -----
           E  0.4    --0! & !
           A  0.0    ---!   !     -----
           T  0      ---!   !-----!>=1!
                      -----      !   !
                      -----      !   !
           E  0.5    --0! & !    !   !    T  1
           A  0.1    ---!   !     !   !    -------
           T  0      ---!   !-----!   !----!T!-!0!
                      -----      -----    !     !
                               KT 012.0 --!TW DU!-
                                        !   DE!-
                                        --!R   Q!-
                                          -------
```

```
NETZWERK 5       0052
                  -----        T  2
E   0.6    --O! & !         -------
T   0      ---!   !----!T!-!O!
                  -----        !       !   !
           KT 012.0 --!TW DU!-
                               !    DE!-
                             --!R   Q!-
                               -------


NETZWERK 6       0066
                  T  3
                  -------
T   4      -O!1_-_ !
KT 025.0 --!TW DU!-
           !    DE!-
         --!R   Q!-
           -------


NETZWERK 7       0078
                  T  4
                  -------
T   3      -O!1_-_ !
KT 025.0 --!TW DU!-
           !    DE!-
         --!R   Q!-
           -------


NETZWERK 8       008A
                                -----
                  T  3     ---! & !
                  -----         !   !
T   1      ---!>=1!        !   !
T   2      ---!   !-----!   !-- M  1.0
                  -----         -----


NETZWERK 9       0098
                  -----
A   0.0    ---! & !         -----
M   1.0    ---!   !-----!>=1!
                  -----         !   !
           A   0.0    --O!   !-- A  0.2
                                -----


NETZWERK 10      00A2
                  -----
A   0.1    ---! & !         -----
M   1.0    ---!   !-----!>=1!
                  -----         !   !
           A   0.1    --O!   !-- A  0.3
                                -----


NETZWERK 11      00AC
                                A  0.4
                                -------
                  A   0.0    --!S     !
                  -----         !     !
T   5      ---!>=1!        !     !
T   5      ---!   !        !     !
T   1      ---!   !        !     !
T   2      ---!   !-----!R   Q!-
                  -----         -------
```

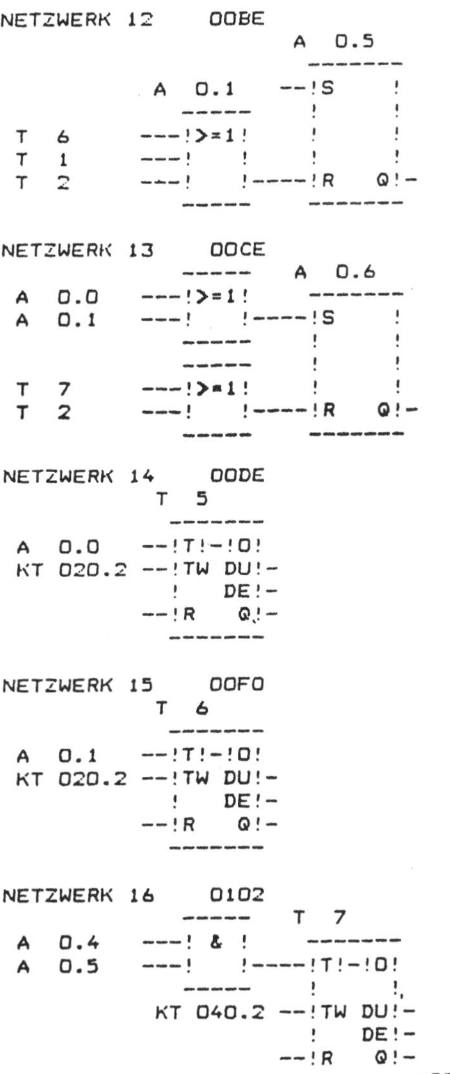

NETZWERK 12   OOBE
                                    A   0.5

                     A   0.1   --!S   !
                     -----   !   !
T   6   ---!>=1!   !   !
T   1   ---!   !   !   !
T   2   ---!   !----!R   Q!-
                     -----   -------

NETZWERK 13   OOCE
                     -----   A   0.6
A   0.0   ---!>=1!   -------
A   0.1   ---!   !----!S   !
                     -----   !   !
                     -----   !   !
T   7   ---!>=1!   !   !
T   2   ---!   !----!R   Q!-
                     -----   -------

NETZWERK 14   OODE
           T   5

A   0.0   --!T!-!O!
KT 020.2 --!TW DU!-
           !   DE!-
           --!R   Q!-

NETZWERK 15   OOFO
           T   6

A   0.1   --!T!-!O!
KT 020.2 --!TW DU!-
           !   DE!-
           --!R   Q!-

NETZWERK 16   0102
           -----   T   7
A   0.4   ---! & !   -------
A   0.5   ---!   !----!T!-!O!
           -----   !   !,
           KT 040.2 --!TW DU!-
                     !   DE!-
                     --!R   Q!-
                     ------- :BE

Anweisungsliste

```
        NETZWERK 1                      NETZWERK 6
        0000        :U    E 0.0         0066        :UN   T 4
        0002        :UN   A 0.1         0068        :L    KT025.0
        0004        :UN   A 0.6         006C        :SI   T 3
        0006        :S    A 0.0         006E        :NOP  0
        0008        :U    E 0.2         0070        :NOP  0
        000A        :R    A 0.0         0072        :NOP  0
        000C        :NOP  0             0074        :NOP  0
        000E        :***               0076        :***
        NETZWERK 2                      NETZWERK 7
        0010        :U    E 0.1         0078        :UN   T 3
        0012        :UN   A 0.0         007A        :L    KT025.0
        0014        :UN   A 0.6         007E        :SI   T 4
        0016        :S    A 0.1         0080        :NOP  0
        0018        :U    E 0.3         0082        :NOP  0
        001A        :R    A 0.1         0084        :NOP  0
        001C        :NOP  0             0086        :NOP  0
        001E        :***               0088        :***
        NETZWERK 3                      NETZWERK 8
        0020        :O    A 0.0         008A        :U    T 3
        0022        :O    A 0.1         008C        :U(
        0024        :L    KT030.1       008E        :O    T 1
        0028        :SE   T 0           0090        :O    T 2
        002A        :NOP  0             0092        :)
        002C        :NOP  0             0094        :=    M 1.0
        002E        :NOP  0             0096        :***
        0030        :NOP  0             NETZWERK 9
        0032        :***               0098        :U    A 0.0
        NETZWERK 4                      009A        :U    M 1.0
        0034        :UN   E 0.4         009C        :ON   A 0.0
        0036        :U    A 0.0         009E        :=    A 0.2
        0038        :U    T 0           00A0        :***
        003A        :O                  NETZWERK 10
        003C        :UN   E 0.5         00A2        :U    A 0.1
        003E        :U    A 0.1         00A4        :U    M 1.0
        0040        :U    T 0           00A6        :ON   A 0.1
        0042        :L    KT012.0       00A8        :=    A 0.3
        0046        :SE   T 1           00AA        :***
        0048        :NOP  0             NETZWERK 11
        004A        :NOP  0             00AC        :U    A 0.0
        004C        :NOP  0             00AE        :S    A 0.4
        004E        :NOP  0             00B0        :O    T 5
        0050        :***               00B2        :O    T 5
        NETZWERK 5                      00B4        :O    T 1
        0052        :UN   E 0.6         00B6        :O    T 2
        0054        :U    T 0           00B8        :R    A 0.4
        0056        :L    KT012.0       00BA        :NOP  0
        005A        :SE   T 2           00BC        :***
        005C        :NOP  0
        005E        :NOP  0
        0060        :NOP  0
        0062        :NOP  0
        0064        :***
```

```
NETZWERK 12
00BE           :U    A 0.1
00C0           :S    A 0.5
00C2           :O    T 6
00C4           :O    T 1
00C6           :O    T 2
00C8           :R    A 0.5
00CA           :NOP 0
00CC           :***
NETZWERK 13
00CE           :O    A 0.0
00D0           :O    A 0.1
00D2           :S    A 0.6
00D4           :O    T 7
00D6           :O    T 2
00D8           :R    A 0.6
00DA           :NOP 0
00DC           :***
NETZWERK 14
00DE           :U    A 0.0
00E0           :L    KT020.2
00E4           :SE   T 5
00E6           :NOP 0
00E8           :NOP 0
00EA           :NOP 0
00EC           :NOP 0
00EE           :***
NETZWERK 15
00F0           :UN   A 0.1
00F2           :L    KT020.2
00F6           :SE   T 6

00F8           :NOP 0
00FA           :NOP 0
00FC           :NOP 0
00FE           :NOP 0
0100           :***
NETZWERK 16
0102           :UN   A 0.4
0104           :UN   A 0.5
0106           :L    KT040.2
010A           :SE   T 7
010C           :NOP 0
010E           :NOP 0
0110           :NOP 0
0112           :NOP 0
0114           :BE
```

Beispiel 2: Steuerung einer Spritzgießmaschine

Für eine Schneckenkolben-Spritzgießmaschine älterer Bauart zur
Herstellung von einfachen Kleinteilen war vom Hersteller eine
VPS-Schützensteuerung vorgesehen. Dafür wurde ein Schaltplan
nach Art eines sog. Stromlaufplans lt. Bild A3.2 mitgeliefert.

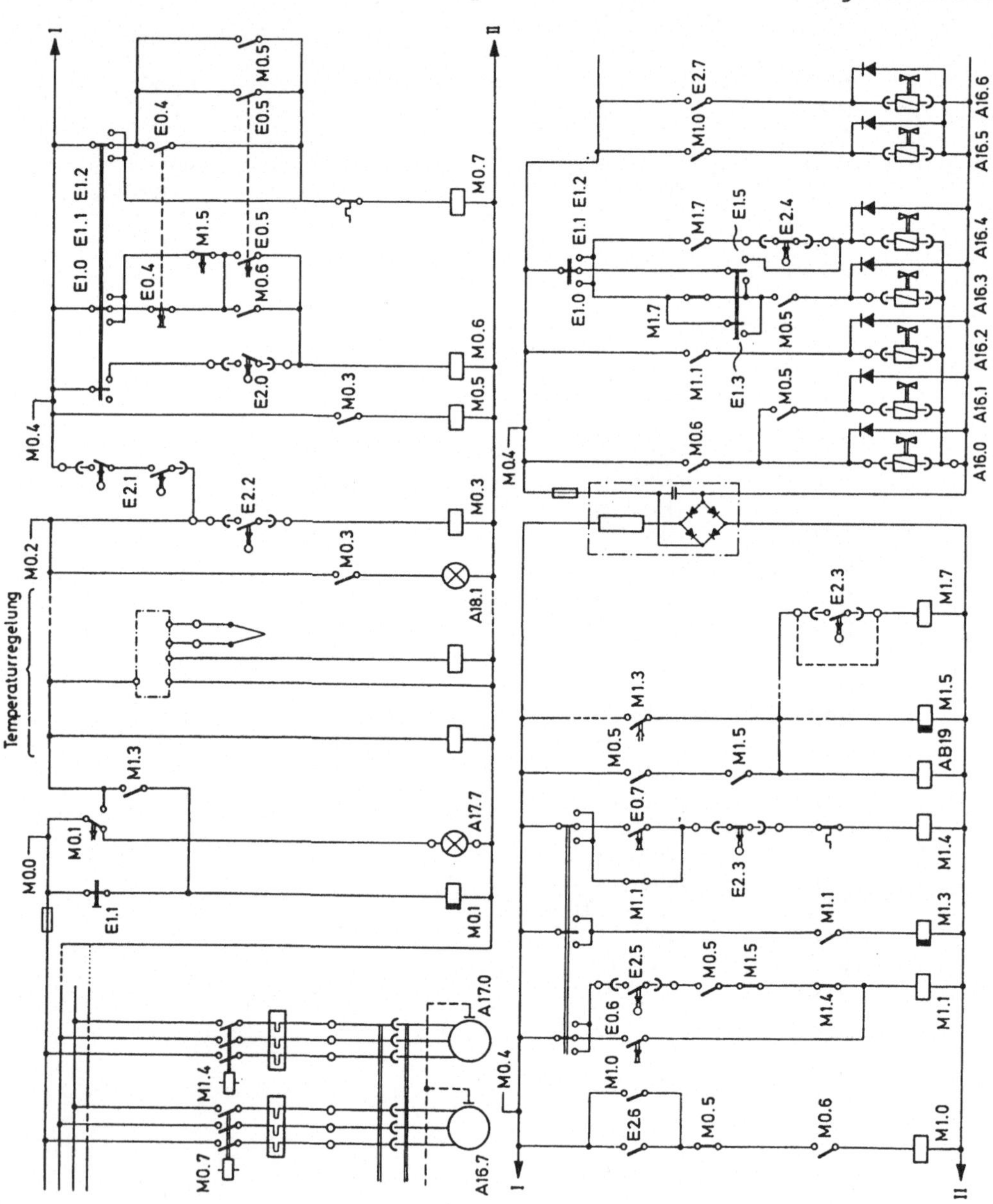

Bild A3.2. Schaltplan der Schützensteuerung

Nach Ausfall dieser Steuerung stellte sich die Aufgabe, die
Steuerung der Spritzgießmaschine durch eine SPS zu ersetzen.
Dafür war zunächst der Entwurf und die Herstellung einer Bedienungseinrichtung sowie einer Schnittstelle zur Trennung der
24V-Ausgänge der SPS von den 220V- bzw. 380V-Kreisen der Maschine erforderlich. Darauf soll jedoch hier nicht eingegangen
werden; es wird lediglich die Erstellung des Steuerungsprogramms angesprochen.

Als Grundlage für den Schaltungsentwurf dienen einerseits eine
genaue Analyse des Spritzgießzyklus und andererseits der
Schaltplan der früheren Schützensteuerung. Im Gegensatz zum
vorhergehenden Beispiel der Tranportbänder-Steuerung handelt
es sich hier um eine Zwangsfolgesteuerung, deren Aufgabenformulierung als Ergebnis der Zyklusanalyse durch einen Funktionsplan oder als Grafcet-Darstellung beschrieben wird. Wegen
der Komplexheit einzelner Schritte erweist sich die Grafcet-
Darstellung der Grobstruktur des Programmablaufs als am zweck-
mäßigsten. In Bild A3.3 ist ist die Übersichtsdarstellung für
Einzelzyklus und Dauerlauf gezeigt. Da der Schaltplan der
ehemaligen Schützensteuerung laut Bild A3.2 leicht in eine
Kontaktplandarstellung umgesetzt werden kann, wird für die
Programmierung der einzelnen Aktionen und Transitionen in der
Detailebene zunächst der Kontaktplan gewählt.

Adressen (Operanden; eingetragen in Bild A3.2):
Eingänge der Bedienungseinrichtung:

E 0.4   Taster "Form öffnen"
E 0.5   Taster "Form schließen"
E 0.6   Taster "Einspritzen"
E 0.7   Taster "Dosieren"
E 1.0   Betriebsart Einzelzyklus
E 1.1   Betriebsart Hand (Tippen)
E 1.2   Betriebsart Dauerlauf
E 1.3   Feststellschalter "Düse vor"
E 1.5   Feststellschalter "Düse zurück"
E 1.6   Reset-Taster für Stückzählung
E 3.4   Schalter "Maschine ein"
EW3:   Einstellung der Nachdrückzeit:
         E 3.0 ... E 3.3   Zehnerstelle
         E 4.7 ... E 4.4   Einerstelle
         E 4.3 ... E 4.0   Stelle nach dem Komma
EW5:   Einstellung der Abkühlzeit (wie EW3)

Maschinen-Endlagenschalter (Rückmeldungen):

E 1.7   Form ist geöffnet
E 2.0   Teil ist fertig
E 2.1   Schutzgitter ist geschlossen
E 2.2   Form ist geschlossen
E 2.3   Dosierung ist abgeschlossen
E 2.4   Düse ist abgefahren
E 2.5   Düse ist angefahren
E 2.6   Verminderte Form-Schließkraft
E 2.7   Abgestufter (verminderter) Einspritzdruck

Aktionsausgänge (Ausgänge an   Meldeausgänge (u.a Signal-
Relais des   Leistungsteils):   lämpchen):

A 16.0   Form schließen   A 17.6   Maschine betriebs-
A 16.1   Form geschlossen halten   bereit
         (mit max. Druck)   A 17.7   Störung
A 16.2   Einspritzen   A 18.0   Form schließen
A 16.3   Düse anfahren   A 18.1   Schutzgitter zu
A 16.4   Düse abfahren   A 18.2   Düse anfahren
A 16.5   Verminderte Zufahrkraft   A 18.3   Einspritzen und
A 16.6   abgestufter Einspritz-   Nachdrücken
         druck   A 18.4   Dosieren
A 16.7   Pumpenmotor ein   A 18.5   Düse abfahren
A 17.0   Schneckenmotor ein   A 18.6   Abkühlen
                                      A 18.7   Form öffnen
                                      AB19:   A 19.0 ... A 19.7
                                               Zähler zur Anzeige
                                               der Stückzahl

Als Beispiel für die Programmierung in der Detailebene sollen
die Transition T3 und die Aktion S3 dienen (siehe Bild A3.4).

Wenn der Hauptschalter eingelegt ist und keine Störungsmeldung
vorliegt (M 0.2 = 1) und sobald die Form geschlossen ist
(E 2.2 = 1), wird der Merker M 0.3 gesetzt. Wenn auch das
Schutzgitter geschlossen ist (E 2.1 = 1), wird auch der "Be-
reitschaftsmerker" M 0.4 gesetzt. Die gesetzten Merker M 0.3
und M 0.4 sind als Transition T3 die Weiterschaltbedingung für
die Aktion S3. Der Merker M 0.6 ist entweder noch vom vorhergehenden Zyklus gesetzt ("Teil fertig") oder z.B. ist der
Taster E 0.5 ("Form schließen"; S2) betätigt (Netzwerk 9).

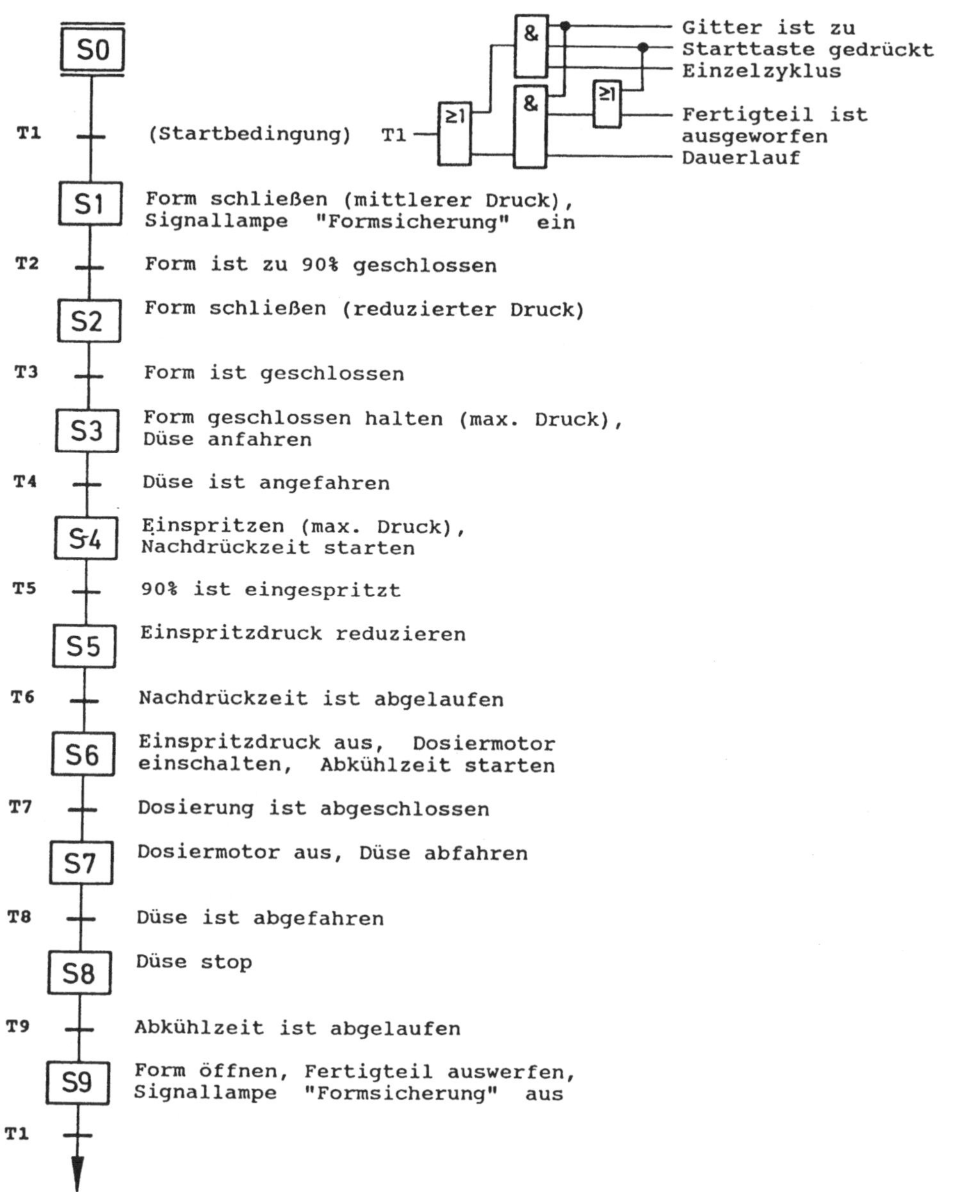

Bild A3.3 Grafcet-Ablaufplan

Somit wird der Ausgang A 16.1 gesetzt (Form mit max. Druck geschlossen halten). Sofern der Feststellschalter E 1.3 ("Düse vor") an der Betriebsartensteuerung eingelegt ist, wird A 16.3 gesetzt und die Düse bleibt während der gesamten Automatikzyklen am Formspritzkanal.

```
NETZWERK 6      003E
!
!M  0.2    E  2.2                                              M  0.3
+---] [---+---] [---+-----------+-----------+--  --+-----------+--(   )-!
!
NETZWERK 7      0046
!
!M  0.2    E  2.1                                              M  0.4
+---] [---+---] [---+-----------+-----------+--  --+-----------+--(   )-!
!
NETZWERK 8      004E
!
!M  0.4    M  0.3                                              M  0.5
+---] [---+---] [---+-----------+-----------+--  --+-----------+--(   )-!
!
NETZWERK 21     0180
!
!M  0.4    M  0.6    M  0.5                                    A  16.1
+---] [---+---] [---+---] [---+-----------+--  --+-----------+--(   )-!
!
NETZWERK 23     0192
!
!M  0.4    E  1.0    M  1.7    M  0.5                          A  16.3
+---] [---+---] [---+---]/[---+---] [---+--  --+-----------+--(   )-!
!         !          !         !
!         !E  1.2    !E  1.3   !
!         +---] [---+---] [---+
!         !                   !
!         !E  1.1    E  1.3    !
!         +---] [---+---] [---+
!
```

Bild A3.4. Kontaktplan für T3 und S3

Die Umrüstung der Maschine samt Entwurf und Anfertigung der
Bedienungseinrichtung (Betriebsartensteuerung) sowie die Pro-
grammerstellung für die SPS SIEMENS SIMATIC S5 war Gegenstand
einer Studienarbeit von K.Brabandt (1988). Die Maschine wird
im Fachpraktikum des Lehrstuhls für Regelungssysteme und
Steuerungstechnik der Ruhr-Universität Bochum verwendet und
fertigt Trinkbecher.

Abschließend sind noch der Kontaktplan sowie die Anweisungsliste der gesamten Maschinensteuerung angegeben.

```
NETZWERK 1       0000
!
!E   3.4                                                                  M   0.0
+---] [---+-------------+-------------+-------------+-------------+-------+--(   )-!
!
NETZWERK 2       0006
!                                        T   1
!M   0.0     E   1.1                   +------+
+---] [---+---] [---+-------------+--!0!-!T!
!         !                       ! !!    !
!         !M   0.1     M   1.3    ! !      !
!         +---] [---+---] [---+ !      !
!                   KT 120.2 --!TW DU!-
!                             !    DE!-
!                             !      !
!                             !      !                                    M   0.1
!                             +-!R   Q!-+-------------+-------------+-------+--(   )-!
!                             +------+
!
!
!
!
NETZWERK 3       0026
!
!M   0.0     M   0.1                                                      A   17.7
+---] [---+---]/[---+-------------+-------------+-------------+---------+--(   )-!
!
NETZWERK 4       002E
!
!M   0.0     M   0.1                                                      M   0.2
+---] [---+---] [---+-------------+-------------+-------------+---------+--(   )-!
!
NETZWERK 5       0036
!
!M   0.2     M   0.3                                                      A   18.1
+---] [---+---] [---+-------------+-------------+-------------+---------+--(   )-!
!
NETZWERK 6       003E
!
!M   0.2     E   2.2                                                      M   0.3
+---] [---+---] [---+-------------+-------------+-------------+---------+--(   )-!
!
NETZWERK 7       0046
!
!M   0.2     E   2.1                                                      M   0.4
+---] [---+---] [---+-------------+-------------+-------------+---------+--(   )-!
!
NETZWERK 8       004E
!
!M   0.4     M   0.3                                                      M   0.5
+---] [---+---] [---+-------------+-------------+-------------+---------+--(   )-!
!
NETZWERK 9       0056
!
!M   0.4     E   1.2     E   2.0                                          M   0.6
+---] [---+---] [---+---] [---+-------------+-------------+---------+--(   )-!
!         !                   !
!         !E   1.1     E   0.4     M   0.6  !
!         +---] [---+---]/[---+---] [---+
!         !                   !
!         !E   1.0     M   1.5 !E   0.5   !
!         +---] [---+---]/[---+---] [---+
!         !         !
!         !E   1.2   !
!         +---] [---+
!
```

```
NETZWERK 10     0082
!
!M  0.4     E  1.1     E  0.4                                                        M  0.7
+---] [---+---] [---+---] [---+-------------+-------------+-------------+-----------+--(   )-!
!         !         !         !
!         !         !E  0.5   !
!         !         +---] [---+
!         !         !         !
!         !         !M  0.5   !
!         !         +---] [---+
!         !         !         !
!         !E  1.0   !         !
!         +---] [---+---------+
!         !         !
!         !E  1.2   !
!         +---] [---+---------+
!
NETZWERK 11     009C
!
!M  0.4     E  2.6     M  0.5     M  0.6                                             M  1.0
+---] [---+---] [---+---]/[---+---] [---+-------------+-------------+-----------+--(   )-!
!         !         !
!         !M  1.0   !
!         +---] [---+
!
NETZWERK 12     00AE
!
!M  0.4     E  1.1     E  0.6                                                        M  1.1
+---] [---+---] [---+---] [---+-------------+-------------+-------------+-----------+--(   )-!
!         !         !                                                 !
!         !E  1.0     E  2.5     M  0.5     M  1.6     M  1.4          !
!         +---] [---+---] [---+---] [---+---]/[---+---]/[---+
!         !         !
!         !E  1.2   !
!         +---] [---+
!
NETZWERK 13     00CE
!                                        T  2
!M  0.4     E  1.0     M  1.1          +-----+
+---] [---+---] [---+---] [---+--!T!-!D!
!         !         !         !        !     !
!         !         !E  1.2   !        !     !
!         !         +---] [---+        !     !
!         !                            !     !
!         !              EW 3      --!TW DU!-
!         !                          !   DE!-
!         !                          !     !
!         !                          !     !                                       M  1.2
!         !                          +-!R  Q!-+-------------+-------------+-------+--(   )-!
!         !                          +-----+
!         !
!         !
NETZWERK 14     00EA
!
!M  0.4     E  1.0     M  1.1                                                        M  1.3
+---] [---+---] [---+---] [---+-------------+-------------+-------------+-----------+--(   )-!
!         !         !
!         !E  1.2   !
!         +---] [---+
!
```

```
NETZWERK 15     OOFA
!
!M  0.4     E  1.1     E  0.7     E  2.3                                          M  1.4
+---] [---+---] [---+---] [---+---]/[---+-------------------+-----------------+--(   )-!
!         !           !           !
!         !E  1.0     M  1.1      !
!         +---] [---+---]/[---+
!         !           !
!         !E  1.2     !
!         +---] [---+
!

NETZWERK 16     O116
!                                 Z  1
!M  0.4     M  0.5     M  1.6     +-----+
+---] [---+---] [---+---] [---+-!ZV   !
!         !           !         ! !    !
!         !M  1.2     !         ! !    !
!         +---] [---+---------+ !    !
!         !                     !    !
!         !                     !    !
!         !                   +-!ZR   !
!E  3.4   !                   !    !
+---] [---+---------+---------+-!S    !
!                 MW  3       --!ZW DU!-
!                             !   DE!- AB 19
!                             !    !
!E  1.6   !                   !    !
+---] [---+---------+---------+-!R   Q!-
!                             +-----+
!
!

NETZWERK 17     O13A
!                                 T  3
!M  0.4     M  0.5     M  1.6     +-----+
+---] [---+---] [---+---] [---+-!T!-!0!
!         !           !         ! !   !
!         !M  1.2     !         ! !   !
!         +---] [---+---------+ !   !
!                 EW  5       --!TW DU!-
!                             !   DE!-
!                             !    !
!                             !    !                                      M  1.5
!                             +-!R   Q!-+-------------+-------------+----------+--(   )-!
!                             +-----+
!
!

NETZWERK 18     O156
!
!M  0.4     M  0.5     M  1.6                                                     M  1.6
+---] [---+---] [---+---] [---+---+-------------+-------------+----------+---------+--(   )-
!         !           !         !
!         !M  1.2     !         !
!         +---] [---+---------+
!

NETZWERK 19     O166
!
!M  0.4     M  0.5     M  1.6     E  2.3                                          M  1.7
+---] [---+---] [---+---] [---+---] [---+-------------+-------------+---------+--(   )-!
!         !           !         !
!         !M  1.2     !         !
!         +---] [---+---------+
!
```

```
NETZWERK 20     0178
!
!M  0.4    M  0.6                                                      A  16.0
+---] [---+---] [---+-----------+-----------+-----------+-----------+--(   )-!
!
NETZWERK 21     0180
!
!M  0.4    M  0.6    M  0.5                                            A  16.1
+---] [---+---] [---+---] [---+-----------+-----------+-----------+--(   )-!
!
NETZWERK 22     018A
!
!M  0.4    M  1.1                                                      A  16.2
+---] [---+---] [---+-----------+-----------+-----------+-----------+--(   )-!
!
NETZWERK 23     0192
!
!M  0.4    E  1.0    M  1.7    M  0.5                                  A  16.3
+---] [---+---] [---+---]/[---+---] [---+-----------+-----------+--(   )-!
!          !          !        !
!          !E  1.2   !E  1.3   !
!          +---] [---+---] [---+
!          !          !
!          !E  1.1    E  1.3   !
!          +---] [---+---] [---+
!
NETZWERK 24     01B4
!
!M  0.4    E  1.0    M  1.7    E  2.4                                  A  16.4
+---] [---+---] [---+---] [---+---] [---+-----------+-----------+--(   )-!
!          !          !                 !
!          !E  1.2    !                 !
!          +---] [---+                  !
!          !                            !
!          !E  1.1    E  1.5            !
!          +---] [---+---] [---+--------+
!
NETZWERK 25     01D0
!
!M  0.4    M  1.0                                                      A  16.5
+---] [---+---] [---+-----------+-----------+-----------+-----------+--(   )-!
!
NETZWERK 26     01D8
!
!M  0.4    E  2.7                                                      A  16.6
+---] [---+---] [---+-----------+-----------+-----------+-----------+--(   )-!
!
NETZWERK 27     01E0
!
!M  0.7                                                                A  16.7
+---] [---+-----------+-----------+-----------+-----------+-----------+--(   )-!
!
NETZWERK 28     01E6
!
!M  1.4                                                                A  17.0
+---] [---+-----------+-----------+-----------+-----------+-----------+--(   )-!
!
NETZWERK 29     01EC
!
!E  3.4                                                                A  17.6
+---] [---+-----------+-----------+-----------+-----------+-----------+--(   )-!
!
```

```
NETZWERK 30      O1F2
!
!A  16.7    A  16.1    M  0.6                                            A  18.0
+---] [---+---]/[---+---] [---+-----------+-----------+-----------+-----------+--(   )-!
!
NETZWERK 31      O1FC
!
!A  16.3    M  1.1    M  1.4    E  2.5    E  1.0                          A  18.2
+---] [---+---]/[---+---]/[---+---]/[---+---] [---+-----------+-----------+--(   )-!
!                                        !                   !
!                                       !E  1.2   !
!                                        +---] [---+
!                                                 !
!E  1.1    E  1.3    M  0.7    E  2.5    A  16.3   !
+---] [---+---] [---+---] [---+---]/[---+---] [---+
!            !         !
!           !E  0.6   !
!            +---] [---+
!
NETZWERK 32      O222
[
!M  1.1    M  0.7                                                        A  18.3
+---] [---+---] [---+-----------+-----------+-----------+-----------+-----------+--(   )-!
!
NETZWERK 33      O22A
!
!M  1.4                                                                  A  18.4
+---] [---+-----------+-----------+-----------+-----------+-----------+--(   )-!
!
NETZWERK 34      O230
!
!A  16.4    M  0.7    E  1.3                                             A  18.5
+---] [---+---] [---+---]/[---+-----------+-----------+-----------+-----------+--(   )-!
!
NETZWERK 35      O23A
!
!M  1.6                                                                  A  18.6
+---] [---+-----------+-----------+-----------+-----------+-----------+--(   )-!
!
NETZWERK 36      O240
!
!M  0.7    M  0.6    E  1.7                                              A  18.7
+---] [---+---]/[---+---]/[---+-----------+-----------+-----------+-----------+--(   )-!
!
!
!                                                                       :BE
!
```

NETZWERK 1
0000   :U   E 3.4   BEREITSCHAFTSSTUFE-0-PRUEFUNG
0002   :=   M 0.0   GLEICH "1", SOFERN STROM ANLIEGT
0004   :NOP O   BETRIEBSBEREITSCHAFTSMERKER 0
0006   :***   ANM.: MASCHINE EIN => M0.0="1"
NETZWERK 2
0008   :U   M 0.0   STOERUNGSPRUEFUNG
000A   :U(
000C   :O   E 1.1   BEREITSCHAFTSSTUFE 0
000E   :O
0010   :U   M 0.1   01   SCHALTER "HANDBETRIEB"
0012   :U   M 1.3   01
0014   :)   01   KEINE STOERUNG
0016   :L   KT120.2   01   NACHDRUECKEN
001A   :SA   T 1   01
001C   :U   T 1
001E   :=   M 0.1   UEBERPRUEFUNGSZEIT=60 SEK SETZEN
0020   :NOP O   AUSSCHALTVERZOEGERUNG VON T1
0022   :***   ZEIT LAEUFT
                                           KEINE-STOERUNG-MERKER
                                           ANM.: KEINE STOERUNG => M0.1="1"
NETZWERK 3
0024   :U   M 0.0   STOERUNGSMELDUNG
0026   :UN   M 0.1
0028   :=   A 17.7   BEREITSCHAFTSSTUFE 0
002A   :NOP O   NICHT KEINE-STOERUNG
002C   :***   LAMPE "STOERUNG"
NETZWERK 4
002E   :U   M 0.0   BEREITSCHAFTSSTUFE-1-PRUEFUNG
0030   :U   M 0.1   BEREITSCHAFTSSTUFE 0
0032   :=   M 0.2   KEINE STOERUNG
0034   :NOP O   BETRIEBSBEREITSCHAFTSMERKER 1
0036   :***   ANM.:BEREITSCHFTSST.1=> M0.2="1"
NETZWERK 5
0038   :U   M 0.2   FORMSCHUTZMELDUNG
003A   :U   M 0.3
003C   :=   A 18.1   BEREITSCHAFTSSTUFE 1
003E   :NOP O   FORMSCHUTZ
0040   :***   LAMPE "FORMSCHUTZ"
NETZWERK 6
0042   :U   M 0.2   FORMSCHUTZPRUEFUNG
0044   :U   E 2.2   BEREITSCHAFTSSTUFE 1
0046   :=   M 0.3   ENDLGSCHALT. "FORM GESCHLOSSEN"
0048   :NOP O   FORMSCHUTZMERKER
004A   :***   ANM.: FORMSCHUTZ => M0.3="1"
NETZWERK 7
004C   :U   M 0.2   BEREITSCHAFTSSTUFE-2-PRUEFUNG
004E   :U   E 2.1   BEREITSCHAFTSSTUFE 1
0050   :=   M 0.4   ENDLAGENSCHALTER "GITTER ZU"
0052   :NOP O   BETRIEBSBEREITSCHAFTSMERKER 2
0054   :***   ANM.:BEREITSCHFTSST.2=> M0.4="1"
NETZWERK 8
0056   :U   M 0.4   FORMSCHUTZ-GITTERZU-PRUEFUNG
0058   :U   M 0.3   BEREITSCHAFTSSTUFE 2
005A   :=   M 0.5   FORMSCHUTZ
005C   :NOP O   FORMSCHUTZ-GITTERZU-MERKER
005E   :***   ANM.:FORMSCH.-GITTERZU=>M0.5="1"
NETZWERK 9
0060   :U   M 0.4   FORMSCHLIESSDRUCKPRUEFUNG
0062   :U(BEREITSCHAFTSSTUFE 2
0064   :U   E 1.2
0066   :U   E 2.0   01   SCHALTER "VOLLAUTOMATIK"
0068   :O   01   ENDLAGENSCHALTER "TEIL FERTIG"
006A   :U(01
006C   :U   E 1.1   01
006E   :UN   E 0.4   02   SCHALTER "HANDBETRIEB"
0070   :O   02   NICHT TASTER "FORM OEFFNEN"
0072   :U(02
                                   02

```
0074      :O    E 1.0        03         SCHALTER "HALBAUTOMATIK"
0076      :O    E 1.2        03         SCHALTER "VOLLAUTOMATIK"
0078      :)                 03
007A      :UN   M 1.5        02         NICHT ABKUEHLZEIT ABGELAUFEN
007C      :)                 02
007E      :U(                01
0080      :O    M 0.6        02         FORMSCHLIESSDRUCK
0082      :O    E 0.5        02         TASTER "FORM SCHLIESSEN"
0084      :)                 02
0086      :)                 01
0088      :=    M 0.6                   FORMSCHLIESSDRUCKMERKER
008A      :NOP  0                       ANM.:FORMSCHLIESSDRUCK=>M0.6="1"
008C      :***
NETZWERK 10          PUMPENMOTORPRUEFUNG
008E      :U    M 0.4                   BEREITSCHAFTSSTUFE 2
0090      :U(
0092      :U    E 1.1        01         SCHALTER "HANDBETRIEB"
0094      :U(                01
0096      :O    E 0.4        02         TASTER "FORM OEFFNEN"
0098      :O    E 0.5        02         TASTER "FORM SCHLIESSEN"
009A      :O    M 0.5        02         FORMSCHUTZ-GITTERZU
009C      :)                 02
009E      :O    E 1.0        01         SCHALTER "HALBAUTOMATIK"
00A0      :O    E 1.2        01         SCHALTER "VOLLAUTOMATIK"
00A2      :)                 01
00A4      :=    M 0.7                   PUMPENMERKER
00A6      :NOP  0                       ANM.: PUMPE LAEUFT => M0.7="1"
00A8      :***
NETZWERK 11          VERMINDERTE-ZUFAHRKRAFT-PRUEFUNG
00AA      :U    M 0.4                   BEREITSCHAFTSSTUFE 2
00AC      :U(
00AE      :O    E 2.6        01         ENDLGSCH. "VERMIND. ZUFAHRKRAFT"
00B0      :O    M 1.0        01         VERMINDERTE ZUFAHRKRAFT
00B2      :)                 01
00B4      :UN   M 0.5                   NICHT FORMSCHUTZ-GITTERZU
00B6      :U    M 0.6                   FORMSCHLIESSDRUCK
00B8      :=    M 1.0                   VERMINDERTE-ZUFAHRKRAFT-MERKER
00BA      :NOP  0                       ANM.: VERM.ZUFAHRKRAFT=>M1.0="1"
00BC      :***
NETZWERK 12          EINSPRITZPRUEFUNG
00BE      :U    M 0.4                   BEREITSCHAFTSSTUFE 2
00C0      :U(
00C2      :U    E 1.1        01         SCHALTER "HANDBETRIEB"
00C4      :U    E 0.6        01         TASTER "EINSPRITZEN"
00C6      :O                 01
00C8      :U(                01
00CA      :O    E 1.0        02         SCHALTER "HALBAUTOMATIK"
00CC      :O    E 1.2        02         SCHALTER "VOLLAUTOMATIK"
00CE      :)                 02
00D0      :U    E 2.5        01         ENDLAGENSCH. "DUESE ANGEFAHREN"
00D2      :U    M 0.5        01         FORMSCHUTZ-GITTERZU
00D4      :UN   M 1.6        01         NICHT ABKUEHLEN
00D6      :UN   M 1.4        01         NICHT DOSIEREN
00D8      :)                 01
00DA      :=    M 1.1                   EINSPRITZMERKER
00DC      :NOP  0                       ANM.: EINSPRITZEN => M1.1="1"
00DE      :***
NETZWERK 13          NACHDRUCKZEITPRUEFUNG
00E0      :U    M 0.4                   BEREITSCHAFTSSTUFE 2
00E2      :U(
00E4      :O    E 1.0        01         SCHALTER "HALBAUTOMATIK"
00E6      :O    E 1.2        01         SCHALTER "VOLLAUTOMATIK"
00E8      :)                 01
00EA      :U    M 1.1                   EINSPRITZEN
00EC      :L    EW3                     NACHDRUCKZEIT AUS EW3 LADEN
00EE      :SE   T 2                     EINSCHALTVERZOEGERUNG VON T2
```

```
OOFO        :U    T 2              ZEIT ABGELAUFEN
OOF2        :=    M 1.2            NACHDRUCKZEIT-ABGELAUFEN-MERKER
OOF4        :NOP  0               ANM.:NACHDRCKZT.ABGEL.=>M1.2="1"
OOF6        :***
NETZWERK 14                 NACHDRUCKPRUEFUNG
OOF8        :U    M 0.4                 BEREITSCHAFTSSTUFE 2
OOFA        :U(
OOFC        :O    E 1.0        01       SCHALTER "HALBAUTOMATIK"
OOFE        :O    E 1.2        01       SCHALTER "VOLLAUTOMATIK"
0100        :)                 01
0102        :U    M 1.1                 EINSPRITZEN
0104        :=    M 1.3                 NACHDRUCKMERKER
0106        :NOP  0                     ANM.:NACHDRCKZT.LAEUFT=>M1.3="1"
0108        :***
NETZWERK 15                 SCHNECKENMOTORPRUEFUNG
010A        :U    M 0.4                 BEREITSCHAFTSSTUFE 2
010C        :U(
010E        :U    E 1.1        01       SCHALTER "HANDBETRIEB"
0110        :U    E 0.7        01       TASTER "DOSIEREN"
0112        :O                 01
0114        :U(                01
0116        :O    E 1.0        02       SCHALTER "HALBAUTOMATIK"
0118        :O    E 1.2        02       SCHALTER "VOLLAUTOMATIK"
011A        :)                 02
011C        :UN   M 1.1        01       NICHT EINSPRITZEN
011E        :)                 01
0120        :UN   E 2.3                 NICHT ENDLGSCH."DOSIEREN FERTIG"
0122        :=    M 1.4                 DOSIERMERKER
0124        :NOP  0                     ANM.: SCHNECKE LAEUFT=> M1.4="1"
0126        :***
NETZWERK 16                 STUECKE ZAEHLEN
0128        :L    KF+0                  ANFANGSWERT 0 IN MERKERWORT 3
012C        :T    MW3                       SCHIEBEN
012E        :U    M 0.4                 BEREITSCHAFTSSTUFE 2
0130        :U(
0132        :U    M 0.5        01       FORMSCHUTZ-GITTERZU
0134        :U    M 1.6        01       ABKUEHLEN
0136        :O    M 1.2        01       NACHDRUCKZEIT ABGELAUFEN
0138        :)                 01
013A        :ZV   Z 1                   ZAEHLER 1 INKREMENTIEREN
013C        :U    E 3.4                 STROM LIEGT AN
013E        :L    MW3                   ANFANGSWERT LADEN
0140        :S    Z 1                   ZHLR BEIM 1.MAL AUF ANFGWRT SETZ
0142        :U    E 1.6                 TASTER "ZAEHLER RESET"
0144        :R    Z 1                   ZAEHLER ZURUECKSETZEN
0146        :LC   Z 1                   STUECKZAHL LADEN UND BCD-CODIERT
0148        :T    AB19                      INS AB 19 SCHIEBEN
014A        :NOP  0
014C        :***
NETZWERK 17                 ABKUEHLZEITPRUEFUNG
014E        :U    M 0.4                 BEREITSCHAFTSSTUFE 2
0150        :U(
0152        :U    M 0.5        01       FORMSCHUTZ-GITTERZU
0154        :U    M 1.6        01       ABKUEHLEN
0156        :O    M 1.2        01       NACHDRUCKZEIT ABGELAUFEN
0158        :)                 01
015A        :L    EW5                   ABKUEHLZEIT AUS EW5 LADEN
015C        :SE   T 3                   EINSCHALTVERZOEGERUNG VON T3
015E        :U    T 3                   ZEIT ABGELAUFEN
0160        :=    M 1.5                 ABKUEHLZEIT-ABGELAUFEN-MERKER
0162        :NOP  0                     ANM.:ABKUEHLZT.ABGEL.=> M1.5="1"
0164        :***
NETZWERK 18                 ABKUEHLPRUEFUNG
0166        :U    M 0.4                 BEREITSCHAFTSSTUFE 2
0168        :U(
016A        :U    M 0.5        01       FORMSCHUTZ-GITTERZU
```

```
016C      :U    M 1.6      01        ABKUEHLEN
016E      :O    M 1.2      01        NACHDRUCKZEIT ABGELAUFEN
0170      :)                01
0172      :=    M 1.6                ABKUEHLMERKER
0174      :NOP  0                    ANM.:ABKUEHLZT. LAEUFT=>M1.6="1"
0176      :***
NETZWERK 19              DUESENABFAHRPRUEFUNG
0178      :U    M 0.4                BEREITSCHAFTSSTUFE 2
017A      :U(
017C      :U    M 0.5      01        FORMSCHUTZ-GITTERZU
017E      :U    M 1.6      01        ABKUEHLEN
0180      :O    M 1.2      01        NACHDRUCKZEIT ABGELAUFEN
0182      :)                01
0184      :U    E 2.3                ENDLAGENSCH. "DOSIEREN FERTIG"
0186      :=    M 1.7                DUESENABFAHRMERKER
0188      :NOP  0                    ANM.:DUESE FAEHRT AB => M1.7="1"
018A      :***
NETZWERK 20              FORMSCHLIESSEN-AUSFUEHRUNG
018C      :U    M 0.4                BEREITSCHAFTSSTUFE 2
018E      :U    M 0.6                FORMSCHLIESSDRUCK
0190      :=    A 16.0               RELAIS "FORM SCHLIESSEN"
0192      :NOP  0
0194      :***
NETZWERK 21              FORMSCHUTZ-AUSFUEHRUNG
0196      :U    M 0.4                BEREITSCHAFTSSTUFE 2
0198      :U    M 0.6                FORMSCHLIESSDRUCK
019A      :U    M 0.5                FORMSCHUTZ-GITTERZU
019C      :=    A 16.1               RELAIS "FORMSCHUTZ"
019E      :NOP  0
01A0      :***
NETZWERK 22              EINSPRITZEN-AUSFUEHRUNG
01A2      :U    M 0.4                BEREITSCHAFTSSTUFE 2
01A4      :U    M 1.1                EINSPRITZEN
01A6      :=    A 16.2               RELAIS "EINSPRITZEN"
01A8      :NOP  0
01AA      :***
NETZWERK 23              DUESE-ANFAHREN-AUSFUEHRUNG
01AC      :U    M 0.4                BEREITSCHAFTSSTUFE 2
01AE      :U(
01B0      :U(                01
01B2      :O    E 1.0        02       SCHALTER "HALBAUTOMATIK"
01B4      :O    E 1.2        02       SCHALTER "VOLLAUTOMATIK"
01B6      :)                 02
01B8      :U(                01
01BA      :ON   M 1.7        02       NICHT DUESE ABFAHREN
01BC      :O    E 1.3        02       SCHALTER "DUESE VOR"
01BE      :)                 02
01C0      :O                 01
01C2      :U    E 1.1        01       SCHALTER "HANDBETRIEB"
01C4      :U    E 1.3        01       SCHALTER "DUESE VOR"
01C6      :)                 01
01C8      :U    M 0.5                 FORMSCHUTZ-GITTERZU
01CA      :=    A 16.3               RELAIS "DUESE ANFAHREN"
01CC      :NOP  0
01CE      :***
NETZWERK 24              DUESE-ABFAHREN-AUSFUEHRUNG
01D0      :U    M 0.4                BEREITSCHAFTSSTUFE 2
01D2      :U(
01D4      :U(                01
01D6      :O    E 1.0        02       SCHALTER "HALBAUTOMATIK"
01D8      :O    E 1.2        02       SCHALTER "VOLLAUTOMATIK"
01DA      :)                 02
01DC      :U    M 1.7        01       DUESE ABFAHREN
01DE      :U    E 2.4        01       ENDLGSCH."DUESE NICHT ABGEFAHR.
01E0      :O                 01
01E2      :U    E 1.1        01       SCHALTER "HANDBETRIEB"
```

```
01E4       :U    E 1.5            01        SCHALTER "DUESE ZURUECK"
01E6       :)                     01
01E8       :=    A 16.4                     RELAIS "DUESE ABFAHREN"
01EA       :NOP 0
01EC       :***
NETZWERK 25                       VERMIND.-ZUFAHRKRAFT-AUSFUEHRUNG
01EE       :U    M 0.4                      BEREITSCHAFTSSTUFE 2
01F0       :U    M 1.0                      VERMINDERTE ZUFAHRKRAFT
01F2       :=    A 16.5                      RELAIS "VERMINDERTE ZUFAHRKRAFT"
01F4       :NOP 0
01F6       :***
NETZWERK 26                       ABGESTUFTER-EINSPRITZDRUCK-AUSF.
01F8       :U    M 0.4                      BEREITSCHAFTSSTUFE 2
01FA       :U    E 2.7                      ENDLGSCH."ABGESTUF. EINSPRDRUCK"
01FC       :=    A 16.6                      RELAIS "ABGESTUFTER EINSPRDRUCK"
01FE       :NOP 0
0200       :***
NETZWERK 27                       PUMPENMOTORAUSFUEHRUNG
0202       :U    M 0.7                      PUMPEN
0204       :=    A 16.7                      RELAIS "PUMPENMOTOR"
0206       :NOP 0
0208       :***
NETZWERK 28                       SCHNECKENMOTORAUSFUEHRUNG
020A       :U    M 1.4                      DOSIEREN
020C       :=    A 17.0                      RELAIS "SCHNECKENMOTOR"
020E       :NOP 0
0210       :***
NETZWERK 29                       MASCHINE-BETRIEBSBEREIT-MELDUNG
0212       :U    E 3.4                      STROM LIEGT AN
0214       :=    A 17.6                      LAMPE "MASCHINE BETRIEBSBEREIT"
0216       :NOP 0
0218       :***
NETZWERK 30                       FORM-SCHLIESSEN-MELDUNG
021A       :U    A 16.7                      RELAIS "PUMPENMOTOR"
021C       :UN   A 16.1                      NICHT RELAIS "FORMSCHUTZ"
021E       :U    M 0.6                      FORMSCHLIESSDRUCK
0220       :=    A 18.0                      LAMPE "FORM SCHLIESSEN"
0222       :NOP 0
0224       :***
NETZWERK 31                       DUESE-ANFAHREN-MELDUNG
0226       :U    A 16.3                      RELAIS "DUESE ANFAHREN"
0228       :UN   M 1.1                      NICHT EINSPRITZEN
022A       :UN   M 1.4                      NICHT DOSIEREN
022C       :UN   E 2.5                      NICHT ENDLGSCH."DUESE ANGEFAHR."
022E       :U(
0230       :O    E 1.0            01        SCHALTER "HALBAUTOMATIK"
0232       :O    E 1.2            01        SCHALTER "VOLLAUTOMATIK"
0234       :)                     01
0236       :O
0238       :U    E 1.1                      SCHALTER "HANDBETRIEB"
023A       :U(
023C       :O    E 1.3            01        SCHALTER "DUESE VOR"
023E       :O    E 0.6            01        TASTER "EINSPRITZEN"
0240       :)                     01
0242       :U    M 0.7                      PUMPEN
0244       :UN   E 2.5                      NICHT ENDLGSCH."DUESE ANGEFAHR."
0246       :U    A 16.3                      RELAIS "DUESE ANFAHREN"
0248       :=    A 18.2                      LAMPE "DUESE ANFAREN"
024A       :NOP 0
024C       :***
NETZWERK 32                       EINSPRITZ- UND NACHDRUCKMELDUNG
024E       :U    M 1.1                      EINSPRITZEN
0250       :U    M 0.7                      PUMPEN
0252       :=    A 18.3                      LAMPE "EINSPRIT. U. NACHDRUECK."
0254       :NOP 0
0256       :***
```

```
NETZWERK 33            DOSIERMELDUNG
0258       :U   M 1.4               DOSIEREN
025A       :=   A 18.4              LAMPE "DOSIEREN"
025C       :NOP 0
025E       :***
NETZWERK 34            DUESE-ABFAHREN-MELDUNG
0260       :U   A 16.4              RELAIS "DUESE ABFAHREN"
0262       :U   M 0.7               PUMPEN
0264       :UN  E 1.3               NICHT SCHALTER "DUESE VOR"
0266       :=   A 18.5              LAMPE "DUESE ABFAHREN"
0268       :NOP 0
026A       :***
NETZWERK 35            ABKUEHLMELDUNG
026C       :U   M 1.6               ABKUEHLEN
026E       :=   A 18.6              LAMPE "ABKUEHLEN"
0270       :NOP 0
0272       :***
NETZWERK 36            FORM-OEFFNEN-MELDUNG
0274       :U   M 0.7               PUMPEN
0276       :UN  M 0.6               NICHT FORMSCHLIESSDRUCK
0278       :UN  E 1.7               NICHT ENDLGSCH. "FORM GEOEFFNET"
027A       :=   A 18.7              LAMPE "FORM OEFFNEN"
027C       :NOP 0
027E       :BE
```

Literaturverzeichnis

AEG-TELEFUNKEN. (1976). Steuerungstechnik. Begriffe, Normen, Darstellung. Seligenstadt: Firmenschrift A 523.13.056/0177

Beister, J. (1972). Beiträge zur Theorie der Hazards in Schaltnetzen. Diss., Universität Karlsruhe

Bock, H. (1984). Erfahrungen mit speicherprogrammierten Steuerungen in der chemischen Verfahrenstechnik. rtp (26), S. 23-27

Bocksnick, B. (1987). Grundlagen der Steuerungstechnik. Esslingen: Festo Didactic GmbH

Boole, G. (1847,1948). The Mathematical Analysis of Logic. Cambridge, England. Neudruck 1948: Oxford: B.Brackwell

Boole, G. (1854,1954). Investigation of the Laws of Thought. London. Neudruck 1954: New York: Dover Publications

Brabandt, K. (1988). Entwicklung einer Schnittstelle zur Ablösung einer konventionellen Schützensteuerung durch eine SPS am Beispiel einer Spritzgießmaschine. Studienarbeit. Lehrstuhl f. Regelungssysteme u. Steuerungstechn. Ruhr-Universität Bochum

Bräuer, C. (1985). Einsatz und Programmierung speicherprogrammierbarer Steuerungen. atp (27), H.3, S. 137-144

Caldwell, S.H. (1964). Der logische Entwurf von Schaltkreisen. München, Wien: Oldenbourg Verlag

Dean, K.J. (1968). An extension of the use of Karnaugh maps in the minimization of logical functions. The Radio and Electronic Engineer. pp. 294-296

Deizer, B. (1970). Towards a new theory of sequential switching networks. IEEE Trans. Comput., C-19, no.10, pp.939-956

Deppert, W., Stoll, K. (1987). Kosten senken mit Pneumatik. Würzburg: Vogel Verlag

DIN 19226   Norm: Regelungs- und Steuerungstechnik; Begriffe und Benennungen

DIN 19235   Norm: Steuerungstechnik; Meldung von Betriebszuständen

DIN 19237   Norm: Steuerungstechnik; Begriffe

DIN 19239 Norm: Steuerungstechnik;   Speicherprogrammierbare
           Steuerungen, Programmierung

DIN 40700 Norm; Teil 17: Schaltzeichen;   Digitale Informa-
           tionsverarbeitung

DIN 40719 Norm: Schaltungsunterlagen, Teil 1 bis 11

DIN 66001 Norm: Informationsverarbeitung; Sinnbilder und ihre
           Anwendung

Fasol, K.H. [Hrsg.] (1979). Entwurf digitaler Steuerungen. Ein
Kolloquiumsbericht. Fachberichte Messen, Steuern, Regeln.
Berlin, Heidelberg, New York: Springer-Verlag

Fasol, K.H., Vingron, P. (1975). Synthese industrieller Steuerungen. München, Wien: Oldenbourg Verlag

Fitch, E.C. (1966). Fluid Logic. Oklahoma State University

Frei, F., Bleicher, M. (1985). Speicherprogrammierbare Steuerungen. Heidelberg: Huetig Verlag

Früh, K.F. (1983). Systemporträt: ASEA Master. rtp (25),
S. 376-380

Föllinger, O., Weber, W. (1967). Methoden der Schaltalgebra.
München, Wien: Oldenbourg Verlag

Giloi, W., Liebig, H. (1980).   Logischer Entwurf digitaler
Systeme. 2. Auflage. Berlin, Heidelberg, New York: Springer-
Verlag

Hallbauer, G. (1973). Zur Vermeidung von Fehlschaltungen infolge wesentlicher Hazards bei ungetakteten Folgeschaltungen.
msr (16), S. 425-428

Haug, A. (1986). Mikroelektronik und Mikroprozessoren für Ma-
schinenbauer. Braunschweig, Wiesbaden: Vieweg Verlag

Hehmann, H., Heinemann, E. (1982). Kompakte programmierbare
Steuerung für Aufgaben der Klein- und Einzelautomatisierung.
Markt & Technik Nr. 26, 27

Heinemann, E. (1981). Entwicklung und Erprobung einer speicherprogrammierbaren Steuerung mit integriertem Programmiergerät. Diplomarbeit. Lehrstuhl für Regelungssysteme und Steuerungstechnik, Ruhr-Universität Bochum

Huffman, D.A. (1954). The synthesis of sequential switching
circuits. J. Franklin Institute, Vol. 257, No.3, pp.161-190,
No.4, pp. 275-303

Huffman, D.A. (1955). A Study of the Memory Requirements of
Sequential Switching Circuits. Technical Report No.293. Re-
search Laboraty of Electronics, Mass. Inst. of Technology

Huffman, D.A. (1955). Notes for a Seminar on Switching Circuits. Lincoln Laboratory. Mass. Institute of Technology
Huffman, D.A. (1956). A Linear Circuit Viewpoint on Error-Correction Code. IRE Trans. on Inform. Theory. Vol.K-2, no.3

Huffman, D.A. (1957). The design and use of hazard-free switching networks. Journ. Ass. Comp. Mach. No.1., pp. 47-62

Huntington, E.V. (1904). Postulates for the Algebra of Logic. Trans. Amer. Math.Soc. 5, pp. 288-309

Huntington, E.V. (1933). New Sets of Independent Postulates for the Algebra of Logic. Transactions Amer. Math. Soc. 35, pp. 274-304

Hübl. W. (1975). Ein Beitrag zur Synthese asynchroner Grund- und Standardschaltwerke. Diss., Schriftenreihe Lehrstuhl für Regelungssysteme u. Steuerungst., Ruhr-Univ. Bochum, H. 5

IEC 117-15 Code: Graphische Symbole für Diagramme

Karnaugh, M. (1953). The Map Method for Synthesis of Combinational Logic Circuits. Trans. AIEE 72, pp. 593-598

Keister, W., Ritchie, A.E., Washburn, S.H. (1957). The Design of Switching Circuits. 6. Aufl., Princeton, N.J.: Van Nostrand

Kleim, D., Wolfgarten, W. (1975). Programmierbare Steuerungen. Düsseldorf: VDI-Verlag

Leonhardt, E. (1982). Grundlagen der Digitaltechnik. Eine systematische Einführung. 2.Aufl. München, Wien: Carl Hanser Verlag

Ley, F., Haase, F., Klinger, K. (1985). CAD-System für speicherprogrammierbare Steuerungen. atp (27), S. 387-392

Magin, R. (1985). Speicherprogrammierbare Steuerungen. atp (27), S. 414-419

Maki, G.K., Tracy, J.H. (1970). State assignment in asynchronous sequential circuits. IEEE Trans. Comp., vol. C-19, no.7 pp. 641-644

Maki, G.K., Tracey,J.H. (1971). A state assignment procedure for asynchronous sequential circuits. IEEE Trans. Comput. vol. C-20, no.6, pp. 666-668

Maki, G.K., Tracy, J.H., Smith, J. (1969). Generation of design equations in asynchronous sequential circuits. IEEE Trans. Comput., vol. C-18, pp. 467-472

McCluskey, E.J. (1956). Minimization of Boolean functions. Bell Syst. Techn., 35, No.10, pp. 1417-1445

McCluskey, E.J. (1965). Introduction to the Theory of Switching Circuits. New York: McGraw-Hill

McCluskey, E.J., Unger, S.H. (1959). A Note on the Number of Internal Variable Assignments for Sequential Switching Circuits. IRE Trans. on Electr. Comp. vol. EC-8

Mealy, G.H. (1955). Method for Synthesizing Sequential Circuits. Bell System Technical Journal 34, pp. 1045-1079

Metz, J., Merbeth, G. (1970). Schaltalgebra. Grundlagen digitaler Schaltungen. Frankfurt, Zürich: Deutsch Verlag

Moore, E.F. (1956). Gedanken-experiments on sequential machines. Automata Studies, Princeton, pp. 129-153

Oblasser, S. (1985). Strukturierte Programmierung: Schritt für Schritt. Industrie-Elektrik u. Elektronik, H. 3, S. 12-18

Pessen, D.W. (1975). Use of Karnaugh Maps to simplify Boolean Functions of up to 12 Variables. 7th Cranfield Fluidics Conf. Stuttgart. Cranfield: BHRA

Pessen, D.W. (1976). Design Method for Near-Optimal NOR Logic Circuits. ASME paper 76-WA/Flcs-4, New York, N.Y.: ASME

Pessen, D.W. (1979). Leiterpläne (Ladder Diagrams) und deren Anwendung auf Pneumatikkreise. Esslingen: Festo Didactic GmbH

Pessen, D.W. (1984). Ein kritischer Vergleich der Entwurfsmethoden für asynchrone Systeme. Esslingen: Festo Didactic GmbH

Pessen, D.W. (1986). Ladder-Diagram Design for Programmable Controllers. IFAC Sympos. on Low Cost Automation, Valencia

Pessen, D.W. (1987). Using programmable controllers for sequential systems with random inputs. Proc. IMechE, vol. 201, no. C4, pp. 245-249

Pessen, D.W. (1988). Industrial Automation. New York, N.Y.: Wiley Interscience

Pessen, D.W., Hübl, W. (1979). The design and application of programmable sequence controllers for automation systems. London, New York: Longman

Pessen, D.W., Golan, G. (1975). Do-it-yourself programmable controllers. Hydraulics & Pneumatics, pp. 182-187

Phister, M.Jr. (1968). Logic Design of digital Computers. New York, N.Y.: John Wiley and Sons

Pilz, S. (1977). Theorie der Schaltsysteme. In Philippow: Taschenbuch Elektrotechnik, Bd.3. Berlin: VEB Verlag Technik

Prins, L., Stäheli, J. (1978). Zur Automatisierung von diskon-
tinuierlichen Vielzweckanlagen in Chemiebetrieben. rtp 20, S.
256-261

Quine, W.V. (1955). A Way to Simplify Truth Functions. American Mathematical Monthly, vol. 62, pp. 627-631

Quine, W.V. (1959). On Cores and Prime Implicants of Truth
Functions. American Mathematical Monthly, vol. 66, pp. 755-760

Roddeck, W. (1977). Mehrfacher Signalwechsel in Schaltnetzen
und asynchronen Schaltwerken. Dissertation, Schriftenreihe
Lehrstuhl für Regelungssysteme und Steuerungstechnik, Ruhr-
Universität Bochum, H. 10

Roddeck, W. (1977). Eine Methode zur Beseitigung der Fehler-
wirkung von Funktionshazards in Schaltnetzen. Proc. IFAC Symp.
Discrete Systems. Dresden, Vol.3, pp. 110-120

Schulte, D. (1967). Kombinatorische und sequentielle Netzwerke. München, Wien: Oldenbourg Verlag

Shannon, C.E. (1938). Symbolic Analysis of Relay and Switching
Circuits. Trans. AIEE 57, pp. 713-723

Stahl, K. (1965). Industrielle Steuerungstechnik in schaltalgebraischer Darstellung. München, Wien: Oldenbourg Verlag

Starke, P. (1980). Petri-Netze. Berlin: VEB-Verlag der Wis-
senschaften

Strohrmann, G. (1985). Prozeßleittechnik. atp(27), (atp-Semi-
nar in zahlreichen Fortsetzungen)

Tracey, J.H. (1966). Internal state assignments for asynchronous sequential machines. IEEE Trans. Electronic Computers,
Vol. EC-15, no.4, pp. 551-560

Tracey, J.H., Smith, R.H., Maki, G.K. (1970). Recent advances
in computer aided design of sequential circuits. Proceedings
3rd Hawai Intern. Conference on System Sciences. pp. 159-162

Töpfer, H., Rudert, S. (1979). Arbeitsbuch Automatisierungstechnik. Berlin: VEB Verlag Technik

VDI 2880 Richtlinie: Speicherprogrammierbare Steuerungsge-
         räte, Blatt 1 bis 4

VDI 3260 Richtlinie: Funktionsdiagramme von Arbeitsmaschinen
         und Fertigungsanlagen

VDI/VDE 3683 Richtlinie: Beschreibung von Steuerungsaufgaben;
         Anleitung zum Erstellen eines Pflichtenheftes

VDI [Hrsg.] (1986). Speicherprogrammierbare Steuerungsgeräte.
Tagungsbericht. VDI Berichte 586. Düsseldorf: VDI-Verlag

Veitch, E.W. (1952). A Chart Method for Symplifying Truth Functions. Proc. Pittsburgh Assoc. Comp. Mach.

Vingron, P. (1971). Zur Theorie der binären Speicherschaltungen. Regelungstechnik und Prozeßdatenverarb. (19), S. 539-542

Vingron, P. (1972). Ein Beitrag zur Theorie sequentieller Schaltungen; das Transduktions-Verfahren zur Synthese asynchroner Automaten. Dissertation. Schriftenreihe Lehrstuhl für Regelungssysteme und Steuerungstechnik, Ruhr-Universität Bochum, H. 2

Vingron, P. (1983). Coherent design of asynchronous circuits. IEE Proceedings, vol. 130, Pt.E, No.6, pp. 190-202

Weber, W. (1970). Einführung in die Methoden der Digitaltechnik. 4. Aufl., Berlin: AEG-Telefunken

Wellenreuther, G., Zastrow, D. (1987). Speicherprogrammierte Steuerungen SPS. 2. Aufl., Braunschweig, Wiesbaden: Vieweg Verlag

Weule, H., Oestreicher, Th. (1986). Grafisch interaktive Projektierung und Programmierung von Steuerungssystemen. atp(28), S. 489-494

Zahn, G. (1976). Untersuchung und Vergleich von Methoden zur Synthese asynchroner Schaltungen hinsichtlich des hardwaremäßigen Aufwands. Diplomarbeit. Lehrstuhl für Regelungssysteme und Steuerungstechnik, Ruhr-Universität Bochum

Zander, H.J. (1985). Logischer Entwurf binärer Systeme. 2.Aufl., Berlin: VEB Verlag Technik

Sachverzeichnis

Namenverzeichnis